"十四五"技工教育规划教材
职业院校煤矿类专业课程教材

煤矿电工学

主　编　王彦红　王立科
副主编　梁冠英
主　审　李长青

中国劳动社会保障出版社

图书在版编目（CIP）数据

煤矿电工学 / 王彦红，王立科主编 . -- 北京 ：中国劳动社会保障出版社，2026. --（职业院校煤矿类专业课程教材）. -- ISBN 978-7-5167-7021-4

Ⅰ. TD6

中国国家版本馆 CIP 数据核字第 20258VF968 号

煤矿电工学

MEIKUANG DIANGONGXUE

中国劳动社会保障出版社出版发行

（北京市惠新东街 1 号　邮政编码：100029）

*

北京市科星印刷有限责任公司印刷装订　　新华书店经销

787 毫米 ×1092 毫米　16 开本　12.5 印张　272 千字

2026 年 2 月第 1 版　　2026 年 2 月第 1 次印刷

定价：33.00 元

营销中心电话：400-606-6496

出版社网址：https://www.class.com.cn

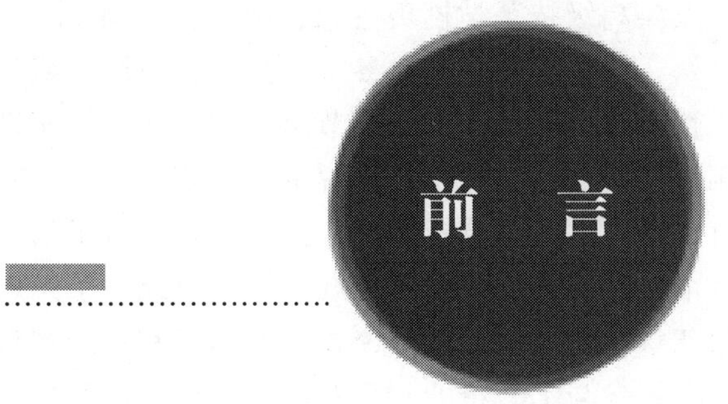

前言

为了全面贯彻落实党的二十大和二十届二中、三中全会精神，深入贯彻落实习近平总书记关于大力发展技工教育的重要指示精神，贯彻落实中共中央办公厅、国务院办公厅印发的《关于推动现代职业教育高质量发展的意见》，推进技工教育高质量发展，全面推动技工院校教学模式改革创新，适应新时代技能人才培养要求，满足全国技工院校、职业院校以及相关培训单位的需求，我们在充分调研的基础上，组织有关院校的教师和行业企业专家，编写了“职业院校煤矿类专业课程教材”。

在编写本套教材的过程中，我们严格贯彻落实《职业院校教材管理办法》《技工院校教材管理工作实施细则》等文件要求，依据技工院校教材规划、专业课课程规范，服务学生成长和就业创业，兼顾职业培训实际需要。本教材具有四个方面的特点：一是坚持知识性、准确性、适用性、先进性，体现专业特点。教材努力做到以教学实际需求为导向，根据煤矿行业发展现状和趋势，合理编写教材内容，同时在严格执行国家有关技术标准的基础上，尽可能多地介绍行业新知识、新技术、新工艺和新设备。二是突出职业教育特色，重视实践能力培养。教材以职业能力定位内容，根据煤炭专业职业实际需要，适当设置专业知识的深度与难度，合理确定学生应具备的知识结构和技能水平，以满足企业对技能型人才的需求。三是创新编写模式，激发学生学习兴趣。按照技工院校、职业学院和职业培训机构教学规律及学生的认知规律，合理安排教材内容，定位学习目标，以问题为导向设置学习导引、知识点和技能点，以图表、实物照片辅助知识理解，为学生营造生动、直观的学习环境。四是注重立体化开发，方便多媒体教学使用。

《煤矿电工学》配有电子课件并逐步丰富配套习题册等教学资源，以方便教师上课使用，可以通过技工教育网（https://jg.class.com.cn）查询下载。本教材既可作为全国职业院校煤矿类及其相关专业的通用课程教材，也可作为煤矿类专业各类职业培训教材。本教材的主要内容包括电工基础知识、电子技术知识、煤矿供电系统及主要设备、煤矿主要电气设备与控制和煤矿安全用电，重点介绍了煤矿电工电子基础知识、电力电子器件及可控整流电路、煤矿供电系统的主要设备、煤矿主要电气设备控制及常见故障处理方法、煤矿安全用电知识，以及实际生产操作技能。为了贴近教学与学习实践，本教材设置了学习目标、学习导引、思考练习题、技能实训等，力求使内容符合职业教育和职业培训的教学需求，做到实用、适用。

《煤矿电工学》由焦煤高级技工学校王彦红、王立科担任主编，开滦技师学院梁冠英担任副主编，焦煤高级技工学校黄艳荣、卢立春、马东菲、范锐、许锦锈、朱强力、徐贺闯、常福海、张婧、贾东东、闫洪超参编。其中，马东菲编写了第一章第一节、第二节，第二章第一节；徐贺闯编写了第一章第三节至第六节，技能实训一；梁冠英、许锦锈编写了第二章第二节至第五节，技能实训二；范锐编写了第三章第一节、第二节；卢立春编写了第三章第三节、第五节、第六节，技能实训五；黄艳荣编写了第三章第四节、第七节；朱强力编写了第三章第八节，技能实训六；王彦红、梁冠英编写了第四章第一节、第二节；王立科、梁冠英编写了第四章第三节至第六节，技能实训三和技能实训四；常福海编写了第五章；张婧、贾东东、闫洪超参与了教材的整理及编写工作。本教材由李长青主审，王彦红、王立科负责编写大纲和统稿。

在编写本教材过程中，我们充分吸收借鉴了相关教材、著作的思路和内容，接受了很多优秀教师、企业管理人员、行业专家等的指导，在此表示衷心的感谢。由于水平有限，尽管我们认真构思、反复修改，但依然存在内容或文字上的遗憾，衷心希望广大教师、学生、读者提出宝贵的意见和建议。

“职业院校煤矿类专业课程教材”编写工作组

2025 年 3 月

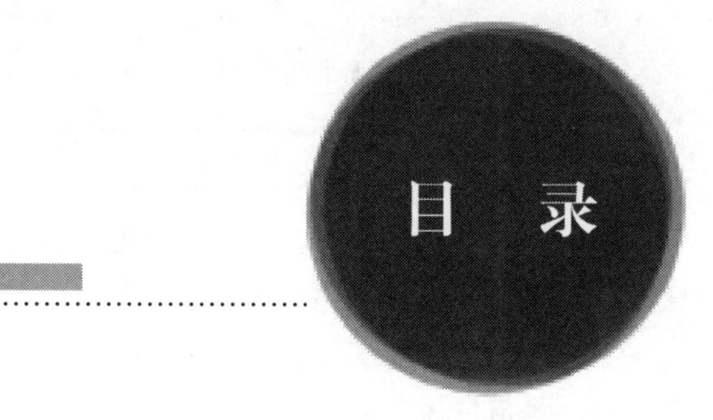

目录

第一章

电工基础知识

学习目标

1. 了解电路的基本组成和基本功能。
2. 掌握电路基本物理量的意义及表示方法。
3. 掌握直流电路的计算方法。
4. 了解电容器的概念，熟悉电容器使用注意事项。
5. 了解磁场和电磁感应的基本理论。
6. 了解交流电路的要素和分析计算方法，熟悉正弦交流电路三相负载常见接法及功率计算。
7. 掌握万用表、兆欧表、钳形电流表和接地电阻测试仪的使用方法。

学习导引

电工基础知识是煤矿生产各个环节的理论基础，对于确保电气设备的安全运行和煤矿的安全生产具有重要意义。学习电工基础知识，可为后续专业知识和操作技能学习打下坚实的基础。

第一节　电路及基本物理量

一、电路的基本组成和基本功能

手电筒内部电路如图 1-1 所示，用开关、金属片和导线将干电池与小灯泡连接起来，只要打开开关，有电流流过，小灯泡就会亮起来。与此相似，将电风扇接上电源，只要打开开关，有电流流过，电风扇就会转起来，如图 1-2 所示。

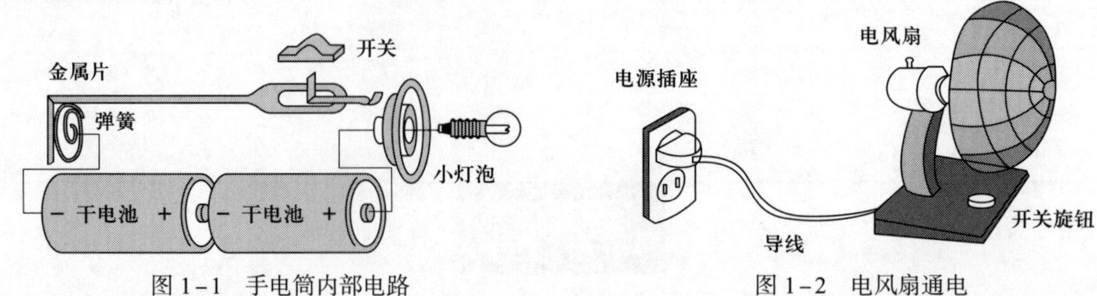

图 1－1　手电筒内部电路　　　　图 1－2　电风扇通电

电流流通的路径称为电路。电路由电源、负载、控制装置及导线组成。电源是把其他形式的能量转换为电能的装置；负载是消耗电能的装置，也称用电器，其作用是将电能转变为其他形式的能量；控制装置及导线用于连接电源和负载，使它们构成电流的通路，把电源的能量输送给负载，并根据需要控制电路的通断。常用的电路中还装有保护装置，以保障电路安全运行。

电路的基本功能有两大类：一是进行能量的传输、分配和转换；二是进行信息的传递和处理。

二、电路原理图

用各种符号描述电路连接情况的图称为电路原理图，简称电路图或原理图。它主要反映电路中各元件之间的连接关系，并不考虑各元件的实际大小和相互之间的位置关系。

电路图中的常用符号包括图形符号和文字符号。图形符号是用于表示电气元件或设备的简单图形，文字符号是用于描述电气元件或设备名称、特性的文字。绘制电路图必须采用国家标准中规定的符号，在使用时可查阅相关标准。

三、电路的基本物理量

1. 电流

（1）电流的形成。电荷的定向移动形成电流，移动的电荷又称载流子。电流用 I 表示，单位是安培（A），简称安。

（2）电流的方向。习惯上规定正电荷移动的方向为电流的方向。在金属导体中，电流的方向实际上与电子移动的方向相反，如图 1－3 所示。

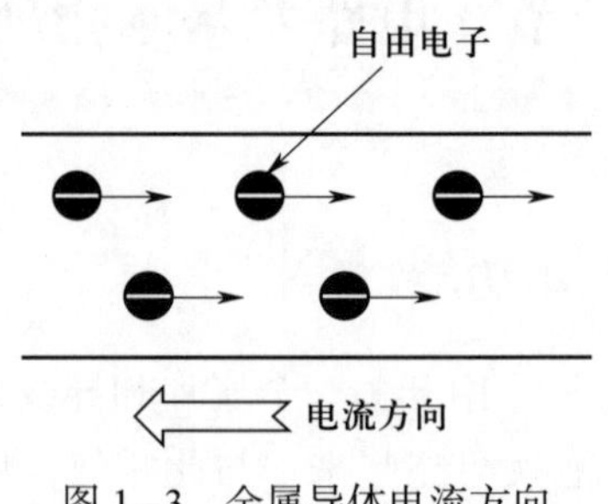

图 1－3　金属导体电流方向

在分析和计算较为复杂的直流电路时，经常会遇到某电流的实际方向难以确定的问题，这时可先任意假定电流的参考方向，然后根据电流的参考方向列方程求解。如果计算结果 $I>0$，表明电流的实际方向与参考方向相同；如果计算结果 $I<0$，表明电流的实际方向与参考方向相反。具体如图 1-4 所示。

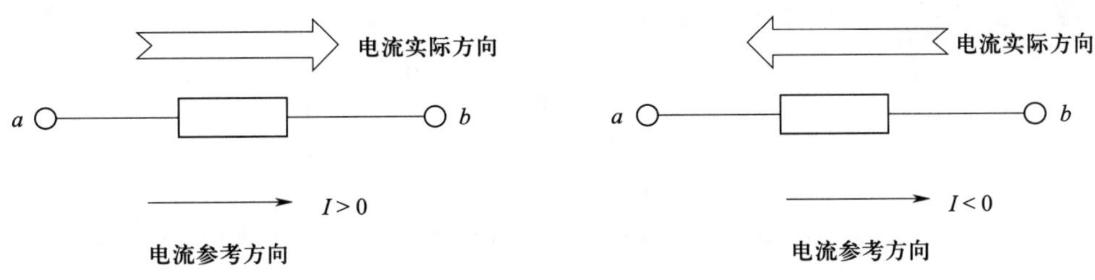

图 1-4　电流的参考方向和实际方向

（3）电流的大小。电流的大小称为电流强度，简称电流。在单位时间内，通过导体横截面的电荷量越多，表明流过该导体的电流越大。若在时间 t 内通过导体横截面的电荷量是 Q，则电流 I 可用下式表示：

$$I=\frac{Q}{t}$$

式中　I——电流，A；

Q——电荷量，C；

t——时间，s。

常用的电流单位还有毫安（mA）和微安（μA），它们之间的关系为

$$1\ \text{A}=10^3\ \text{mA}=10^6\ \mu\text{A}$$

（4）直流和交流。若电流的方向不随时间变化，则称其为直流电流，简称直流，用符号 DC 表示。其中，电流大小和方向都不随时间变化的电流，称为稳恒直流电流，如图 1-5 所示；电流大小随时间变化，但方向不变的电流，称为脉动直流电流，如图 1-6 所示。

若电流的大小和方向都随时间变化，则称其为交变电流，简称交流，用符号 AC 表示，如图 1-7 所示。

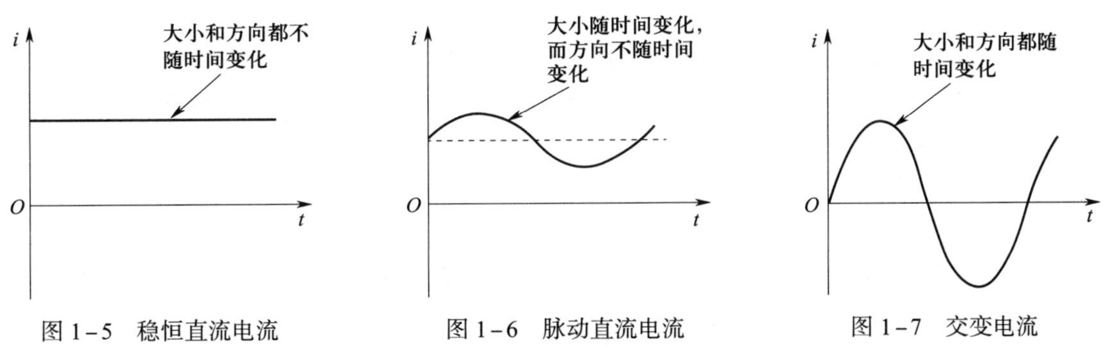

图 1-5　稳恒直流电流　　图 1-6　脉动直流电流　　图 1-7　交变电流

2. 电压、电位和电动势

（1）电压。电场力将单位正电荷从 a 点移到 b 点所做的功，称为 a、b 两点间的电压，用 U_{ab} 表示，如图 1－8 所示。电压的单位是伏特（V），简称伏。电压方向规定为从高电位指向低电位。

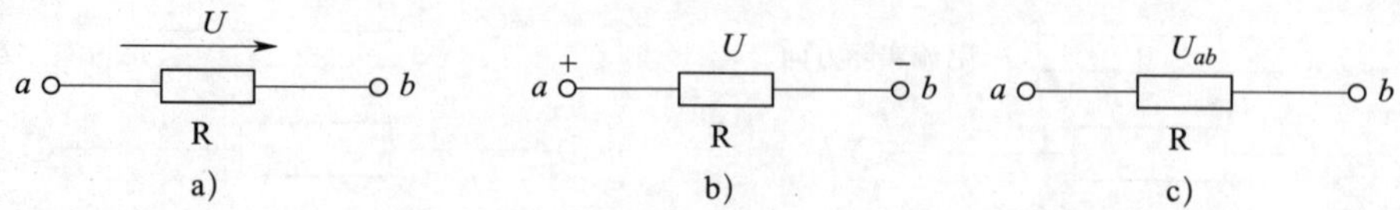

图 1－8　电压的表示方法

a）箭头表示　b）极性符号表示（参考方向由正指向负）　c）双下标表示（参考方向由 a 指向 b）

（2）电位。电路中某一点与参考点之间的电压称为该点的电位。电位的单位也是伏特（V）。电位通常用 V 或 φ 表示，为简便起见，本书仍用 U 表示电位。电路中任意两点之间的电位差就等于这两点之间的电压，即 $U_{ab}=U_a-U_b$，故电压又称电位差。

电路中某点的电位与参考点的选择有关，但两点间的电位差与参考点的选择无关。

（3）电动势。非静电力克服电场力，将单位正电荷从电源负极经电源内部移到电源正极所做的功称为电源电动势。电动势的符号为 E，单位为伏特（V）。电动势的方向规定为在电源内部由负极指向正极，如图 1－9 所示。

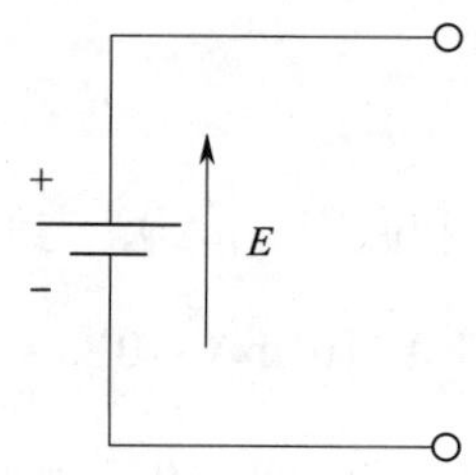

图 1－9　电动势的方向

对于一个电源来说，既有电动势，又有端电压。电动势只存在于电源内部；而端电压则是电源输出的加在外电路两端的电压，其方向由正极指向负极。一般情况下，电源的端电压总是低于电源内部的电动势，只有当电源开路时，电源的端电压才与电源的电动势大小相等。

3. 电阻

（1）电阻与电阻率。电阻是指电流通过导体时，导体对电流的阻碍作用。电阻常用 R 表示，单位为欧姆（Ω），简称欧。常用的电阻单位还有千欧（kΩ）、兆欧（MΩ）等，它们之间的关系为

$$1\ \mathrm{M\Omega}=10^3\ \mathrm{k\Omega}=10^6\ \Omega$$

导体的电阻是导体本身的一种性质。它的大小取决于导体的材料、长度和横截面积，即

$$R=\rho\frac{l}{S}$$

式中 l——导体的长度，m；

S——导体的横截面积，m^2；

ρ——电阻率，表示与材料性质有关的物理量，反映物体的导电能力，Ω·m。

（2）电阻与温度的关系。利用某些材料对温度的敏感特性，可以制成热敏电阻。电阻值随温度升高而减小的热敏电阻称为负温度系数热敏电阻，电阻值随温度升高而增大的热敏电阻称为正温度系数热敏电阻。

第二节 直流电路计算

一、闭合电路的欧姆定律

电源内部的电路称为内电路，如发电机的线圈、电池内的溶液等。电源内部的电阻称为内电阻，简称内阻。电源外部的电路称为外电路，外电路中的电阻称为外电阻。

为了便于表达，将电源内部电阻等效为一个独立的电阻。闭合电路（见图 1－10）欧姆定律的数学表达式为

$$I=\frac{E}{R+r}$$

式中 I——电流；

E——电动势；

R——外电阻阻值；

r——内电阻阻值。

由上式可得

$$E=IR+Ir=U_{内}+U_{外}$$

式中 $U_{内}$——内电路的电压降；

$U_{外}$——外电路的电压降，也是电源两端的电压。

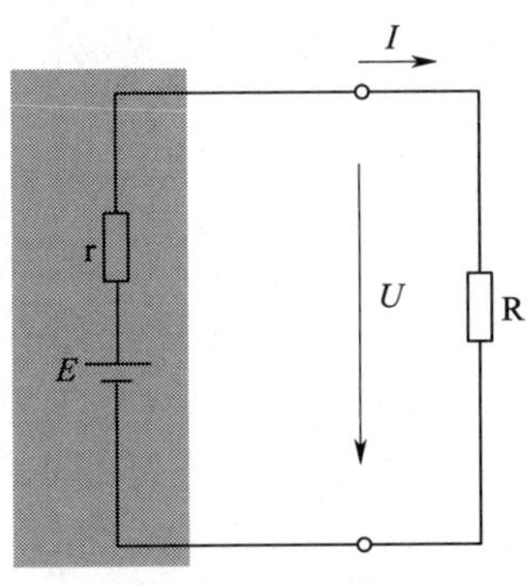

图 1－10 闭合电路

二、电阻的串联

电阻的串联电路如图 1－11 所示，其等效电路如图 1－12 所示。

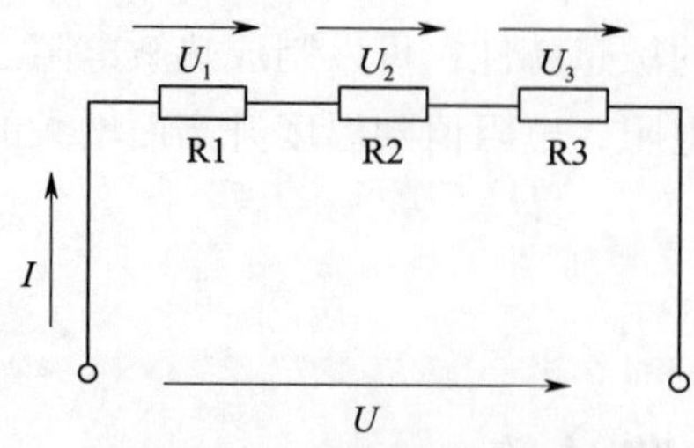

图 1－11　电阻的串联电路

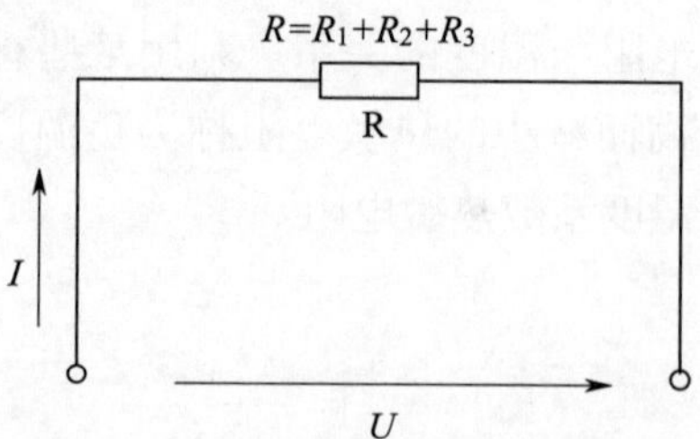

图 1－12　电阻串联电路的等效电路

电阻串联电路具有以下特点：

（1）电路中流过每个电阻的电流相等。

（2）电路两端的总电压等于各电阻两端的分电压之和，即

$$U=U_1+U_2+\cdots+U_n$$

（3）电路的等效电阻（总电阻）等于各串联电阻之和，即

$$R=R_1+R_2+\cdots+R_n$$

（4）电路中各个电阻两端的电压与它的阻值成正比，即

$$\frac{U_1}{R_1}=\frac{U_2}{R_2}=\cdots=\frac{U_n}{R_n}$$

在串联电路中，阻值越大的电阻分配到的电压越大，反之电压越小。

当两个电阻 R1 和 R2 串联时，等效电阻 $R=R_1+R_2$，则有分压公式：

$$U_1=\frac{R_1}{R_1+R_2}U$$

$$U_2=\frac{R_2}{R_1+R_2}U$$

三、电阻的并联

由三个电阻组成的并联电路如图 1－13 所示，其等效电路如图 1－14 所示。

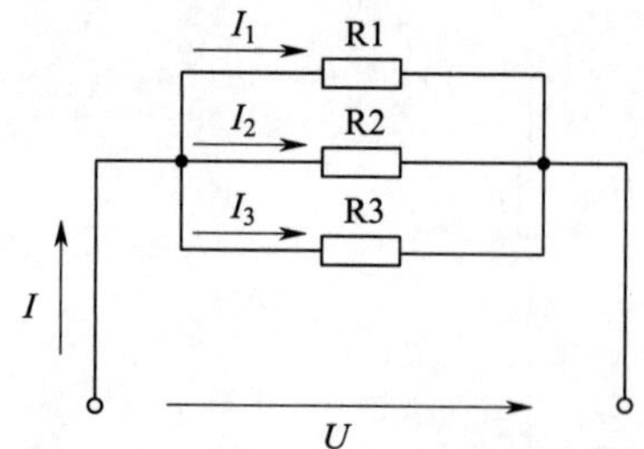

图 1－13　由三个电阻组成的并联电路

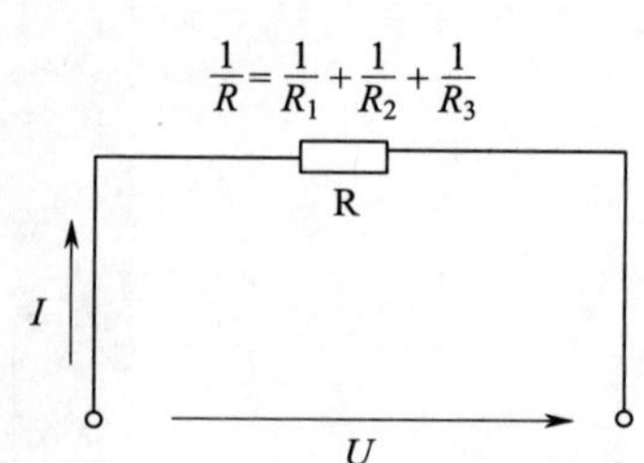

图 1－14　电阻并联电路的等效电路

电阻并联电路具有以下特点：

（1）电路中各电阻两端的电压相等，且等于电路两端的电压。

（2）电路的总电流等于流过各电阻的电流之和，即

$$I=I_1+I_2+\cdots+I_n$$

（3）电路的等效电阻（总电阻）的倒数等于各并联电阻的倒数之和，即

$$\frac{1}{R}=\frac{1}{R_1}+\frac{1}{R_2}+\cdots+\frac{1}{R_n}$$

（4）电路中通过各支路的电流与支路的电阻成反比，即

$$IR=I_1R_1=I_2R_2=\cdots=I_nR_n$$

阻值越大的电阻所分配到的电流越小，反之电流越大。

对于两个电阻并联的情况，总电阻为

$$R=\frac{R_1R_2}{R_1+R_2}$$

四、电阻的混联

电路中元件既有串联又有并联的连接方式称为混联。对混联电路的分析和计算一般分为以下 4 个步骤：

（1）整理清楚电路中电阻的串联和并联关系，必要时重新画出串联和并联关系明确的电路图；

（2）利用串联、并联等效电阻公式计算出电路中总的等效电阻；

（3）利用已知条件计算，确定电路的总电压与总电流；

（4）根据电阻分压关系和分流关系，逐步推算出各支路的电压或电流。

综上所述，在串联电路中，电流处处相等，总电压等于各电阻电压之和，总电阻等于各电阻之和；在并联电路中，总电压等于各支路电压，总电流等于各支路电流之和，总电阻的倒数等于各支路电阻倒数之和。

第三节　电容器

一、电容器和电容

1. 电容器基础知识

两个彼此靠近又相互绝缘的导体，就构成一个电容器。这对导体称为电容器的两个极板，中间的绝缘材料称为电容器的介质。

电容器是储存和容纳电荷的装置，也是储存电场能量的装置。

电容器按其电容量是否可变，可分为固定电容器和可变电容器，可变电容器还包括半可变电容器。

固定电容器的电容量是固定不变的，它的性能和用途与两极板间的介质有关。常用的介质有云母、陶瓷、金属氧化膜、纸等。

电容量在一定范围内可调的电容器称为可变电容器。半可变电容器又称为微调电容器。

常用电容器的实物和符号见表 1-1。

2. 电容基础知识

电容量是指电容器储存电荷的能力，简称电容，用 C 表示，它在数值上等于电容器在单位电压作用下所储存的电荷量，即

$$C=\frac{Q}{U}$$

表 1-1　　常用电容器的实物和符号

名称	实物	符号
电力电容器	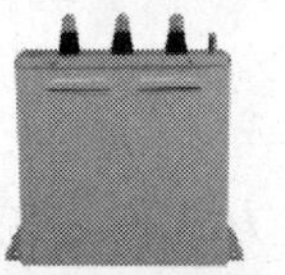	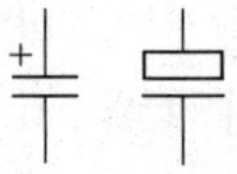
电解电容器	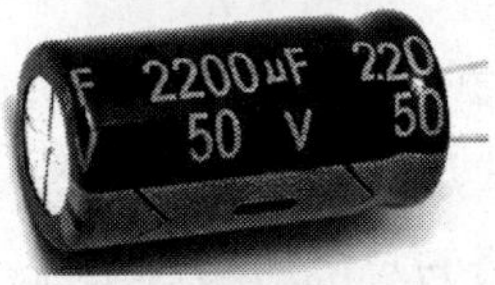2200µF 220 50 V 50	
金属膜电容器	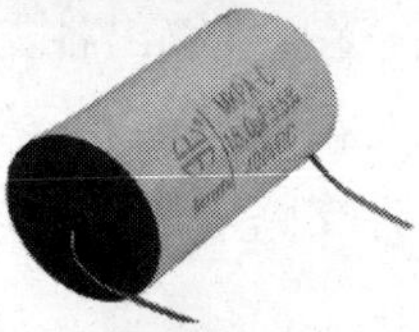	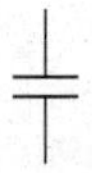
涤纶电容器	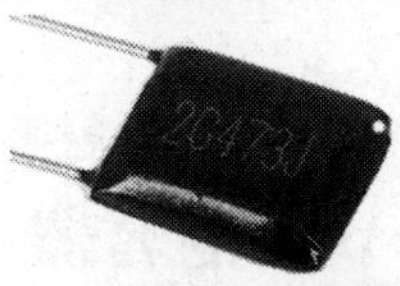2G473J	
瓷片电容器	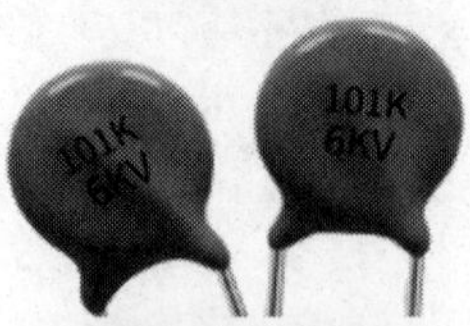101K 6KV 101K 6KV	
云母电容器	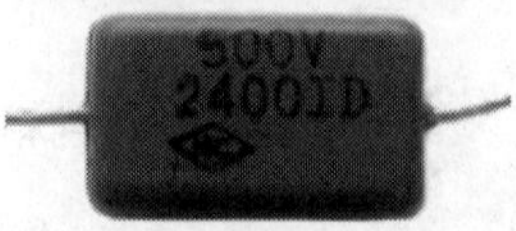500V 2400ID	

续表

名称	实物	符号
单连可变电容器		
双连可变电容器		
微调电容器		

电容是电容器的固有属性，只与电容器的极板正对面积、极板间距离以及极板间电介质的特性有关，与外加电压的大小、电容器带电多少等外部条件无关。

电容的单位是法拉（F），此外还有微法（μF）和皮法（pF），它们之间的关系为

$$1\ \text{F}=10^6\ \mu\text{F}=10^{12}\ \text{pF}$$

二、电容器的连接

1. 电容器的串联

三个电容器的串联电路如图 1－15 所示。

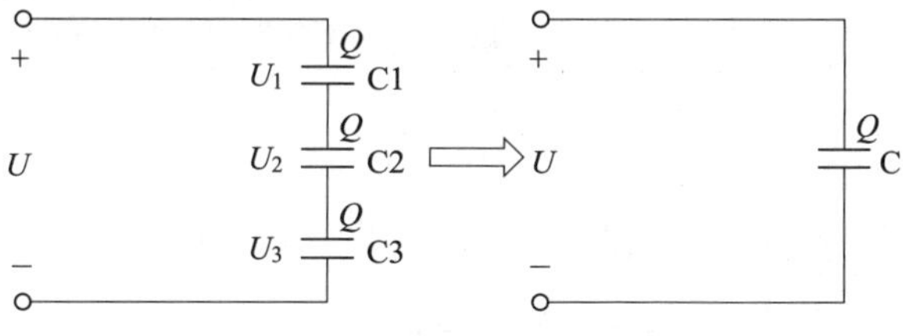

图 1－15　三个电容器的串联电路

加上直流电压 U，给电容器充电，达到稳定状态后每个电容器所带电荷量应相等，设为 Q，则各个电容器的电压分别为

$$U_1=\frac{Q}{C_1}$$

$$U_2 = \frac{Q}{C_2}$$

$$U_3 = \frac{Q}{C_3}$$

总电压 U 等于各个电容器上的电压之和，所以

$$U = U_1 + U_2 + U_3 = Q\left(\frac{1}{C_1} + \frac{1}{C_2} + \frac{1}{C_3}\right)$$

设串联电容器总电容为 C，因为$U = \dfrac{Q}{C}$，所以

$$\frac{1}{C} = \frac{1}{C_1} + \frac{1}{C_2} + \frac{1}{C_3}$$

即串联电容器总电容的倒数等于各电容器电容的倒数之和。电容器串联之后，相当于增大了两极板间的距离，所以总电容小于每个电容器的电容。

2. 电容器的并联

三个电容器的并联电路如图 1－16 所示。

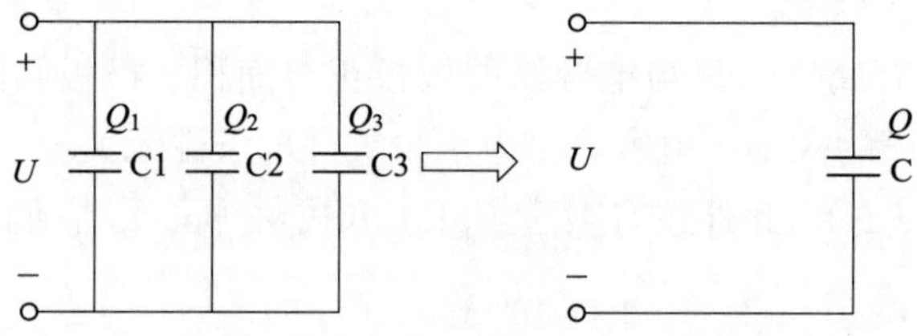

图 1－16　三个电容器的并联电路

加上电压 U 后，每个电容器的电压都是 U，如果三个电容器所带电荷量分别为 Q_1、Q_2、Q_3，则

$$Q_1=C_1U$$

$$Q_2=C_2U$$

$$Q_3=C_3U$$

电容器储存的总电荷量等于各电容器所带电荷量之和，即

$$Q=Q_1+Q_2+Q_3=(C_1+C_2+C_3)U$$

设并联电容器的总电容为 C，因为 $Q=CU$，所以

$$C=C_1+C_2+C_3$$

即并联电容器的总电容等于各电容器的电容之和。电容器并联之后，相当于增大了两极板的面积，所以总电容大于每个电容器的电容。

三、电容器使用注意事项

1. 使用温度

（1）使用温度、纹波电流应在规定的范围内，电容器如通过太大的电流，易引起异常发热、短路、失火等。

（2）电容器在使用过程中会产生一定的热量，使设备内部温度上升。在正常状态下，电容器周围的温度应在允许的范围内。

2. 施加电压

（1）电解电容器有极性，施加反向电压或过高的交流电压后，可能导致电容器损坏、漏液甚至爆裂。

（2）多个电容器并联时，应考虑导线电阻对电流分配和电容性能的影响。

（3）直流电压上叠加交流成分时，峰值电压应不超过额定电压，否则可能引起短路、失火等。

3. 使用环境

（1）电容器遇到水、油及其他导电液体，或在结晶状态下使用，会发生故障。

（2）有害气体侵入电容器内部易引起腐蚀。

（3）在振动和冲击较大的环境中，不宜使用电容器。

第四节　磁场及电磁感应

一、磁现象

1. 磁场与磁感线

磁场是指磁体周围存在的一种特殊物质。两个磁极虽互不接触，却存在相互作用力，这种相互作用力称为磁场力。同名磁极相互排斥，异名磁极相互吸引。

可以用一些互不交叉的闭合曲线来描述磁场，这种曲线称为磁感线。蹄形磁铁的磁感线如图 1－17 所示，条形磁铁的磁感线如图 1－18 所示。

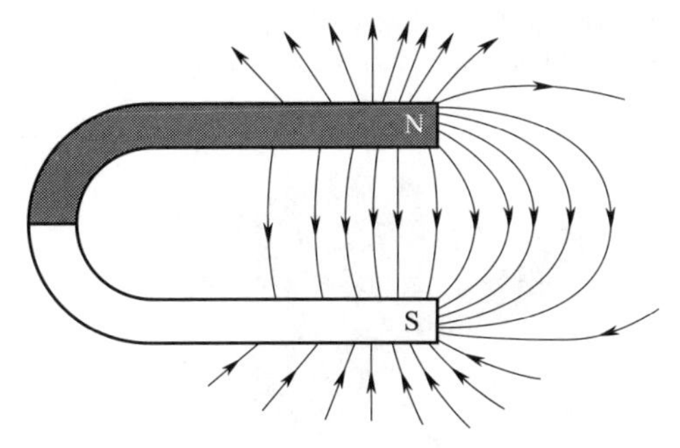

图 1－17　蹄形磁铁的磁感线

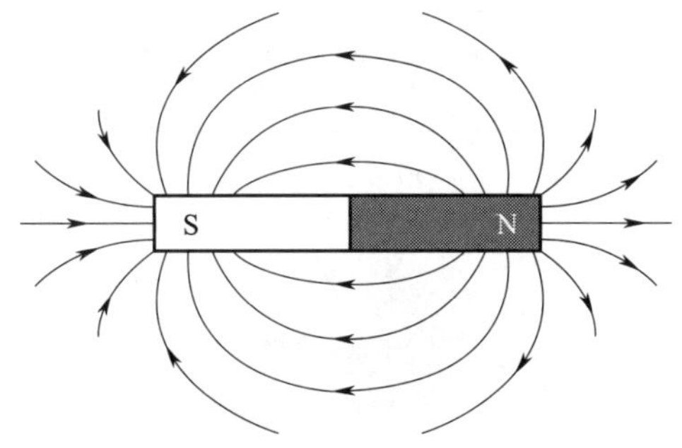

图 1－18　条形磁铁的磁感线

2. 磁感线的特点

（1）磁感线的切线方向表示磁场方向，其疏密程度表示磁场的强弱。

（2）磁感线是闭合曲线。在磁体外部，磁感线的方向由 N 极指向 S 极；在磁体内部，磁感线的方向由 S 极指向 N 极。

（3）任意两条磁感线不相交。

磁感线是为方便研究问题而人为引入的假想曲线，实际上并不存在。

3. 匀强磁场

在磁场的某一区域里，如果磁感线是一些方向相同、分布均匀的平行直线，则称这一区域为匀强磁场。距离很近的两个异名磁极之间的磁场，除边缘部分外，可以认为是匀强磁场，如图 1－19 所示。

二、电流的磁场

磁铁并不是磁场的唯一来源。当把一根水平放置的通电导线平行地靠近磁针上方时，磁针会发生偏转，如图 1－20 所示。这一现象说明，电流周围存在磁场。电流产生磁场的现象称为电流的磁效应。

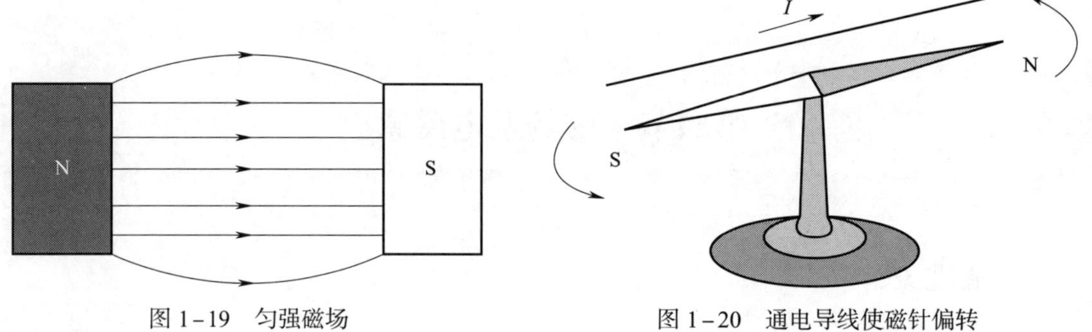

图 1－19　匀强磁场　　　图 1－20　通电导线使磁针偏转

通电长直导线及通电螺线管周围的磁场方向均可用右手螺旋定则（也称安培定则）来确定，具体见表 1－2。

表 1－2　　右手螺旋定则

通电长直导线	通电螺线管
用右手握住导线，使伸直的拇指所指的方向跟电流的方向一致，则弯曲的四指所环绕的方向就是磁感线的环绕方向	用右手握住通电螺线管，使弯曲的四指所环绕的方向跟电流的方向一致，则拇指所指的方向就是螺线管内部磁感线的方向，也就是通电螺线管的磁场 N 极的方向
I	N　S　I

续表

通电长直导线	通电螺线管
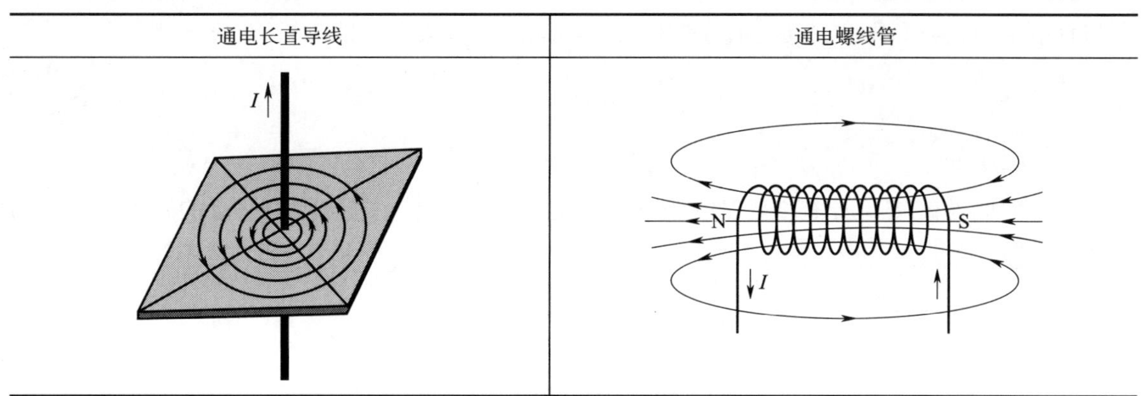	

三、磁场的主要物理量

1. 磁感应强度

磁场中垂直于磁场方向的通电直导线所受的磁场力 F，与电流 I 和导线长度 l 的乘积之比，称为通电直导线所在处的磁感应强度 B，即

$$B=\frac{F}{Il}$$

磁感应强度是描述磁场强弱和方向的物理量。它是一个矢量，方向为该点的磁场方向。在国际单位制中，磁感应强度的单位是特斯拉（T）。

用磁感线可形象地描述磁感应强度的大小：磁感应强度较大的地方，磁场较强，磁感线较密；磁感应强度较小的地方，磁场较弱，磁感线较疏。磁感线的切线方向即该点磁感应强度的方向。

匀强磁场中各点磁感应强度的大小和方向相同。

2. 磁通

在磁感应强度为 B 的匀强磁场中取与磁场方向垂直、面积为 S 的平面，则 B 与 S 的乘积称为穿过这个平面的磁通量 Φ，简称磁通，即

$$\Phi=BS$$

磁通量的国际单位是韦伯（Wb），简称韦。

3. 磁导率

磁场中各点磁感应强度的大小不仅与产生磁场的电流和导体有关，还与磁场内磁介质的导磁性能有关。物质导磁性能的强弱用磁导率（μ）来表示。磁导率的单位是亨利 / 米（H/m）。不同物质的磁导率不同。在相同的条件下，磁导率越大，磁感应强度越大，磁场越强；磁导率越小，磁感应强度越小，磁场越弱。

真空中的磁导率 μ_0 是一个常数，$\mu_0=4\pi\times10^{-7}$ H/m。

为便于对各种物质的导磁性能进行比较，以真空中的磁导率为基准，将其他物质的磁导率与真空中的磁导率比较，其比值称为相对磁导率，用 μ_r 表示，即

$$\mu_r = \frac{\mu}{\mu_0}$$

4. 磁场强度

在各向同性的磁介质中，某点的磁感应强度 B 与磁导率 μ 之比称为该点的磁场强度，用 H 表示，即

$$H = \frac{B}{\mu}$$

$$B = \mu H = \mu_0 \mu_r H$$

磁场强度也是矢量，其方向与磁感应强度方向相同，国际单位是安培 / 米（A/m）。

磁场中各点磁场强度的大小只与产生磁场的电流大小和导体形状有关，与磁介质的性质无关。

四、磁场的作用力

1. 磁场对通电直导线的作用力

通常把通电直导线在磁场中受到的力称为安培力。

通电直导线在磁场内的受力方向可用“左手定则”来判断。如图 1－21 所示，平伸左手，使拇指与其余四个手指垂直，并且都跟手掌在同一个平面内，让磁感线垂直穿入掌心，并使四指指向电流的方向，则拇指所指的方向就是通电直导线所受安培力的方向。

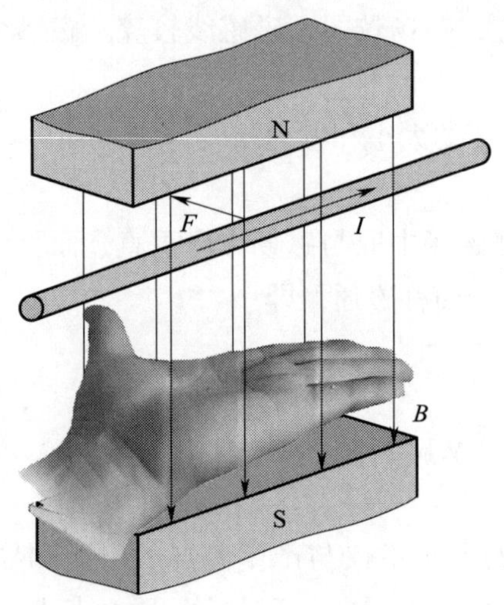

图 1－21　左手定则

当电流的方向与磁感应强度的方向垂直时，导线受到的安培力最大。根据磁感应强度的计算公式，可得

$$F=BIl$$

式中　B—— 磁场强度；

I—— 电流；

l—— 导线长度。

如果电流方向与磁场方向不垂直，而是有一夹角 α，如图 1－22 所示，这时通电直导线的有效长度为 $l\sin\alpha$（l 在与磁场方向相垂直方向上的投影）。安培力的计算公式变为

$$F=BIl\sin\alpha$$

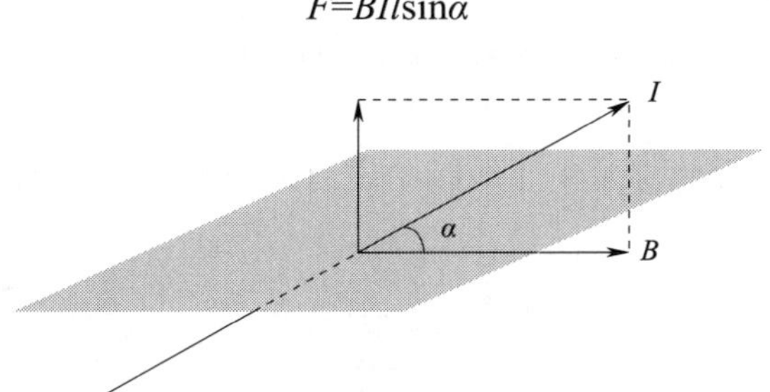

图 1－22　电流方向与磁场方向有一夹角 α

因此，当 $\alpha=90°$ 时，$\sin90°=1$，安培力最大；当 $\alpha=0°$ 时，$\sin0°=0$，安培力最小；当电流方向与磁场方向斜交时，安培力介于最大值和最小值之间。

2. 通电平行直导线间的作用力

两条相距较近且相互平行的直导线，当通以相同方向的电流时，它们相互吸引；当通以相反方向的电流时，它们相互排斥。

3. 磁场对通电线圈的作用力

磁场对通电矩形线圈的作用是电动机工作的基本原理之一，如图 1－23 所示，其中的作用力符合上述公式和定律。

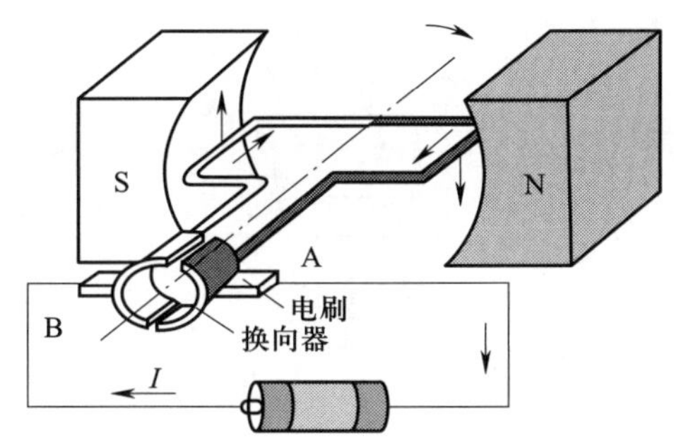

图 1－23　电动机工作的基本原理

五、电磁感应

1. 电磁感应现象

闭合电路的一部分导体在磁场中做切割磁感线运动时，导体中就会产生感应电流，这种现象称为电磁感应现象。产生的电流称为感应电流，产生感应电流的电动势称为感应电动势。

产生电磁感应现象的条件：当穿过闭合回路的磁通发生变化时，回路中就有感应电流产生。

2. 楞次定律

楞次定律描述了磁通量的变化与感应电动势方向之间的关系，即感应电流产生的磁场总是阻碍引起感应电流的磁通量的变化。

3. 法拉第电磁感应定律

线圈中感应电动势的大小与穿过线圈的磁通量的变化率成正比，这就是法拉第电磁感应定律。

用 $\Delta\Phi$ 表示时间间隔 Δt 内穿过单匝线圈的磁通量变化量，则单匝线圈产生的感应电动势大小为

$$e=\frac{\Delta\Phi}{\Delta t}$$

如果有 N 匝线圈，则感应电动势的大小为

$$e=N\frac{\Delta\Phi}{\Delta t}$$

4. 直导体切割磁感线产生感应电动势

如图 1－24 所示，在匀强磁场中放置一段导体，其两端分别与检流计相接，形成一个回路。使导体做切割磁感线运动，观察检流计指针偏转情况。

感应电动势的方向可用“右手定则”判断。如图 1－25 所示，平伸右手，拇指与其余四指垂直，让磁感线穿入掌心，拇指指向导体运动方向，则其余四指所指的方向就是感应电动势的方向。

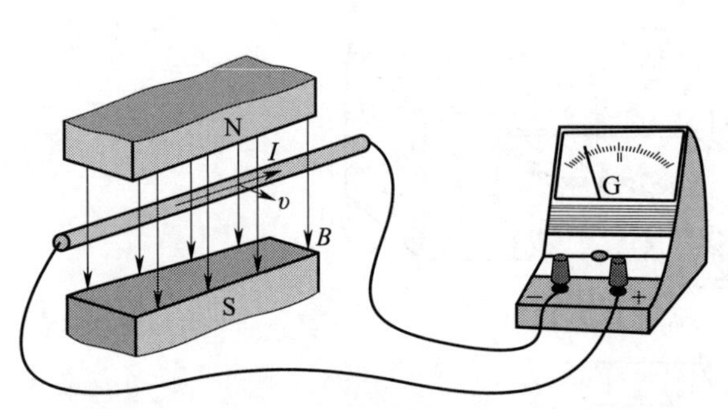

图 1－24　直导体切割磁感线产生感应电动势

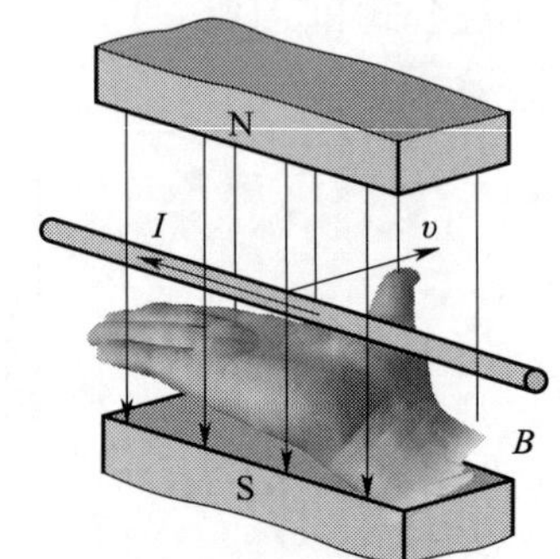

图 1－25　右手定则

六、自感现象

1. 自感

当线圈中的电流发生变化时，线圈本身就产生感应电动势，阻碍线圈中电流的变化。这种由于线圈本身电流发生变化而产生电磁感应的现象，称为自感现象，简称自感。在自感现象中产生的感应电动势，称为自感电动势，用 e_L 表示。

2. 自感系数

当线圈中通入电流后，这一电流使每匝线圈产生的磁通称为自感磁通，用 Φ_L 表示。同一电流流过不同的线圈时，所产生的自感磁通不同。为衡量不同线圈产生自感磁通的能力，引入自感系数（简称电感）这一物理量，用 L 表示，它在数值上等于一个线圈通过单位电流时所产生的自感磁通，即

$$L=\frac{N\Phi_L}{I}$$

电感的单位是亨利（H）以及毫亨（mH）、微亨（μH），它们之间的关系为

$$1\ \text{H}=10^3\ \text{mH}=10^6\ \mu\text{H}$$

3. 自感电动势

自感现象是一种特殊的电磁感应现象，它必然遵从法拉第电磁感应定律。将 $N\Delta\Phi_L=L\Delta I$ 代入$e_L=N\frac{\Delta\Phi_L}{\Delta t}$，可得自感电动势的计算式为

$$e_L=L\frac{\Delta I}{\Delta t}$$

当自感系数不变时，自感电动势的大小与线圈中电流的变化率成正比。当线圈中的电流在 1 s 内变化 1 A 时，引起的自感电动势是 1 V，则这个线圈的自感系数就是 1 H。自感电动势的方向用楞次定律判定。

4. 自感现象的应用

自感现象在各种电气设备和无线电技术中有广泛的应用。例如，电视台和广播电台的无线电设备、自感式传感器、日光灯的镇流器以及电焊机等设备，都是利用自感现象工作的。

第五节　交流电路

一、交流电的产生

1. 交流电的概念

交流电与直流电的根本区别：直流电的方向不随时间的变化而变化，交流电的方向则随时间的变化而变化。电源只有一个交变电动势的交流电称为单相交流电。

大小及方向均随时间按正弦规律变化的电流、电压、电动势，分别称为正弦交流电流、正弦交流电压、正弦交流电动势。

2. 正弦交流电的产生

交流电既可以由交流发电机产生，也可由振荡器产生。交流发电机主要用于提供电能，振荡器主要用于产生特定频率的交流信号。

实验用简易交流发电机的原理如图 1－26 所示，其转子线圈的截面如图 1－27 所示。当线圈在磁场中旋转时，由于导线切割磁感线，线圈中会产生感应电动势，其过程如图 1－28 所示。用示波器观察波形可知，线圈中产生的是正弦交流电。

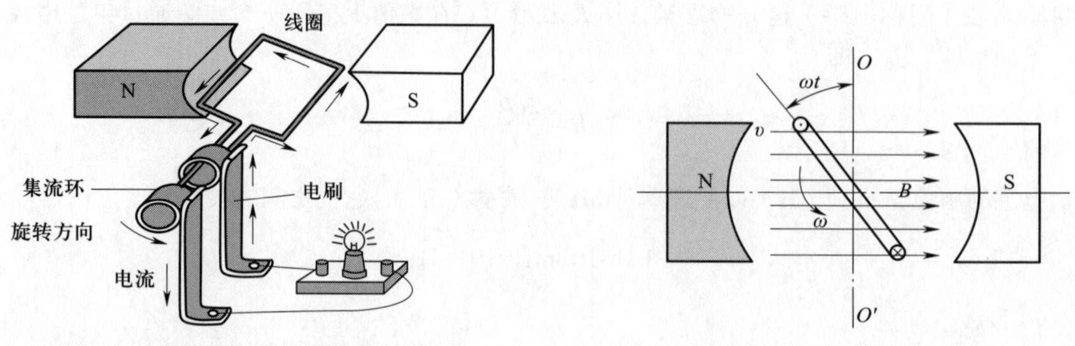

图 1－26　实验用简易交流发电机的原理　　图 1－27　转子线圈的截面

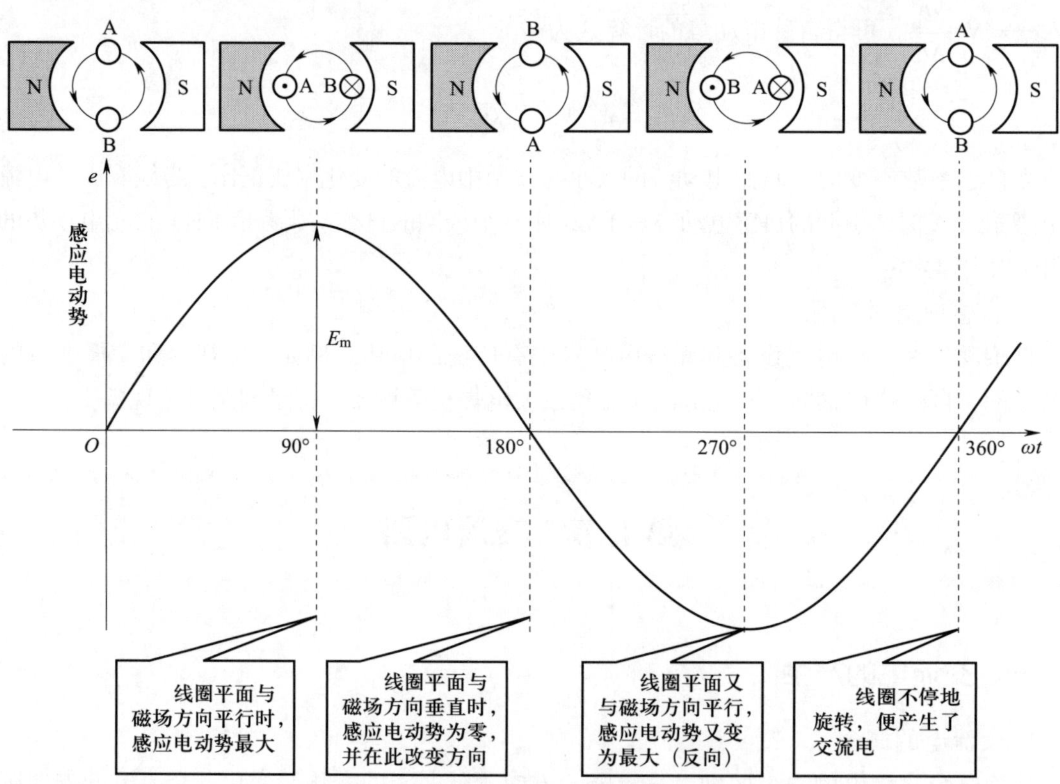

图 1－28　线圈中产生感应电动势的过程

如图 1－28 所示，以一匝线圈为例，将磁极间的磁场看作匀强磁场，设线圈在磁场中以角速度 ω 逆时针匀速转动，当线圈平面垂直于磁感线时，各边都不切割磁感线，没有感应电动势，称此平面为中性面，如图 1－27 中 OO' 所示。设磁感应强度为 B，磁场中线圈切割磁感线的一边长度为 l，线圈平面从中性面开始转动，经过时间 t，线圈转过的角度为 ωt。这时，其单侧线圈切割磁感线的线速度 v 与磁感线的夹角也为 ωt，所产生的感应电动势为 $e'=Blv\sin\omega t$，所以整个线圈所产生的感应电动势为

$$e = 2Blv\sin\omega t$$

$2Blv$ 为感应电动势的最大值，设为 E_m，则

$$e = E_m\sin\omega t$$

上式为正弦交流电动势的瞬时值表达式，也称解析式。若从线圈平面与中性面成一夹角 φ_0 时开始计时，则公式变为

$$e = E_m\sin(\omega t+\varphi_0)$$

正弦交流电压、电流等表达式与此相似。

二、表征正弦交流电的物理量

1. 周期、频率和角频率

正弦交流电波形如图 1－29 所示。

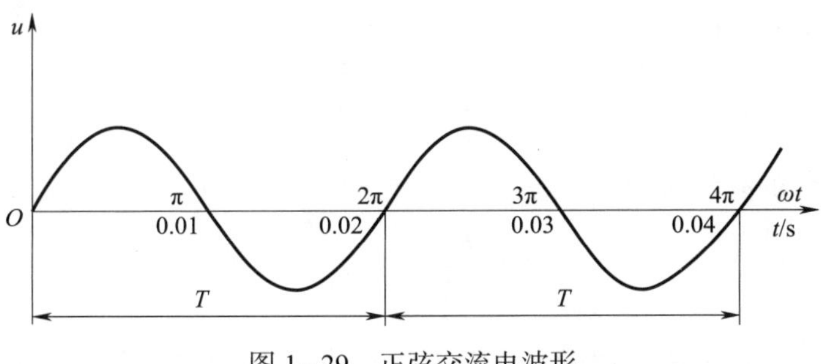

图 1－29　正弦交流电波形

（1）周期。正弦交流电完成一次完整变化所用的时间称为周期，用 T 表示，单位为秒（s）。显然，正弦交流电流或电压相邻的两个最大值（或相邻的两个最小值）之间的时间间隔即周期，由三角函数知识可知

$$T = \frac{2\pi}{\omega}$$

（2）频率。正弦交流电在 1 s 内重复变化的次数称为频率，用 f 表示，单位是赫兹（Hz）。根据定义可知，周期和频率互为倒数，即

$$f = \frac{1}{T}$$

它表示正弦交流电流在单位时间内周期性循环变化的次数，表征正弦交流电交替变化的速率（快慢）。

（3）角频率。正弦交流电每秒内变化的电角度称为角频率，用符号 ω 表示，单位是弧度 / 秒（rad/s）。角频率与周期、频率的关系为

$$\omega = \frac{2\pi}{T} = 2\pi f$$

2. 最大值、有效值和平均值

（1）最大值。正弦交流电在一个周期所能达到的最大瞬时值称为正弦交流电的最大值（又称峰值、幅值）。最大值用大写字母加下标 m 表示，如 E_m、U_m、I_m。

从正弦交流电的反向最大值到正向最大值称为峰－峰值，用 U_{p-p} 表示。

（2）有效值。在电工技术中，有时并不需要知道交流电的瞬时值，而采用能够表征其大小的特定值——有效值。有效值的定义依据是交流电流和直流电流通过电阻时，电阻都要消耗电能（热效应）。

设正弦交流电流 $i(t)$ 在一个周期 T 内使电阻 R 消耗的电能为 Q_R，另有一相应的直流电流 I 在相同时间 T 内也使该电阻消耗相同的电能，即 $Q_R=I^2RT$。

就平均对电阻做功的能力来说，这两个电流［$i(t)$ 与 I］是等效的。因此，该直流电流 I 的数值可以表示交流电流 $i(t)$ 的大小，于是将这一特定的数值 I 称为交流电流的有效值。理论与实验均可证明，正弦交流电流 $i(t)$ 的有效值 I 约等于 0.707 的振幅（最大值），即

$$I = \frac{I_m}{\sqrt{2}} \approx 0.707 I_m$$

正弦交流电压的有效值为

$$U = \frac{U_m}{\sqrt{2}} \approx 0.707 U_m$$

正弦交流电动势的有效值为

$$E = \frac{E_m}{\sqrt{2}} \approx 0.707 E_m$$

我国工业和民用交流电源电压的有效值为 220 V，频率为 50 Hz，通常将这一交流电压简称为工频电压。

（3）平均值。在讨论电路的输出电压等问题时，有时会使用平均值。因为正弦交流电取一个周期时平均值为 0，所以规定半个周期的平均值为正弦交流电的平均值。

3. 相位和相位差

（1）相位。在式 $e=E_m\sin(\omega t+\varphi_0)$ 中，$\omega t+\varphi_0$ 表示正弦量随时间变化的电角度，称为相位角，也称相位或相角，反映交流电变化的进程。式中 φ_0 为正弦量在 t=0 时的相位，称为初相位，也称初相角或初相。

交流电的初相既可以为正，也可以为负。若 t=0 时正弦量的瞬时值为正，则初相为正，如图 1－30a 所示；若 t=0 时正弦量的瞬时值为负，则初相为负，如图 1－30b 所示。

初相通常用不大于 180° 的角来表示。例如 $i=50\sin(\omega t+240°)$ A 习惯上应记为 $i=50\sin(\omega t-120°)$ A。

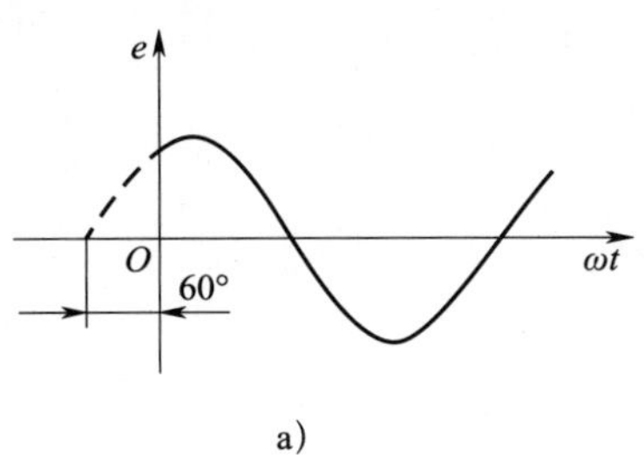

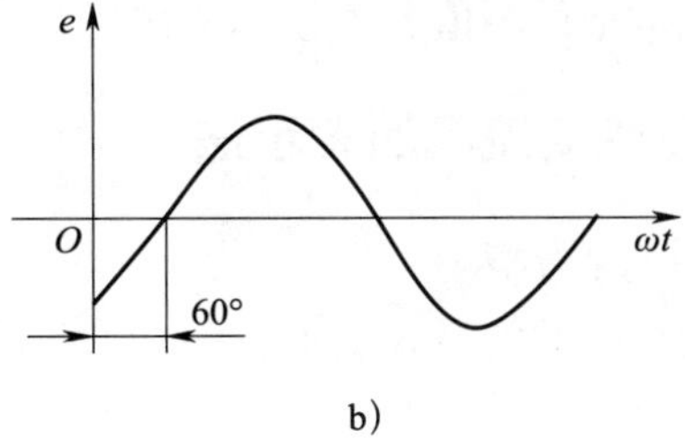

图 1－30　初相的正负

a）初相为正　b）初相为负

（2）相位差。两个同频率交流电的相位之差称为相位差，用符号 φ 表示，即

$$\varphi=(\omega t+\varphi_1)-(\omega t+\varphi_2)=\varphi_1-\varphi_2$$

如果交流电 e_1 比另一个交流电 e_2 提前达到零值或最大值（$\varphi>0$），则称 e_1 超前 e_2，或称 e_2 滞后 e_1，如图 1－31a 所示；若两个交流电同时达到零值或最大值，即两者的初相位相等，则称它们同相位，简称同相，如图 1－31b 所示；若一个交流电达到正的最大值时，另一个交流电同时达到负的最大值，即它们的初相位相差 180°，则称它们反相位，简称反相，如图 1－31c 所示；若两个正弦交流电相位差 φ=90°，则称它们正交，如图 1－31d 所示。

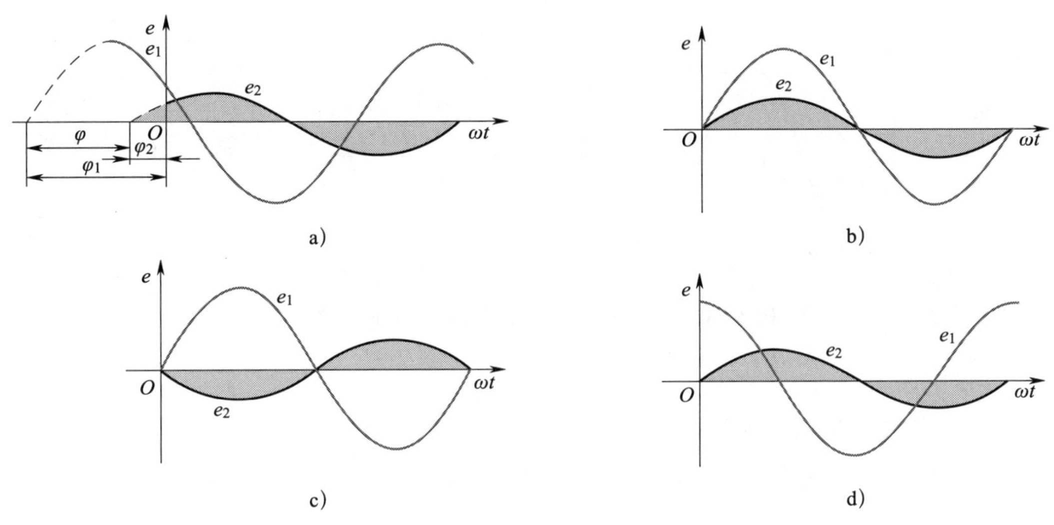

图 1－31　两个同频率交流电的相位关系

a）超前和滞后　b）同相　c）反相　d）正交

从波形图上观察两个正弦量的相位差，可以选它们的最大值（或零值）来观察，沿时间轴正方向看，先出现最大值（或零值）的正弦量超前，后出现的滞后。例如，在图 1－31a 中，可以说 e_1 超前 e_2，相位差为 φ；也可以说 e_2 滞后 e_1，相位差为 φ。

综上所述，正弦交流电的最大值反映了正弦交流电的变化范围，角频率反映了正弦交流电的变化快慢，初相位反映了正弦交流电的起始状态。它们是表征正弦交流电的三个重要物理量，因此常把最大值、角频率和初相位称为正弦交流电的三要素。

三、正弦交流电的表示法

1. 解析式表示法

正弦交流电的解析式表示法：

$$i(t) = I_m \sin(\omega t + \varphi_{i0})$$

$$u(t) = U_m \sin(\omega t + \varphi_{u0})$$

$$e(t) = E_m \sin(\omega t + \varphi_{e0})$$

2. 波形图表示法

不同初相位的正弦交流电波形图举例如图 1－32 所示。

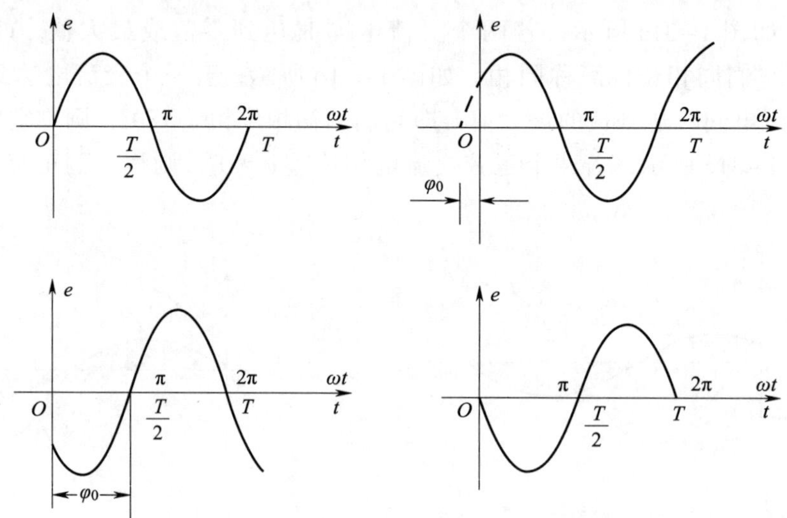

图 1－32　不同初相位的正弦交流电波形图举例

3. 相量图表示法

正弦量可以用振幅相量或有效值相量表示，但通常用有效值相量表示。

有效值相量表示法是用正弦量的有效值作为相量的模（长度大小），仍用初相角作为相量的幅角，例如：

$$u = 220\sqrt{2}\sin(\omega t + 53°)\ \text{V}$$

$$i = 0.41\sqrt{2}\sin(\omega t)\ \text{A}$$

则它们的有效值相量图如图 1－33 所示。

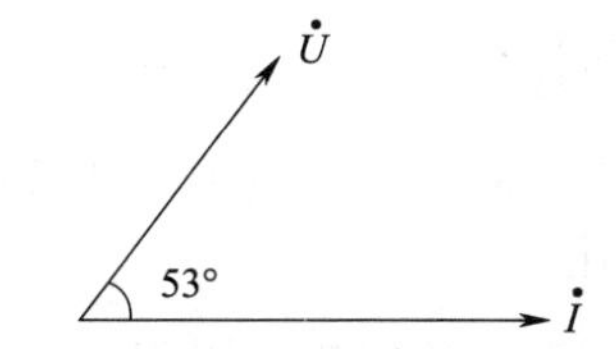

图 1－33 正弦量的有效值相量图

四、纯电阻电路

只含有电阻元件的交流电路称为纯电阻电路，如含有白炽灯、电炉、电烙铁等的电路。

1. 电压、电流的瞬时值关系

在纯电阻电路中，电阻与电压、电流的瞬时值之间的关系服从欧姆定律。设加在电阻 R 上的正弦交流电压瞬时值 $u=U_m\sin\omega t$，则通过该电阻的电流瞬时值为

$$i=\frac{u}{R}=\frac{U_m}{R}\sin\omega t=I_m\sin\omega t$$

其中，$I_m=\frac{U_m}{R}$是正弦交流电流的振幅。这说明，正弦交流电压和电流的振幅之间满足欧姆定律。

2. 电压、电流的有效值关系

在纯电阻电路中，正弦交流电压和电流的振幅之间满足欧姆定律$I_m=\frac{U_m}{R}$，因此把等式两边同时除以$\sqrt{2}$，即得到有效值关系，即

$$I=\frac{U}{R}\text{ 或 }U=RI$$

这说明，正弦交流电压和电流的有效值之间也满足欧姆定律。

3. 相位关系

电阻的两端电压 u 与通过它的电流 i 同相，其波形图和相量图如图 1－34 所示。

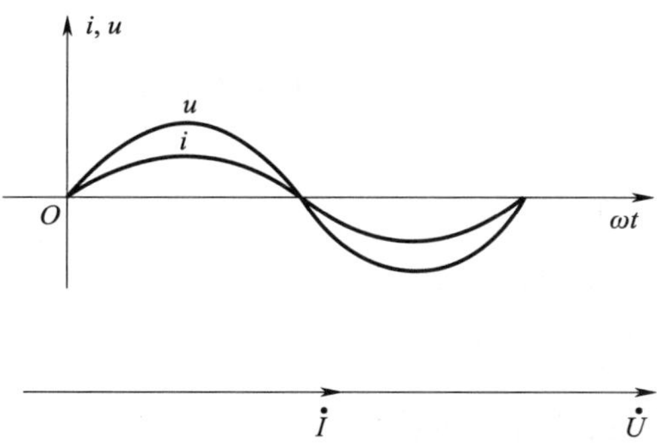

图 1－34 电阻电压 u、电流 i 的波形图和相量图

五、纯电感电路

由电阻很小的电感线圈组成的交流电路，可以近似地看作纯电感电路。

1. 电感线圈对交流电的阻碍作用

（1）感抗的概念。反映电感线圈对交流电流阻碍程度的物理量称为感抗（X_L）。

（2）感抗的影响因素。纯电感电路中通过正弦交流电流时，所呈现的感抗为

$$X_L = \omega L = 2\pi fL$$

式中 X_L——感抗，Ω；

ω——角速度，rad/s；

f——频率，Hz；

L——线圈电感，H。

如果电感线圈中不含有导磁介质，则称为空心电感或线性电感，线性电感在电路中是一个常数，与外加电压或通电电流无关。

如果电感线圈中含有导磁介质，则电感将不是常数，而是与外加电压或通电电流有关，这样的电感称为非线性电感，如铁芯电感。

（3）电感线圈在电路中的作用。用于“通直流、阻交流”的电感线圈称为低频扼流圈，用于“通低频、阻高频”的电感线圈称为高频扼流圈。

2. 电感电流与电压的关系

电感电流与电压的大小关系为

$$I = \frac{U}{X_L}$$

显然，感抗与电阻的单位相同，都是欧姆（Ω）。

六、纯电容电路

把电容器接到交流电源上，如果电容器的电阻和分布电感可以忽略不计，可以把这种电路近似地看作纯电容电路。

1. 容抗的概念

反映电容器对交流电流阻碍程度的物理量称为容抗（X_C）。容抗的单位和电阻、电感一样，也是欧姆（Ω）。

2. 电容器在电路中的作用

在电路中，用于“通交流、隔直流”的电容器称为隔直电容器；用于“通高频、阻低频”，将高频电流成分滤除的电容器称为高频旁路电容器。

七、电阻、电感、电容的串联电路

1. RLC 串联电路的电压关系

由电阻、电感线圈、电容器相串联构成的电路称为 RLC 串联电路，如图 1－35 所示。

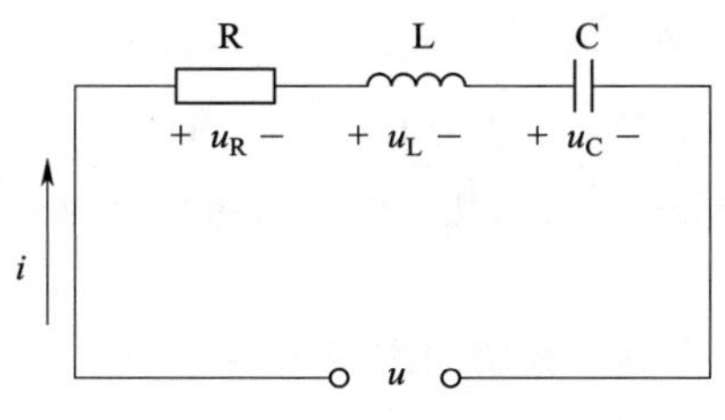

图 1－35 RLC 串联电路

根据串联电路的特点，在任一时刻总电压 u 的瞬时值为

$$u=u_R+u_L+u_C$$

2. RLC 串联电路的阻抗关系

RLC 串联电路的阻抗关系可用阻抗三角形关系式表示，即

$$|Z|=\frac{U}{I}=\sqrt{R^2+(X_L-X_C)^2}=\sqrt{R^2+X^2}$$

式中 $|Z|$——RLC 串联电路的阻抗；

X——电抗，$X=X_L-X_C$。

3. RLC 串联电路的性质

根据总电压与电流的相位差（阻抗角 φ）为正、为负、为零三种情况，将电路性质分为三种。

（1）感性电路。当 $X>0$ 时，即 $X_L>X_C$、$\varphi>0$，电压 u 比电流 i 超前，称电路呈感性。

（2）容性电路。当 $X<0$ 时，即 $X_L<X_C$、$\varphi<0$，电压 u 比电流 i 滞后，称电路呈容性。

（3）谐振电路。当 $X=0$ 时，即 $X_L=X_C$、$\varphi=0$，电压 u 与电流 i 同相，称电路呈电阻性。电路处于这种状态时，称为谐振状态。

八、正弦交流电路的功率

1. 正弦交流电路功率的基本概念

（1）瞬时功率 p。设正弦交流电路的总电压 u 与总电流 i 的相位差（阻抗角）为 φ，则电压与电流的瞬时值表达式为

$$u=U_m\sin(\omega t+\varphi)$$

$$i=I_m\sin\omega t$$

瞬时功率为

$$p=ui=U_mI_m\sin(\omega t+\varphi)\sin\omega t$$

（2）有功功率 P。瞬时功率在一个周期内的平均值称为平均功率，它反映交流电路中实际消耗的功率，所以又称为有功功率，用 P 表示。推导后可得，$P=UI\cos\varphi$，单位是瓦特（W）。

（3）视在功率 S。交流电路中，电源电压有效值与总电流有效值的乘积称为视在功率，用 S 表示，即 $S=UI$，单位是伏安（V·A）。

（4）无功功率 Q。交流电路中，无功功率用于表示交流电路与电源之间进行能量交换的规模，用 Q 表示，即 $Q=UI\sin\varphi$，单位是乏（var）。

（5）功率因数 λ。交流电路中，有功功率与视在功率之比称为功率因数，用 λ 表示，即 $\lambda=\cos\varphi$。

一般情况下，功率因数小于 1。只有当有功功率等于视在功率时，功率因数才等于 1。

2. 功率因数的提高

（1）提高功率因数的意义。交流电力系统中，感性负载（如感应电动机、变压器）占主导地位。这类负载运行时需建立交变磁场，因此其能量需求包含两部分：①有功功率，用于实际做功；②无功功率，用于交变磁场建立与维持，并与电源做周期性的能量交换。在交流电路中，有功功率 $UI\cos\varphi$ 用于实际做功，功率因数低会引起下列不良后果：

①不能充分利用电源设备的容量。因为电源设备（发电机、变压器等）是依照它的额定电压与额定电流设计的。例如，一台 S=100 kV·A 的变压器，若负载的功率因数 λ=1，则此变压器就能输出 100 kW 的有功功率；若 λ=0.6，则此变压器只能输出 60 kW 的有功功率，说明变压器的容量未得到充分利用。

②在一定的电压 U 下，向负载输送一定的有功功率 P 时，负载的功率因数越低，输电线路的电压降和功率损失越大。这是因为输电线路电流 $I=P/(U\cos\varphi)$，当 $\lambda=\cos\varphi$ 较小时，电流 I 必然较大，使输电线路上的电压降增加。因电源电压一定，所以负载的端电压将减小，这会影响负载的正常工作。此外，电流 I 增加，输电线路中的功率损耗也将增加。因此，提高负载的功率因数对合理科学地使用电能有着重要的意义。

常用的感应电动机在空载时的功率因数为 0.20～0.30，而在额定负载时的功率因数为 0.83～0.85；不装电容器的日光灯，功率因数为 0.45～0.60。应设法提高这类感性负载的功率因数，以降低输电线路的电压降和功率损耗。

（2）提高功率因数的方法。提高功率因数通常采用提高自然功率因数和采用人工补偿两种方法。

①提高自然功率因数的方法：

- 恰当选择电动机容量，减少电动机无功消耗，防止“大马拉小车”；
- 避免电动机或设备空载运行；
- 合理配置变压器，恰当地选择其容量；
- 调整生产班次，均衡用电负荷，提高用电负荷率；
- 改善配电线路布局。

②人工补偿法。采用电力电容器进行无功补偿，即通过在感性负载上并联电容器实现。通常采用个别补偿、分散补偿和集中补偿三种方式。

九、三相正弦交流电

1. 三相交流电动势的产生

（1）对称三相电动势。振幅相等、频率相同，在相位上彼此相差 120° 的三个电动势称为对称三相电动势。对称三相电动势瞬时值的数学表达式分别为

$$e_U = E_m \sin\omega t$$

$$e_V = E_m \sin(\omega t - 120°)$$

$$e_W = E_m \sin(\omega t + 120°)$$

显然，$e_U+e_V+e_W=0$。对称三相电动势的波形图如图 1－36a 所示，相量图如图 1－36b 所示。

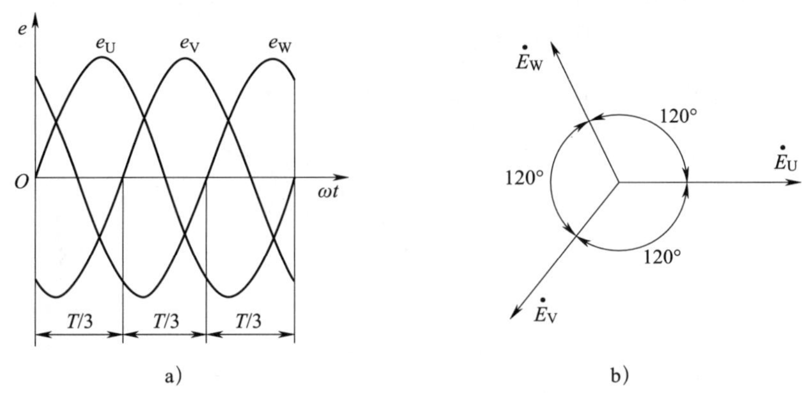

图 1－36　对称三相电动势的波形图和相量图

a）波形图　b）相量图

（2）相序。对称三相电动势达到最大值（振幅）的先后次序称为相序。e_U 比 e_V 超前 120°，e_V 比 e_W 超前 120°，而 e_W 又比 e_U 超前 120°，即按 U → V → W → U 的次序循环，此相序称为正相序或顺相序；反之，如果 e_U 比 e_W 超前 120°，e_W 比 e_V 超前 120°，e_V 比 e_U 超前 120°，即按 U → W → V → U 的次序循环，此相序称为负相序或逆相序。

为使电力系统能够安全、可靠地运行，通常统一规定技术标准，一般在配电盘上用黄色标出 U 相，用绿色标出 V 相，用红色标出 W 相。

2. 三相电源的连接。三相电源有星形（也称丫形）接法和三角形（也称△形）接法两种。

（1）三相电源的星形（丫形）接法。将三相发电机三相绕组的末端（相尾）U2、V2、W2 连接在一点，始端（相头）U1、V1、W1 分别与负载相连，这种连接方法称为星形（丫形）接法，如图 1－37 所示。

从三相电源三个始端 U1、V1、W1 引出的三根导线称为端线或相线，俗称火线。星形接法的公共连接点 N 称为中性点或零点，从中性点引出的导线称为中性线或零线。由三根相线和一根中性线组成的输电方式称为三相四线制（通常在低压配电中采用）。

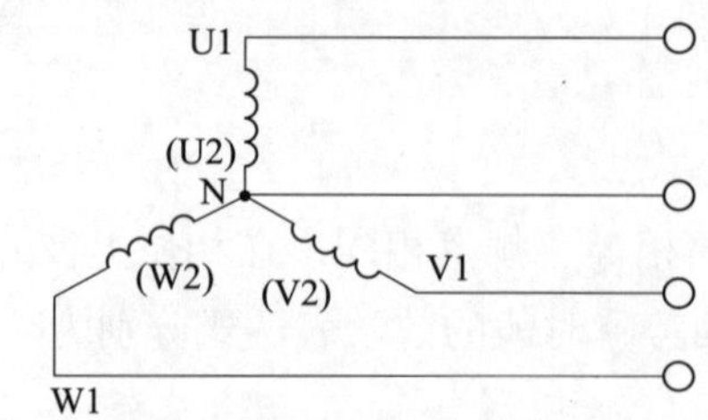

图 1-37　三相电源的星形（Y形）接法

每相绕组始端与末端之间的电压（相线与中性线之间的电压）称为相电压，用 U_P 表示；它们的瞬时值用 u_1、u_2、u_3 来表示，显然这三个相电压也是对称的。相电压大小（有效值）为

$$U_1=U_2=U_3=U_P$$

任意两相始端之间的电压（相线与相线之间的电压）称为线电压，用 U_L 表示；它们的瞬时值用 u_{12}、u_{23}、u_{31} 来表示。星形接法的相量图如图 1-38 所示。

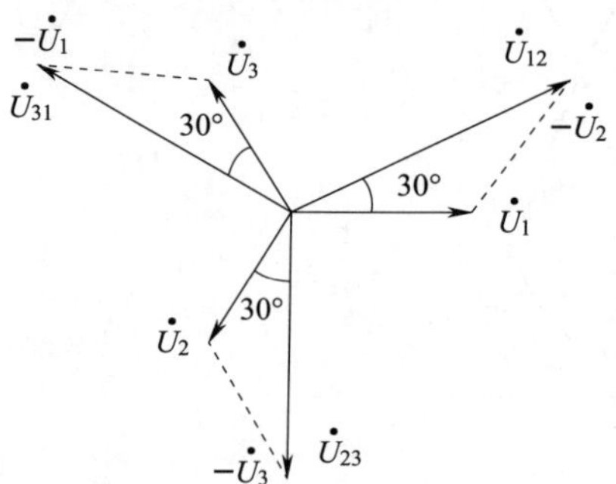

图 1-38　星形接法的相量图

三个线电压也是对称的，大小（有效值）均为

$$U_{12}=U_{23}=U_{31}=U_L=\sqrt{3}U_P$$

线电压比相应的相电压超前 30°，如线电压 u_{12} 比相电压 u_1 超前 30°，线电压 u_{23} 比相电压 u_2 超前 30°，线电压 u_{31} 比相电压 u_3 超前 30°。

（2）三相电源的三角形（△形）接法。将三相发电机的第二绕组始端 V1 与第一绕组的末端 U2 相连、第三绕组始端 W1 与第二绕组的末端 V2 相连、第一绕组始端 U1 与第三绕组的末端 W2 相连，并从三个始端 U1、V1、W1 引出三根导线分别与负载相连，这种连接方法称为三角形（△形）接法。显然，这时的线电压等于相电压，即

$$U_L=U_P$$

这种没有中性线，只有三根相线的输电方式称为三相三线制。

在工业用电系统中，如果只引出三根导线（三相三线制），那么这三根导线都是相线（没有中性线），这时所说的三相电压大小均指线电压 U_L；而民用电源则需要引出中性线，所说

的电压大小均指相电压 U_P。

3. 三相负载的接法

（1）三相负载的星形接法。三相负载的星形接法如图 1－39 所示。每相负载的阻抗模分别为 $|Z_1|$、$|Z_2|$ 和 $|Z_3|$。

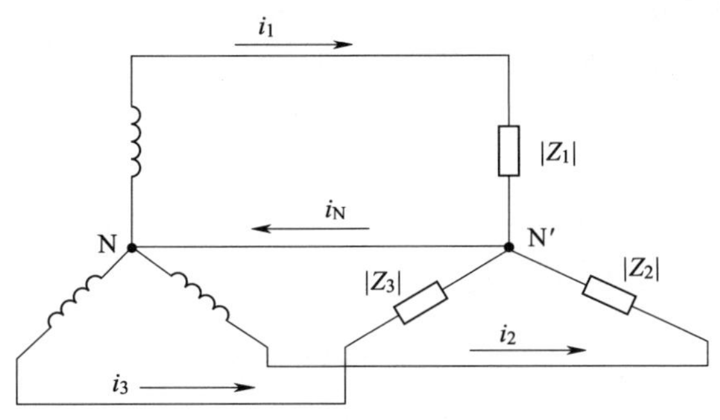

图 1－39　三相负载的星形接法

该接法有三根相线和一根中性线，得到的电路称为三相四线制电路。在这种电路中，三相电源也必须是星形接法，所以又称为Y－Y接法的三相电路。显然，不管负载是否对称（相等），电路中的线电压 U_L 都等于负载相电压 U_{YP} 的$\sqrt{3}$倍，即 $U_L=\sqrt{3}\,U_{YP}$。负载的相电流 I_{YP} 等于线电流 I_{YL}，即

$$I_{YL}=I_{YP}$$

当三相负载对称时，即各相负载完全相同，相电流和线电流也一定对称（称为Y－Y形对称三相电路），即各相电流（或各线电流）振幅相等、频率相同、相位彼此相差 120°，并且中性线电流为零。所以，可以去掉中性线，即形成三相三线制电路。

（2）三相负载的三角形接法。三相负载的三角形接法只能形成三相三线制电路，如图 1－40 所示。

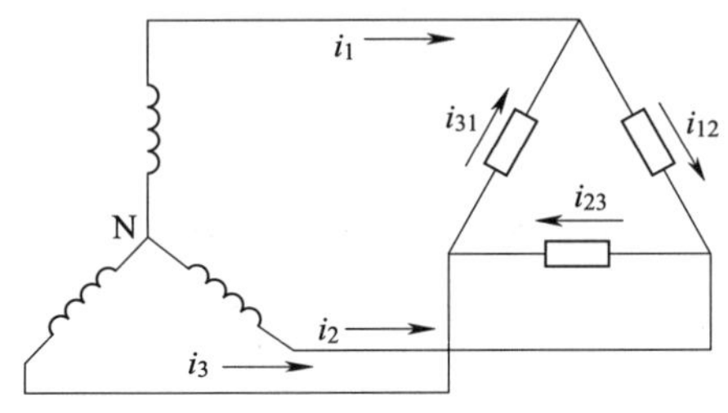

图 1－40　三相负载的三角形接法

不管负载是否对称（相等），电路中负载相电压 $U_{\triangle P}$ 都等于线电压 U_L，即

$$U_{\triangle P}=U_L$$

当三相负载对称时，即各相负载完全相同，相电流和线电流也一定对称。负载的相电

流为

$$I_{\triangle P}=\frac{U_{\triangle P}}{|Z|}$$

式中 |Z|——每相的阻抗模。

线电流 $I_{\triangle L}$ 等于相电流 $I_{\triangle P}$ 的$\sqrt{3}$倍，即

$$I_{\triangle L}=\sqrt{3}I_{\triangle P}$$

4. 三相电路的功率

三相负载的有功功率等于各相功率之和，即

$$P=P_1+P_2+P_3$$

在对称三相电路中，无论负载是星形接法还是三角形接法，因各相负载相同，各相电压大小相等，各相电流也相等，所以三相功率为

$$P=3U_P I_P\cos\varphi=\sqrt{3}\ U_L I_L\cos\varphi$$

其中，φ 为对称负载的阻抗角，也是负载相电压与相电流之间的相位差。

三相电路的视在功率为

$$S=3U_P I_P=\sqrt{3}U_L I_L$$

三相电路的无功功率为

$$Q=3U_P I_P\sin\varphi=\sqrt{3}U_L I_L\sin\varphi$$

三相电路的功率因数为

$$\lambda=\frac{P}{S}=\cos\varphi$$

第六节　电工测量

一、万用表

1. 万用表的基本功能

万用表是电工最常用的仪表之一，它是一种可以测量电压、电流、电阻等物理量的多量程便携式仪表。万用表可测量的物理量种类多，量程宽，价格低，使用和携带方便，因此广泛应用于电气维修和测试中。

常用的万用表可以测量直流电压、直流电流、电阻、交流电压等，有的万用表还可以测量音频电平、交流电流、电容、电感以及晶体管放大系数 β 值等。

2. 万用表的分类及组成结构

常用的万用表有模拟式和数字式两种。

（1）模拟式万用表。模拟式万用表一般由测量机构、测量线路和转换开关三部分组成。

模拟式万用表的核心是测量机构（俗称“表头”），其作用是把中间电量转换为仪表指针的机械偏转角。测量线路的作用是把各种不同的被测电量（如电流、电压、电阻等）转换为磁电系测量机构所能测量的微小直流电流（中间电量）。转换开关可实现对不同测量线路的选择，以适应各种测量要求。

（2）数字式万用表。数字式万用表主要由数字式电压基本表、测量线路、量程开关三部分组成。数字式电压基本表是数字式万用表的核心。测量线路的作用是将被测的各种电量和电路参数转换为微小直流电压，供数字式电压基本表显示数值。量程开关的作用是将其拨至不同测量挡位时，可接通不同的测量线路。

3. 模拟式万用表的使用

（1）正确使用转换开关和表笔插孔。模拟式万用表有红与黑两个表笔，表笔可插入万用表的“+”和“−”两个插孔。注意，红表笔应插入“+”插孔，黑表笔应插入“−”插孔。测量直流电流、电压等物理量时，必须注意正负极性。根据测量对象，将转换开关旋至所需位置，当被测物理量大小不详时，应先选用量程较大的高挡位试测，如不合适，再逐步改用较低的挡位，以表头指针移动到满刻度的 2/3 位置附近为宜。

（2）正确读数。模拟式万用表有数条标尺，可测量不同的物理量。读数前应根据被测量的种类、性质和所用量程，认清所对应的读数标尺。

（3）正确测量电阻值。在使用模拟式万用表的欧姆挡测量电阻之前，应首先正确选择电阻倍率挡，然后把红、黑表笔短接，调节“调零”旋钮，使指针指到欧姆标尺的零位上。测量某电阻 R_x 时，被测电阻不得与其他电路有任何接触，也不得用手接触表笔的导电部分，以免影响测量结果。

当利用模拟式万用表内部电池作为测试电源时（如判断二极管或三极管的管脚），要注意模拟式万用表黑表笔接的是电源正极，红表笔接的是电源负极。

（4）正确测量较高电压。在测量高电压时，务必要注意人身安全。应先将黑表笔固定接在被测电路的低电位上，然后再用红表笔接触被测点。操作人员应站在绝缘良好的地方，并且应用单手操作，以防触电。

（5）模拟式万用表的维护。模拟式万用表应水平放置使用，防止受振动、受潮和受热。使用前应先看指针是否指在机械零位上，否则应调至机械零位。在测量电阻时，如果将两个表笔短接后指针仍调整不到欧姆标尺的零位，则说明应更换万用表内部的电池。长期不用万用表时，应将电池取出，以防止电池腐蚀而影响表内其他元件。

4. 万用表的使用注意事项

（1）使用模拟式万用表之前应调零。

（2）用万用表测量电流或电压时，不允许用手触摸表笔的金属部分，以保障人身安全。测量电阻时，也不允许用手触摸表笔的金属部分，否则人体电阻将并联于被测电阻的两端，使测量结果出现误差。

（3）在测量较高电压或较大电流时，不能在测量时带电转动转换开关旋钮改变量程或挡位。

（4）万用表使用完毕后，必须将转换开关置于空挡或交流电压的最高挡，以防下次测量时由于疏忽而损坏万用表。

二、兆欧表

1. 兆欧表的选用

兆欧表俗称摇表、绝缘摇表或梅格表。兆欧表主要用来测量电气设备（如电动机）、电气线路的绝缘电阻，判断设备或线路有无漏电、绝缘损坏或短路。

（1）手摇式兆欧表。如图 1－41 所示，手摇式兆欧表的参数一般标注在表头盖上。兆欧表的额定电压应根据被测电气设备的额定电压来选择。测量额定电压在 500 V 以下的设备时，应选用额定电压为 500 V 或 1 000 V 的兆欧表；测量额定电压在 500 V 以上的设备时，应选用额定电压为 1 000 V 或 2 500 V 的兆欧表；对于绝缘子、母线等的测量，应选用额定电压为 2 500 V 或 3 000 V 的兆欧表。

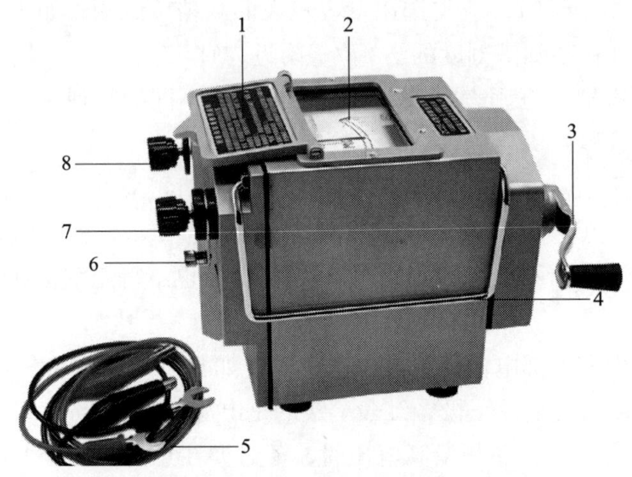

图 1－41　手摇式兆欧表

1—表头盖　2—刻度盘　3—发电机手柄　4—提手　5—标配测试棒
6—保护环（屏蔽端）　7—L 端接线柱　8—E 端接线柱

（2）数字式兆欧表。传统兆欧表采用手摇的方式产生电能以及高压，而且使用过程中应对刻度进行校零。而数字式兆欧表（绝缘电阻测试仪）采用干电池或锂电池供电，采用大规模集成电路和数字电路组合设计，利用直流 / 直流（DC/DC）变换技术生成所需的直流高压，有多个电压等级可选。数字式兆欧表配有强大的测量和数据处理软件，实现对绝缘电阻、交直流电压、电容等的测量。数字式兆欧表如图 1－42 所示。

图 1－42 数字式兆欧表

2. 手摇式兆欧表的检查

将手摇式兆欧表水平且平稳放置，检查指针偏转情况：将 E 端、L 端开路，以约 120 r/min 的转速摇动手柄，观测指针是否指到“∞”处；然后将 E 端、L 端短接，缓慢摇动手柄，观测指针是否指到“0”处，经检查完好才能使用。

3. 手摇式兆欧表的使用

（1）手摇式兆欧表应平稳放置，将被测物表面擦干净，以保证测量准确。

（2）手摇式兆欧表有 L 端（线路）、E 端（接地）和 G 端（屏蔽）三个接线柱，应根据不同测量对象，进行相应接线。

（3）由慢到快摇动手柄，直到转速为 120 r/min 左右，保持手柄的转速均匀、稳定，一般转动 1 min，待指针稳定后读数。

（4）测量完毕，待兆欧表手柄停止转动和被测物接地放电后，方能拆除连接导线。

4. 兆欧表的使用注意事项

因兆欧表本身工作时产生高电压，为避免人身及设备事故，必须注意以下几点：

（1）不能在设备带电的情况下测量其绝缘电阻。测量前，被测设备必须切断电源和负载，并进行放电。已用兆欧表测量过的设备如要再次测量，也必须先接地放电。

（2）用兆欧表测量时要远离大电流导体和外磁场。

（3）连接导线应用兆欧表专用测量线或选用绝缘强度高的两根单芯多股软线，两根导线切忌绞在一起，以免影响测量准确度。

（4）测量过程中，如果指针指向“0”处，表示被测设备短路，应立即停止转动兆欧表的手柄。

（5）被测设备中如有半导体器件，应先将其插件板拆去。

（6）测量过程中不得触及设备的测量部分，以防触电。

（7）测量电容型设备的绝缘电阻时，测量完毕，应对设备充分放电。

三、钳形电流表

钳形电流表是一种不需要断开电路就可以直接测量交流电流的便携式仪表。钳形电流表测量精度不高，可粗略了解设备或电路的运行情况，使用方便，应用很广泛。

1. 钳形电流表的构造及原理

钳形电流表按照用途可分为专门测量交流电流的互感器式钳形电流表和可以交直流两用的电磁系钳形电流表两种。

（1）互感器式钳形电流表。指针互感器式钳形电流表由电流互感器和整流系电流表组成，数字互感器式钳形电流表由电流互感器和数字测量显示电路组成，如图 1－43 所示。

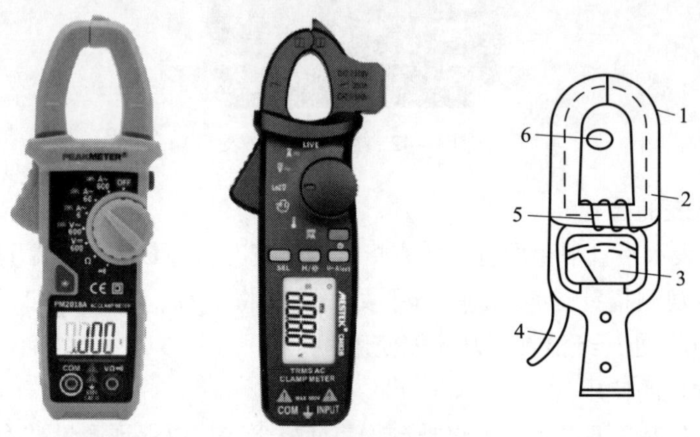

图 1－43　互感器式钳形电流表

1—互感器　2—铁芯　3—电流表　4—手柄　5—次级线圈　6—被测导线

（2）电磁系钳形电流表。电磁系钳形电流表主要由电磁系测量机构组成，该仪表可动部分的偏转方向与电流方向无关，因此它可以交直流两用。MG28 型电磁系钳形电流表如图 1－44 所示。

图 1－44　MG28 型电磁系钳形电流表

2. 钳形电流表的使用

（1）自检。检查仪表外观，将钳形电流表平放。

（2）选择挡位。将选择开关置于合适的挡位，应在测量前或者退出线路后进行。

（3）测量交流电流。用钳头夹住单根被测导线，调整被测导线使之与钳头垂直并处于钳头的中心位置，检查钳头确保其闭合良好。

（4）观察读数。钳形电流表均可直接读数，此时指针的指示值即被测电流值。

（5）整理仪表。将钳形电流表从被测线路中退出，将仪表的选择开关置于最大量程位置。

3. 钳形电流表的使用注意事项

（1）使用钳形电流表时，应注意钳形电流表的电压等级和电流挡位的选择，确保在合理范围内使用。

（2）测量回路电流时，钳形电流表的钳口必须钳在有绝缘层的导线上，同时要与其他带电体保持足够的安全距离，防止事故发生。

（3）禁止在裸露的导体上和高压线路上使用钳形电流表。

（4）钳头不可同时套入两根导线。

四、接地电阻测试仪

1. 接地电阻测试仪的基本功能

接地电阻测试仪如图 1-45 所示，适用于电力、邮电、铁路、石油、化工、通信、矿山等行业测量各种装置的接地电阻以及低电阻导体的电阻值，还可测量土壤电阻率等。

图 1-45　接地电阻测试仪

2. 接地电阻测试仪的使用

（1）准备工作。

①操作人员必须穿戴劳动防护用品。

②准备接地电阻测试仪一台。接地电阻测试仪的面板上有数字显示屏、工作电源指示灯、测试按键、数据保持开关、功能转换开关、接地端口 E、电位端口 P、电流端口 C、电压端口 V。

③准备测试线一套：红色测试线 15 m，黄色测试线 10 m，绿色测试线 5 m。

④准备辅助接地棒两根。

⑤准备一把锤子和一把方锉。

（2）操作步骤。

①将接地体与接地线分开。

②用方锉将测试点打磨干净。

③安装探针。电流探针距接地点 15 m，电位探针距接地点 10 m，探针插入地下深度不少于 200 mm。

④连接测试线。绿色测试线一端插入仪表接地端口 E，另一端接被测接地体测试点；黄色测试线一端插入仪表电位端口 P，另一端接电位探针；红色测试线一端插入仪表电流端口 C，另一端接电流探针。

⑤开始测试。将仪表水平放置，打开仪表，电源指示灯亮；将转换开关置于最大挡位，按下测试按键，如果显示值过小，再依次减小挡位；待指示数据稳定后，按下数据保持开关，读取数值，即为接地体接地电阻值。

⑥记录好测量数据。

⑦最后恢复接地体的连线。

⑧测量完毕，整理现场。

3. 接地电阻测试仪的使用注意事项

（1）测量前，用方锉对接地体进行除锈处理，并将测试线夹在处理处。

（2）安装探针时，电流探针、电位探针与接地体成一直线，彼此相隔 5～10 m。

（3）连接测试线时，要防止测试线互相缠绕，以免相互感应。

（4）测量时，待读数稳定后才能按下数据保持开关，读取数值。

（5）严禁在测试过程中更换电池。

思考练习题

1. 简述串联电路和并联电路的主要区别，并举例说明这两种电路在实际生活中的应用。

2. 什么是频率？什么是周期？两者有什么关系？

3. 什么是容抗？

4. 在三相电路中，负载的接法有哪几种？

5. 一个电压源产生 5 V 的电压，内部电阻为 1 Ω。如果将它连接到一个 4 Ω 的电阻上，求通过电阻的电流。

6. 磁感应强度和磁场强度的关系是什么？二者有什么区别？
7. 简述用万用表测量电阻和电压的方法。
8. 如何用兆欧表测量电动机各绕组对地绝缘电阻？
9. 简述钳形电流表的使用方法。
10. 简述接地电阻测试仪的使用方法。

技能实训一　常用电工仪表的使用

一、实训目标

1. 掌握使用万用表测量电阻和电压的方法。
2. 掌握使用兆欧表测量电气设备绝缘电阻的方法。
3. 掌握使用钳形电流表测量三相交流异步电动机电流的方法。

二、任务描述

分别使用模拟式万用表、数字式万用表测量电阻和电压，对比两种仪表测量结果；使用兆欧表测量三相交流异步电动机的绝缘电阻；分别使用指针式钳形电流表、数字式钳形电流表测量三相交流异步电动机的电流，掌握钳形电流表的使用方法和注意事项。

三、任务准备

1. 模拟式万用表、数字式万用表各一块，直流稳压电源一台，交流稳压电源一台，不同类型的电阻、干电池若干。
2. 兆欧表一块，三相交流异步电动机一台。
3. 指针式钳形电流表、数字式钳形电流表各一块，导线若干。

四、知识要点

1. 常用电子元件、万用表的基础知识，万用表的使用方法。
2. 绝缘电阻、兆欧表的基础知识，兆欧表的使用方法。
3. 电流、钳形电流表的基础知识，钳形电流表的使用方法。

五、实训过程

1. 测量电阻

挑选不同的色环电阻先进行识读，再分别使用模拟式万用表和数字式万用表进行测量，将每次识读数值和测量数值填入表 1－3 中，并对数值进行比较。

表 1-3　　电阻测量记录

阻值类型	R_1	R_2	R_3	R_4
识读阻值				
模拟式万用表测量值				
数字式万用表测量值				

2. 电压测量

使用指针式万用表和数字式万用表测量不同类型的电池电压、直流稳压电源及交流稳压电源的输出电压，将每次测量值填入表 1-4 中，并对测量值进行比较。

表 1-4　　电压测量记录

测量值类型	5 号电池电压	9 号电池电压	直流稳压电源电压	交流稳压电源电压
模拟式万用表测量值				
数字式万用表测量值				

3. 三相交流异步电动机绝缘电阻测量

测量三相交流异步电动机的绝缘电阻时，应先进行停电、验电、放电，确认无电后，再进行测量。

先测量 U-V 相、V-W 相、W-U 相间的绝缘电阻，再测量 U、V、W 三相绕组对金属外壳的绝缘电阻。将以上测量值填入表 1-5 中，并查阅资料进行判断。

表 1-5　　电动机绝缘电阻测量记录

阻值类型	U-V 相绝缘电阻	V-W 相绝缘电阻	W-U 相绝缘电阻	U 相 - 外壳绝缘电阻	V 相 - 外壳绝缘电阻	W 相 - 外壳绝缘电阻
测量值						
规定值						
判断						

4. 三相交流异步电动机电流测量

给三相交流异步电动机通电，分别用指针式钳形电流表和数字式钳形电流表测量其三相电流，将测量结果填入表 1-6 中，并对测量值进行比较。

表 1-6　　三相交流异步电动机电流测量记录

测量值类型	U 相电流	V 相电流	W 相电流
指针式钳形电流表测量值			
数字式钳形电流表测量值			

5. 清理

按照现场管理规范清理场地，整理物品。

六、注意事项

1. 严禁在被测电路带电的情况下测量电阻。
2. 严禁在测量电压时拨动量程开关。
3. 注意身体各部位与带电体保持安全距离。
4. 通电前，一定要检查电路连接是否正确，并经实习指导教师同意后方能进行测量。

七、总结与思考

1. 用万用表测量电阻的注意事项有哪些？
2. 用万用表测量电压的注意事项有哪些？
3. 用兆欧表测量电动机绝缘电阻的注意事项有哪些？
4. 用钳形电流表测量电流时的注意事项有哪些？

第二章

电子技术知识

学习目标

1. 熟悉二极管和三极管的结构、特性及主要参数。
2. 了解晶闸管的结构、分类、特性及主要参数。
3. 掌握二极管、三极管及晶闸管的识别和检测方法。
4. 熟悉单相整流、滤波、稳压电路的工作原理及应用。
5. 掌握常用电力电子器件的结构及作用。
6. 掌握常用可控整流电路的工作原理。
7. 掌握数字电路的基础知识。
8. 掌握基本门电路的逻辑符号和逻辑表达式。

学习导引

随着煤矿生产逐渐迈向智能化，电子技术已深度融入煤矿设备应用的各个环节，在煤矿设备使用与检修工作中发挥着越来越重要的作用。本章内容围绕半导体器件及实用电路展开，涵盖二极管、三极管、单相整流、滤波与稳压电路以及数字电路等知识，能为处理井下供电与设备控制等实际问题奠定坚实基础。

第一节　半导体和二极管

一、半导体的导电特性

物质按导电能力不同可分为导体、半导体和绝缘体三大类。半导体是指导电能力介于导体与绝缘体之间的一类物质，如硅（Si）或锗（Ge）。载流子是指在电场的作用下定向移动的

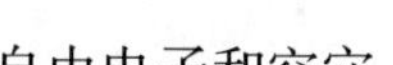

自由电子和空穴。

半导体中，能够运载电荷的粒子有两种，即自由电子（带单位负电荷）和空穴（带单位正电荷）。

半导体具有不同于导体和绝缘体的导电特性，见表 2－1。

表 2－1　半导体的导电特性

半导体的导电特性	特性描述	应用
热敏特性	当温度升高时，半导体的电阻减小，导电性能增强	如热敏电阻
光敏特性	当半导体受到光照时，半导体的电阻减小，导电性能增强	如光敏电阻器、光电二极管等
掺杂特性	在纯净的半导体中掺入微量的某种杂质元素，半导体的电阻会急剧减小，导电能力会增强很多	如半导体二极管、三极管等

纯净的半导体称为本征半导体，它的导电能力很弱。利用半导体的掺杂特性可提高它的导电能力。根据掺杂的物质不同，半导体可分为 P 型半导体和 N 型半导体两种。

在本征硅（或锗）中掺入少量受主杂质（如三价元素硼、铝等）所形成的半导体称为 P 型半导体，如 P 型硅。其中，多数载流子为空穴，少数载流子为自由电子。

在本征硅（或锗）中掺入施主杂质（如五价元素磷、砷等）所形成的半导体称为 N 型半导体，如 N 型硅。其中，多数载流子为自由电子，少数载流子为空穴。

二、PN 结及其单向导电性

1. PN 结

将 P 型半导体和 N 型半导体使用特殊工艺结合在一起，它们之间的特殊薄层称为 PN 结。PN 结是各种半导体器件的核心，如图 2－1 所示。

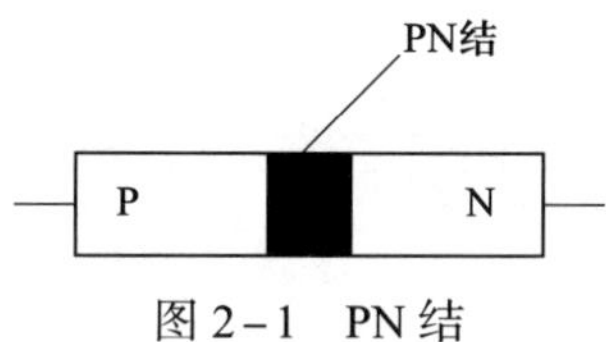

图 2－1　PN 结

2. PN 结的单向导电特性

（1）PN 结正向导通。P 区接电源正极，N 区接电源负极，即 $U_P > U_N$ 的连接方式，称为 PN 结正向偏置。此时，电路中形成很大的正向电流（由多数载流子扩散所形成），称为 PN 结正向导通，如图 2－2 所示。

（2）PN 结反向截止。P 区接电源负极，N 区接电源正极，即 $U_P < U_N$ 的连接方式，称为 PN 结反向偏置。此时，电路中形成极小的反向电流（由少数载流子迁移所形成），称为 PN 结反向截止，如图 2－3 所示。

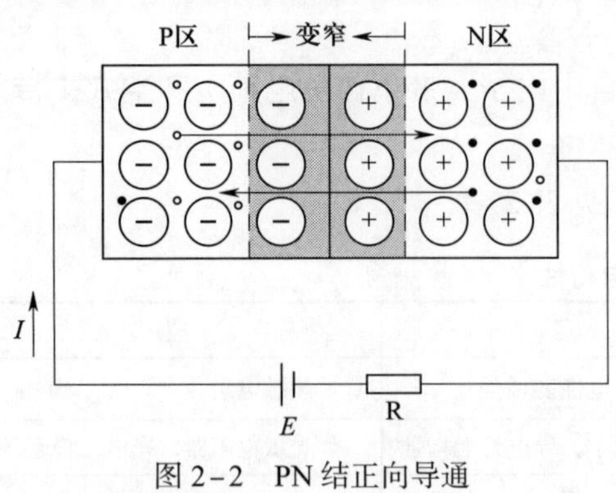

图 2-2　PN 结正向导通

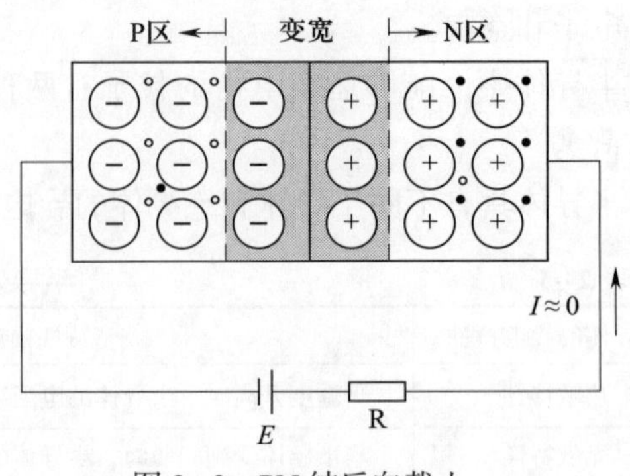

图 2-3　PN 结反向截止

三、二极管

以 PN 结为管芯，在 P 区和 N 区的两侧接上电极引线，就制成了半导体二极管，简称二极管。

1. 二极管及其单向导电特性

（1）二极管的外形和符号。二极管由管芯（主要是 PN 结）、从 P 区和 N 区分别焊出的两根金属引线（正极和负极），以及将它们封装起来的外壳组成。

①外形和结构。二极管由密封的管体和正极、负极引线组成，管体外壳的色环端通常表示负极，如图 2-4a 和图 2-4b 所示。

②符号。二极管的符号如图 2-4c 所示。其中，三角形表示正极，竖线表示负极，VD 表示二极管的文字符号。

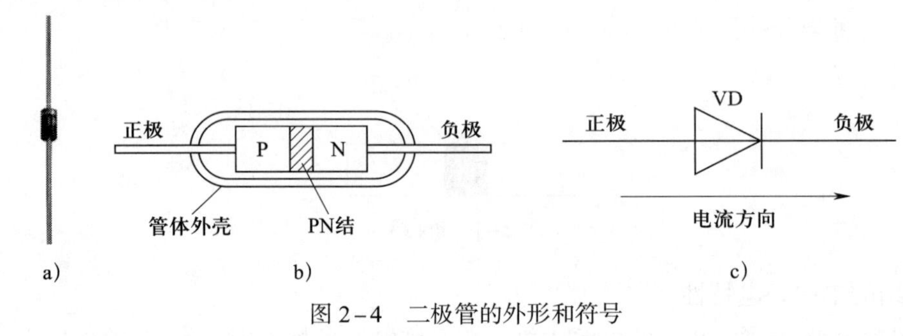

图 2-4　二极管的外形和符号

a）外形　b）结构　c）符号

（2）二极管的单向导电特性。

①二极管正向偏置。正（阳）极电位大于负（阴）极电位时，二极管导通。

②二极管反向偏置。正（阳）极电位小于负（阴）极电位时，二极管截止。

二极管具有正向导通、反向截止的性质，这一导电特性称为二极管的单向导电特性，即电流只能从二极管的正（阳）极流向二极管的负（阴）极。

二极管具有单向导电特性的原因是其内部具有一个 PN 结。其正极、负极分别对应于 PN 结的 P 型半导体和 N 型半导体。

2. 二极管的伏安特性

二极管两端的电压和流过的电流之间的关系曲线称为二极管的伏安特性曲线，如图 2－5 所示。

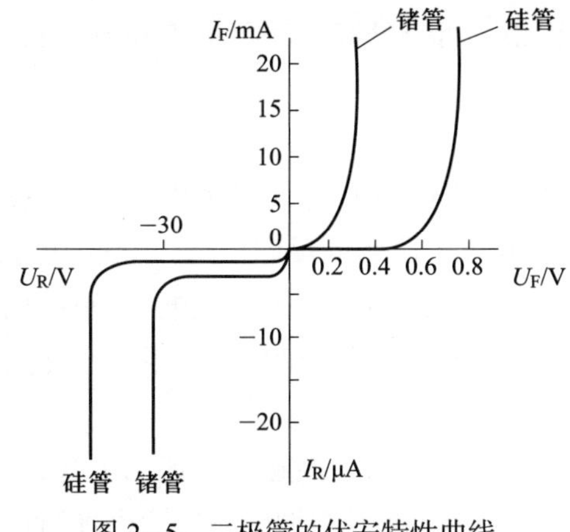

图 2－5　二极管的伏安特性曲线

二极管的伏安特性具有以下几个特点：

（1）正向特性。

①死区。当正向电压 U_F 小于死区电压 U_T 时，二极管呈现很大电阻，正向电流极小，可忽略不计。其中，硅管死区电压为 0.5 V，锗管死区电压为 0.1 V。

②导通区。当 $U_F > U_T$ 时，二极管电阻变得很小，处于导通状态，正向电流 I_F 急剧增大。导通后，二极管正向导通压降 U_{on} 基本恒定，硅管正向导通压降为 0.7 V，锗管正向导通压降为 0.3 V。

结论：正向偏置时电阻小，具有非线性。

（2）反向特性。

①截止区。当反向电压 $U_R < U_{BR}$（反向击穿电压）时，反向电流 I_R 很小，且近似为常数，称为反向饱和电流。

②击穿区。当 $U_R > U_{BR}$ 时，I_R 剧增，此现象称为反向击穿。普通二极管反向击穿后，很大的反向击穿电流会使 PN 结温度迅速升高而烧坏 PN 结。

结论：反向偏置时电阻大，存在反向击穿现象。

四、二极管的主要参数

1. 最大整流电流

最大整流电流是指二极管允许通过的最大正向工作电流平均值。若实际工作的正向电流平均值超过此值，二极管内的 PN 结会因过热而损坏。

2. 最高反向工作电压 U_{RM}

最高反向工作电压是指二极管允许承受的反向工作电压峰值，通常为二极管反向击穿电压的一半。

五、二极管的其他应用

1. 发光二极管

发光二极管是一种将电能直接转换成光能的半导体固体显示器件，简称 LED。发光二极管具有亮度高、电压低、体积小、可靠性高、颜色鲜艳和寿命长等优点，被广泛用于信号指示等电路中。

2. 光电二极管

光电二极管又称光敏二极管，能将光信号转换为电信号。它的管壳上开设有一个玻璃窗口，以便接收光线。在光电二极管两端加上反向电压，无光线照射时，光电二极管不导通；当受到光线照射时，光电二极管导通。面积较大的光电二极管可制成光电池。光电二极管常用于可见光接收、红外光接收及光电转换的自动控制、报警、计数等设备。

3. 稳压二极管

稳压二极管是一种用特殊工艺制造的面接触硅材料二极管，它具有稳定电压的功能，在稳压设备和一些电子电路中经常使用。这种类型的二极管也称为稳压管。

常用的稳压二极管外形与普通二极管相似，有塑料外壳、金属外壳等封装形式。它在反向击穿前的导电特性与普通二极管相似；在击穿区，只要限制其通过的电流，它可以在反向击穿状态下安全工作，二极管两端电压近似恒定，起到稳压的作用。

第二节　三极管及其放大电路

在日常生活中，计算机、电视机等设备已经走进千家万户，这些设备虽然功能各异，但它们都离不开一种重要的半导体器件——三极管。

一、三极管的结构、符号和分类

1. 三极管的结构

三极管的外形如图 2-6 所示，其特点是有三个电极，故称三极管。

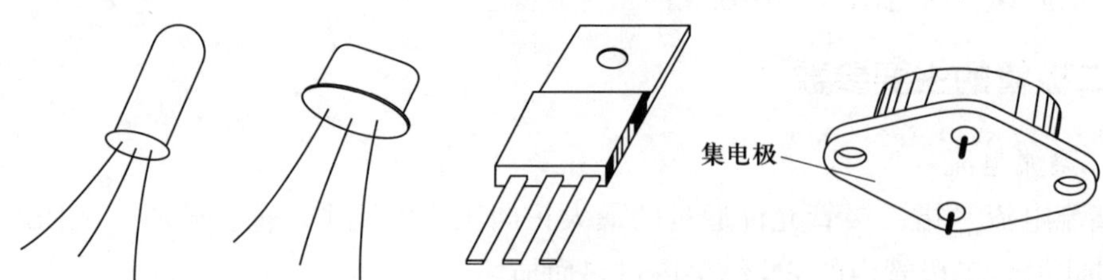

图 2-6　三极管的外形

三极管的结构如图 2-7 所示。它有三个区（发射区、基区和集电区）、两个 PN 结［发射结（BE 结）和集电结（BC 结）] 和三个电极 [发射极（E）、基极（B）和集电极（C）]。三极管分为两种类型：NPN 型管和 PNP 型管。

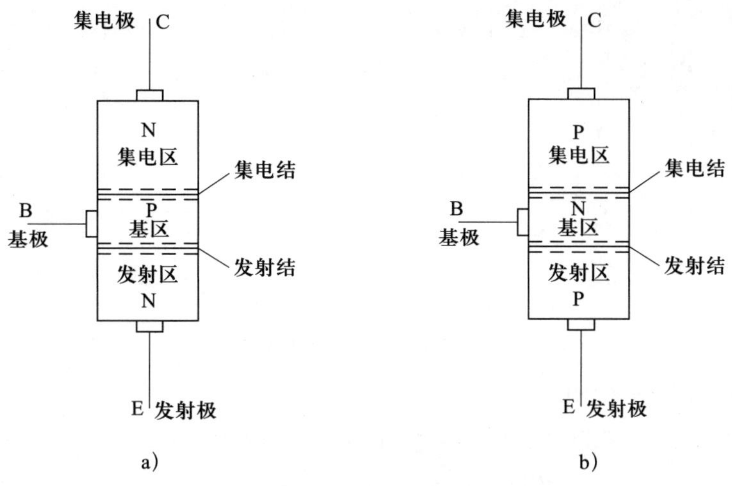

图 2-7　三极管的结构

a）NPN 型管　b）PNP 型管

2. 三极管的符号

三极管的符号如图 2-8 所示，箭头表示发射结加正向电压时的电流方向。

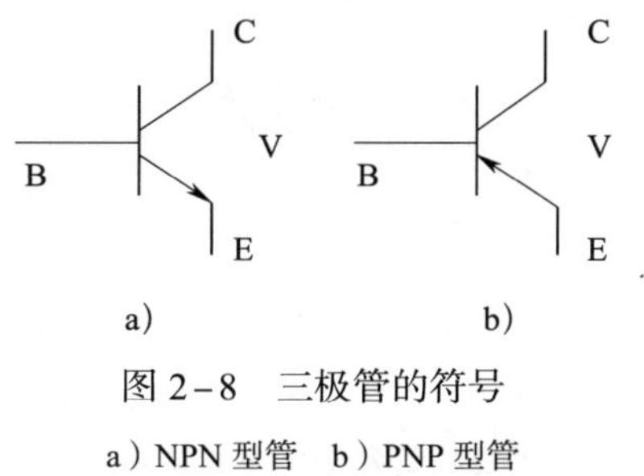

图 2-8　三极管的符号

a）NPN 型管　b）PNP 型管

3. 三极管的分类

三极管按内部结构不同，可分为 NPN 型管和 PNP 型管；按工作频率不同，可分为低频管和高频管；按功率不同，可分为小功率管和大功率管；按用途不同，可分为普通管和开关管；按半导体材料不同，可分为锗管和硅管等。

二、三极管的工作电压和电流放大作用

1. 三极管的工作电压

三极管的基本作用是放大电信号，三极管工作在放大状态的外部条件：发射结正偏，集电结反偏。

如图 2-9 所示，V 为三极管，E_{CC} 为集电极电源，E_{BB} 为基极电源（又称偏置电源），R_B 为基极电阻，R_C 为集电极电阻。

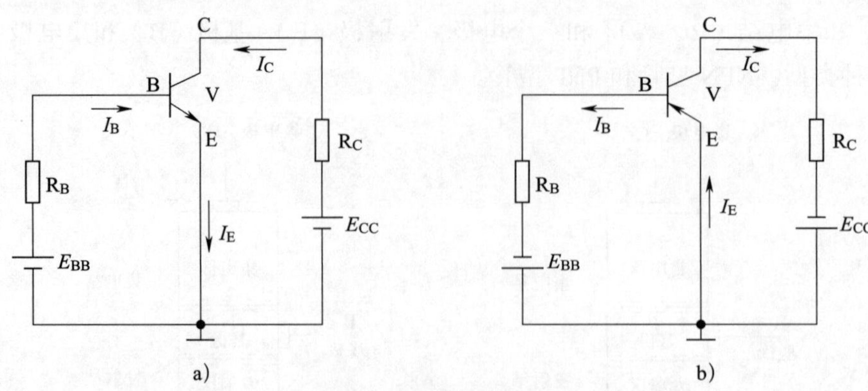

图 2-9　三极管电源的接法

a）NPN 型管　b）PNP 型管

2. 三极管的电流放大作用

三极管的电流分配关系测量电路如图 2-10 所示，调节电位器，测得发射极电流 I_E、基极电流 I_B 和集电极电流 I_C 的对应数据（见表 2-2）。

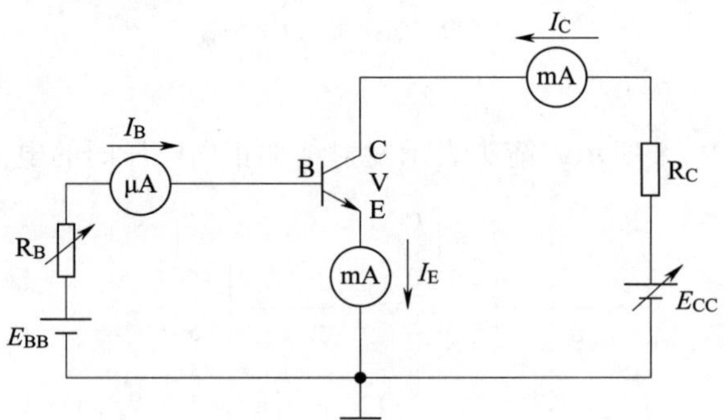

图 2-10　三极管的电流分配关系测量电路

表 2-2　三极管各极电流的关系

电流	实验次数					
	1	2	3	4	5	6
I_B/mA	0	0.01	0.02	0.03	0.04	0.05
I_C/mA	0.01	0.56	1.14	1.74	2.33	2.91
I_E/mA	0.01	0.57	1.16	1.77	2.37	2.96

由表 2-2 可见，三极管中电流分配关系如下：

$$I_E=I_C+I_B$$

因 I_B 很小，则

$$I_C \approx I_E$$

由表 2－2 可知：

$$\frac{\Delta I_C}{\Delta I_B}=\frac{0.58\ \text{mA}}{0.01\ \text{mA}}=58$$

故得出结论：三极管有电流放大作用——基极电流 I_B 微小的变化，会引起集电极电流 I_C 产生较大的变化。

需要注意的是，要使三极管起电流放大作用，必须保证发射结正偏，集电结反偏。

3. 交流电流放大系数

交流电流放大系数用于表示三极管放大交流电流的能力，用 β 表示。

$$\beta=\frac{\Delta I_C}{\Delta I_B}$$

式中　β——三极管交流电流放大系数；

ΔI_C——三极管集电极电流变化量；

ΔI_B——三极管基极电流变化量。

三、三极管的输入特性和输出特性

1. 共发射极连接时三极管的输入特性曲线

共发射极连接时三极管的输入特性曲线（见图 2－11）是指当集电极和发射极之间的电压 U_{CE} 一定时，发射结电压 U_{BE} 与基极电流 I_B 之间的关系曲线。

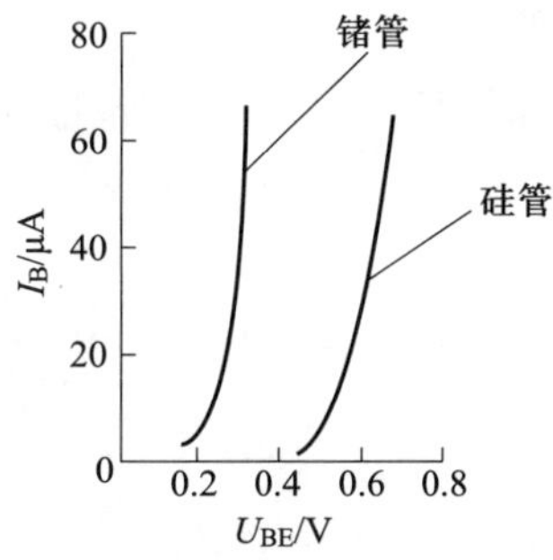

图 2－11　共发射极连接时三极管的输入特性曲线

从输入特性曲线可以看出，三极管的输入特性曲线与二极管的正向特性曲线相似。当 U_{BE} 很小时，I_B 等于 0，三极管处于截止状态。只有当 U_{BE} 大于死区电压（硅管为 0.5 V，锗管为 0.1 V）时，才产生基极电流 I_B，三极管处于正常放大状态。这时 U_{BE} 基本不变（硅管为 0.7 V，锗管为 0.3 V），称为三极管的导通电压。

2. 共发射极连接时三极管的输出特性曲线

共发射极连接时三极管的输出特性曲线（见图 2－12）是指当基极电流 I_B 一定时，集电极和发射极之间的电压 U_{CE} 与集电极电流 I_C 的关系曲线。

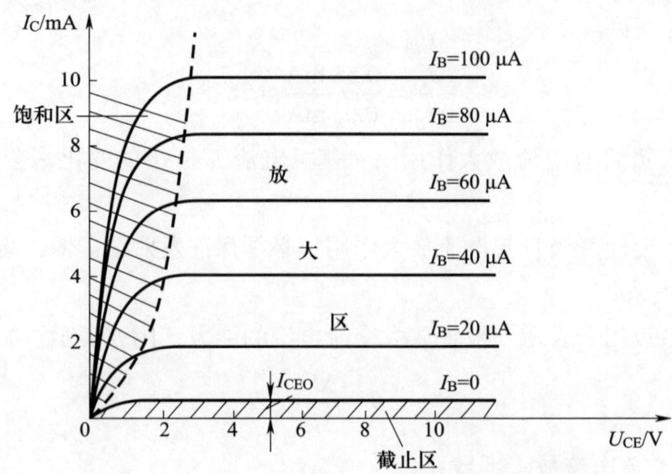

图 2-12　共发射极连接时三极管的输出特性曲线

由图 2-12 可见，共发射极连接时三极管的输出特性曲线可分为 3 个工作区。

（1）截止区。

条件：发射结电压小于死区电压（发射结反偏或两端电压为零）且集电结反偏。

特点：I_B=0，I_C=I_{CEO}（击穿电流）≈0。小功率管的 I_{CEO} 通常很小，C、E 两个电极之间可认为处于断路状态。

（2）饱和区。

条件：发射结和集电结均为正偏。

特点：U_{CE}=U_{CES}。U_{CES} 称为饱和管压降，小功率硅管约为 0.3 V，锗管约为 0.1 V。C、E 两个电极之间可认为处于短路状态。

（3）放大区。

条件：发射结正偏（发射结电压大于死区电压）且集电结反偏。

特点：I_C 受 I_B 控制，即

$$\Delta I_C = \beta \Delta I_B$$

在放大状态，当 I_B 一定时，I_C 不随 U_{CE} 变化，即放大状态的三极管具有恒流特性。

四、三极管的主要参数

三极管的参数是表征三极管性能和适用范围的参考数据。

1. 共发射极交流电流放大系数 β

β 的范围为 10～100，一般取 30～80 为宜。若 β 太小，放大能力弱；若 β 太大，易使三极管性能不稳定。

2. 极限参数

（1）集电极最大允许电流 I_{CM}。三极管工作时，当集电极电流超过 I_{CM} 时，三极管 β 值将显著下降，且三极管有可能被烧坏。

（2）集电极最大允许耗散功率 P_{CM}。当三极管集电结两端电压与通过电流的乘积超过此值时，三极管可能被烧毁。

（3）集电极—发射极间反向击穿电压 $U_{(BR)CEO}$。此值是三极管基极开路时，集电极和发射极之间的反向击穿电压。当电压超过此值时，三极管将发生电击穿，若电击穿导致热击穿会损坏三极管。

第三节　单相整流、滤波与稳压电路

手机、计算机、新能源汽车等使用的是直流电能，而日常工作和生活场所使用的大多是交流电能。把交流电转换为直流电的过程称为整流。利用二极管的单向导电特性，可以将交流电转换为直流电，这就是整流的原理。

一、单相半波整流电路

1. 电路组成

单相半波整流电路如图 2－13a 所示。其中，VD 表示整流二极管，作用是把交流电变成脉动直流电；T 表示电源变压器，作用是把 u_1 变成整流电路所需的电压 u_2。

2. 工作原理

设 u_2 为正弦波，波形如图 2－13b 所示。

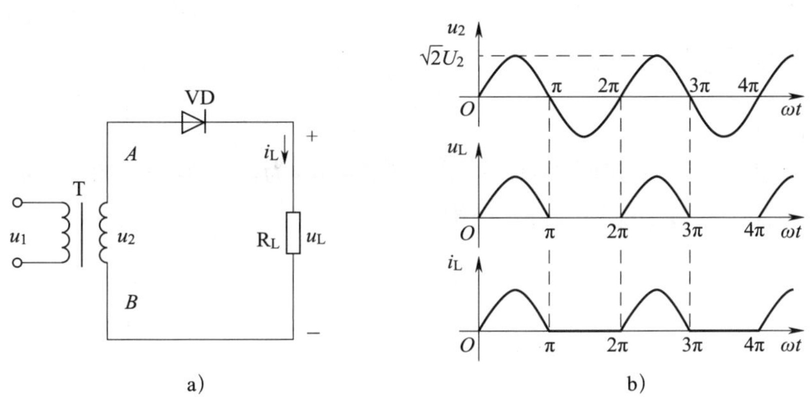

图 2－13　单相半波整流电路及波形

a）电路　b）波形

当 $u_2>0$ 时，A 点电位高于 B 点电位，二极管 VD 正向导通，则 $u_L\approx u_2$；当 $u_2<0$ 时，A 点电位低于 B 点电位，二极管 VD 反向截止，则 $i_L=0$，$u_L=0$。下一个周期重复上述过程。

由波形可见，在 u_2 的完整周期内，负载只有单方向的半个波形，这种大小波动、方向不变的电压或电流称为脉动直流电。上述过程说明，利用二极管的单向导电性可把交流电 u_2 变

成脉动直流电 u_L。由于电路仅利用 u_2 的半个波形，故称为半波整流电路。

3. 负载和整流二极管上的电压和电流

（1）负载电压为

$$U_L = 0.45U_2$$

（2）负载电流为

$$I_L = \frac{U_L}{R_L} = \frac{0.45U_2}{R_L}$$

（3）二极管平均电流为

$$I_V = I_L = \frac{0.45U_2}{R_L}$$

（4）二极管承受的最高反向工作电压为

$$U_{RM} = \sqrt{2}U_2$$

4. 整流二极管的选择

实际选择整流二极管时，应满足允许的最高反向电压不小于承受的最高反向工作电压，且二极管允许的最大整流电流不小于流过二极管的实际工作电流。

5. 电路特点

单相半波整流电路的优点是电路结构简单，使用器件少；缺点是电源利用率低，纹波成分大。单相半波整流电路一般应用在简单的充电电路中，对于要求较高的充电电路，可采用单相桥式全波整流电路。

二、单相桥式全波整流电路

1. 电路组成

单相桥式全波整流电路如图 2－14 所示。图 2－14b 为习惯画法，图 2－14c 是简化画法。VD1～VD4 为整流二极管，电路为桥式结构。

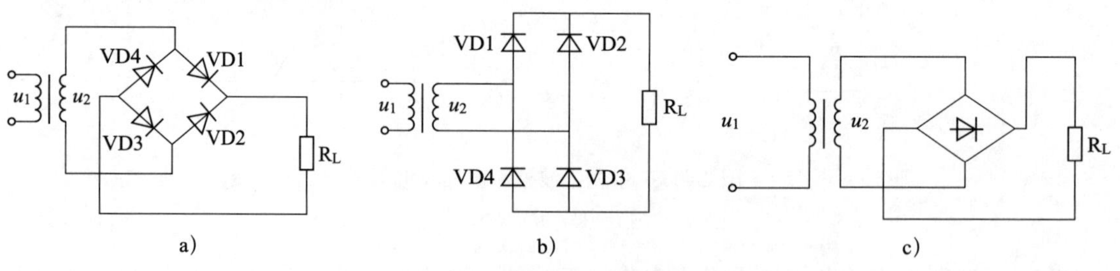

图 2－14 单相桥式全波整流电路

a）原理图 b）习惯画法 c）简化画法

2. 工作原理

当 $u_2 > 0$ 时，如图 2－15a 所示，A 点电位高于 B 点电位，则 VD1、VD3 导通（VD2、

VD4 截止），i_{L1} 自上而下流过负载 R_L。当 $u_2<0$ 时，如图 2－15b 所示，A 点电位低于 B 点电位，则 VD2、VD4 导通（VD1、VD3 截止），i_{L2} 自上而下流过负载 R_L。

由图 2－15 可见，在 u_2 的完整周期内，两组整流二极管轮流导通产生的单方向电流 i_{L1} 和 i_{L2} 叠加形成了 i_L，于是负载得到全波脉动直流电压 u_L。

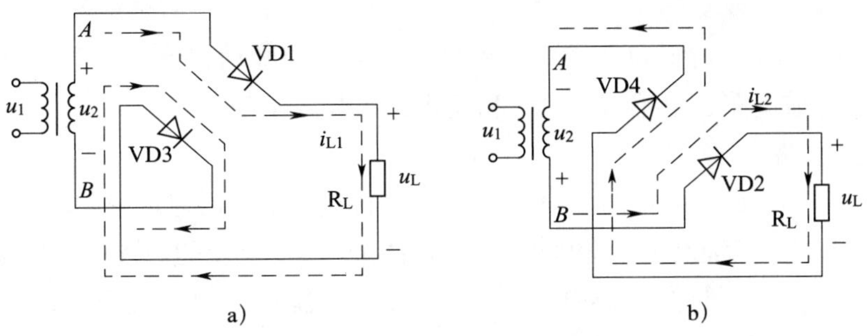

图 2－15　单相桥式全波整流电路通路

a）$u_2>0$　b）$u_2<0$

3. 负载和整流二极管上的电压和电流

（1）负载电压为

$$U_L=0.9U_2$$

（2）负载电流为

$$I_L=\frac{U_L}{R_L}=\frac{0.9U_2}{R_L}$$

（3）二极管的平均电流为

$$I_V=\frac{1}{2}I_L$$

（4）二极管承受的最高反向工作电压（见图 2－16）为

$$U_{RM}=\sqrt{2}U_2$$

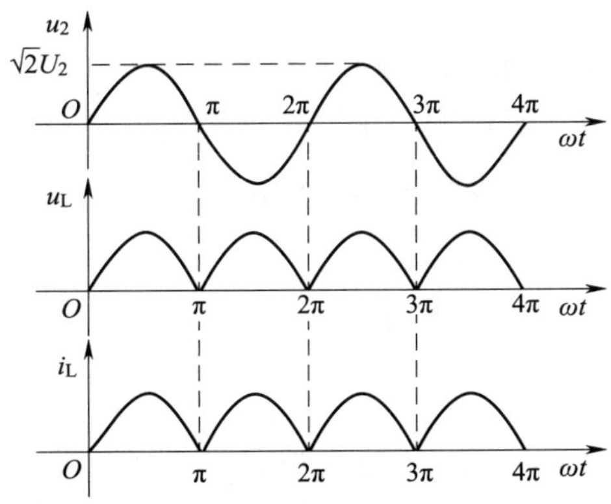

图 2－16　单相桥式全波整流电路波形

4. 电路特点

单相桥式全波整流电路的优点是输出电压较高，纹波小，电源利用率高，U_{RM} 较低，应用广泛。

三、滤波电路

滤波电路的作用是滤除脉动直流电中的脉动成分，使脉动直流变成平滑的直流。滤波电路的种类有电容滤波电路、电感滤波电路和复式滤波电路等。

1. 电容滤波电路

（1）电路。电容滤波电路如图 2－17a 所示，其特点是电容器与负载并联。

（2）工作原理。电容滤波电路利用电容器两端电压不能突变的原理，平滑输出电压。

在 0～t_1 期间，因 u_2 的作用，VD 正向导通，电容器 C 充电，波形如图 2－17b 中的 *OA* 所示；在 t_1～t_2 期间，因 $u_2 < u_C$，VD 反向截止，电容器 C 通过负载放电，波形如图 2－17b 中的 *AB* 所示；在 t_2～t_3 期间，因 $u_C < u_2$，VD 正向导通，电容器再次充电，波形如图 2－17b 中的 *BC* 所示。重复上述过程，可得到近似平滑的波形。这说明，通过电容器的充电和放电，输出直流电压中的脉动成分大为减少。

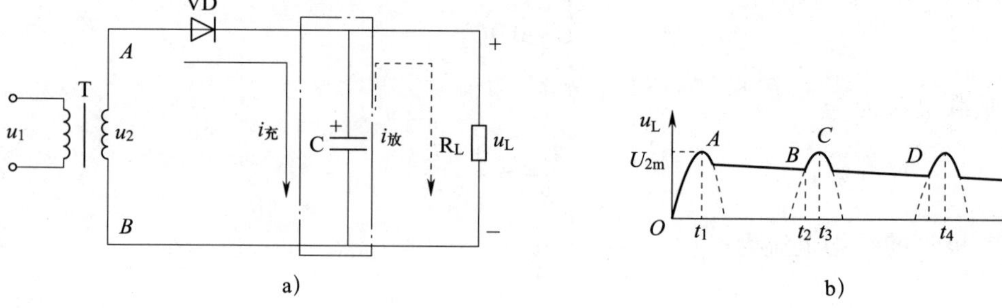

图 2－17　电容滤波电路及波形

a）电路　b）波形

输出电压的估算公式为

$$U_L \approx U_2$$

全波整流电容滤波输出波形如图 2－18 所示。工作原理与半波整流电路相同，不同点：在 u_2 的正、负半个周期内，VD1、VD3 和 VD2、VD4 轮流导通，对电容器 C 充电两次，缩短了电容器 C 向负载的放电时间，从而使输出电压更加平滑。

输出电压的估算公式为

$$U_L \approx 1.2U_2$$

2. 电感滤波电路

电感滤波电路如图 2－19 所示，特点是电感与负载串联。

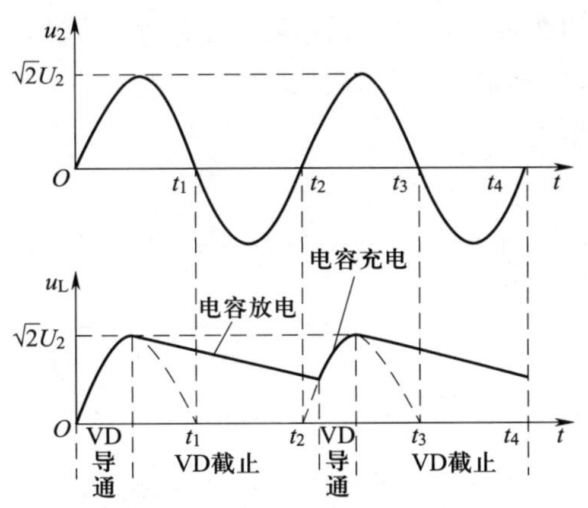

图 2－18　全波整流电容滤波输出波形

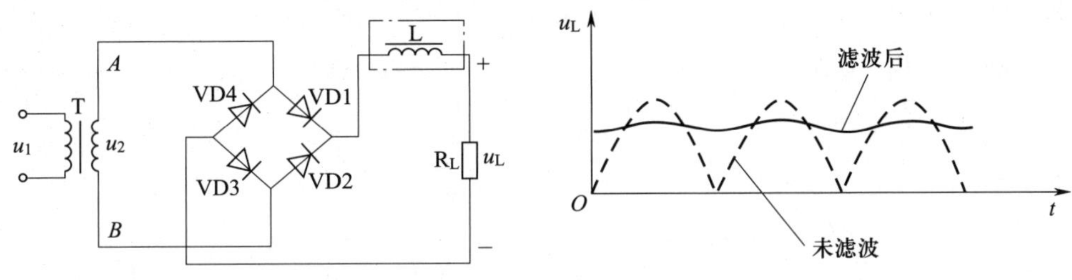

图 2－19　电感滤波电路

利用电感滤波电路可以制成电感滤波器，它是利用电感元件两端电流不能突变的原理平滑输出电流的。当电路电流增加时，电感存储能量；当电路电流减小时，电感释放能量。负载电流比较平滑，从而得到比较平滑的直流电压。电感滤波器可以用于较大功率电源，缺点是体积大、质量大。

3. 复式滤波电路

复式滤波电路的结构特点是电容器与负载并联，电感与负载串联。复式滤波器的性能特点是滤波效果好。复式滤波电路主要有 LC－r 型滤波电路、LC－π 型滤波电路和 RC－π 型滤波电路。

LC－r 型滤波电路如图 2－20 所示，整流输出的脉动直流经过电感 L，交流成分被削弱，再经过电容器 C 滤波，就可在负载上获得更加平滑的直流电压。LC－r 型滤波电路应用于较大功率电源中。

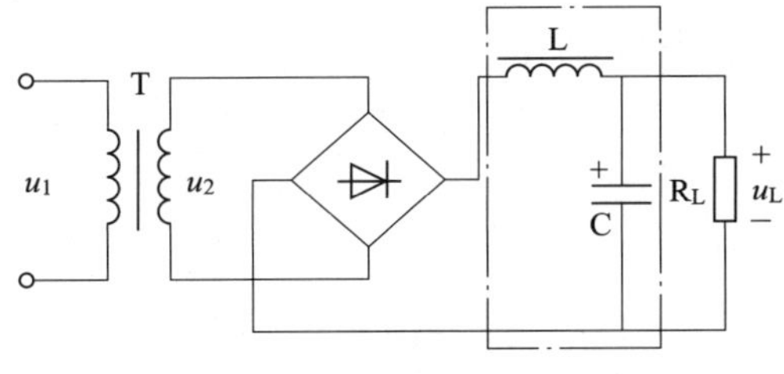

图 2－20　LC－r 型滤波电路

LC－π 型滤波电路如图 2－21 所示，整流输出的脉动直流经过电容器 C1 滤波后，再经电感 L 和电容器 C2 滤波，使脉动成分大大降低，在负载上可获得平滑的直流电压。LC－π 型滤波电路应用于小功率电源中。

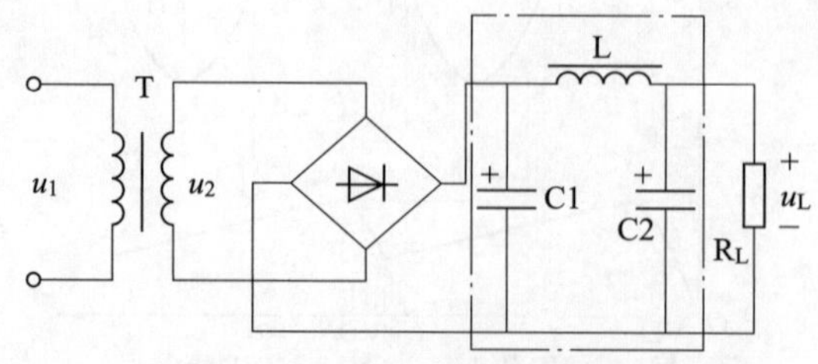

图 2－21　LC－π 型滤波电路

RC－π 型滤波电路如图 2－22 所示，在负载电流不大的情况下，为降低成本、缩小体积、减小质量，可选用电阻器来代替 L。但电阻 R 对交流和直流成分均产生压降，故会使输出电压下降。一般 R 取几十欧到几百欧。

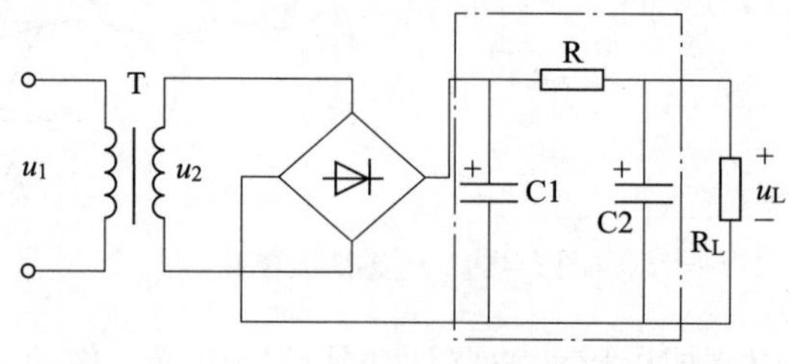

图 2－22　RC－π 型滤波电路

当一级复式滤波达不到输出电压的平滑性要求时，可以增加级数。

四、稳压电路

1. 稳压管稳压电路

稳压管稳压电路如图 2－23 所示。其中，DZ 为稳压管，起电压调整作用；R 为限流电阻，起电流调整作用。

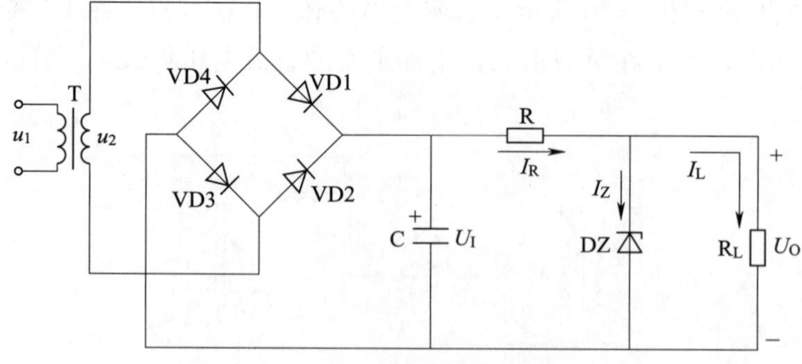

图 2－23　稳压管稳压电路

当负载电阻不变、电网电压升高时，稳压过程如下：$U_I \uparrow \rightarrow U_O \uparrow \rightarrow I_Z \uparrow \rightarrow I_R \uparrow \rightarrow U_R \uparrow \rightarrow U_O \downarrow$。反之，其稳压过程与上述过程相反。其中，$U_I$ 为输入电压，U_O 为输出电压，U_R 为电阻 R 上的压降。

当电网电压不变、负载电阻减小时，稳压过程如下：$R_L \downarrow \rightarrow U_O \downarrow \rightarrow I_Z \downarrow \rightarrow I_R \downarrow \rightarrow U_R \downarrow \rightarrow U_O \uparrow$。反之，其稳压过程与上述过程相反。

稳压管稳压电路主要应用于小功率场合。

2. 带有放大环节的串联型晶体管稳压电路

带有放大环节的串联型晶体管稳压电路一般由四部分组成，即采样电路、基准电路、比较放大电路和调整元件，如图 2-24 所示。

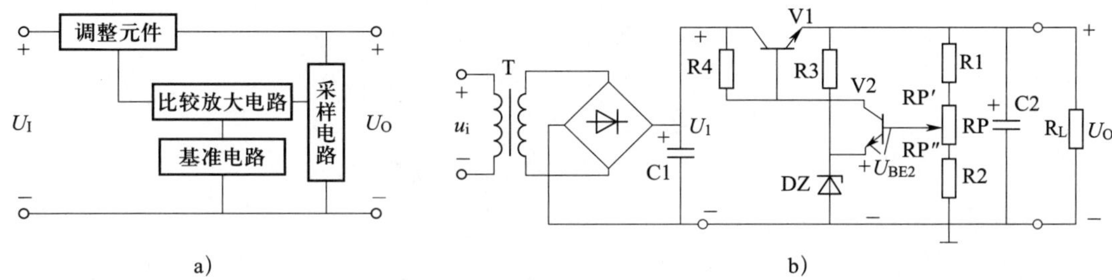

图 2-24 带有放大环节的串联型晶体管稳压电路

a）组成部分 b）电路图

V1 为调整管，起电压调整作用；V2 是比较放大管，与集电极电阻 R4 组成比较放大器；DZ 是稳压管，与限流电阻 R3 组成基准电源，为 V2 发射极提供基准电压；R1、R2 和 RP 组成采样电路，取出一部分输出电压变化量加到 V2 管的基极，与 V2 发射极基准电压进行比较，其差值电压经过 V2 放大后，送到调整管的基极，控制调整管的工作。

当电网电压升高或 R_L 增大时，输出电压有上升的趋势，其稳压过程如下：

$$U_I = U_O + U_{CE}$$

$$U_I \uparrow \ (R_L \uparrow) \rightarrow U_O \uparrow \rightarrow U_{B2} \uparrow \rightarrow U_{BE2} \uparrow \rightarrow U_{C2} \downarrow \rightarrow U_{BE1} \downarrow \rightarrow U_{CE1} \uparrow \rightarrow U_O \downarrow$$

其中，U_I 为输入电压，R_L 为负载，U_O 为输出电压，U_{CE} 为三极管集电极与发射极之间的电压，U_{B2} 为三极管 V2 基极电压，U_{BE1}、U_{BE2} 为三极管 V1、V2 基极与发射极之间的电压，U_{CE1} 为三极管 V1 集电极与发射极之间的电压，U_{C2} 为电容器 C2 上的电压。

当电网电压下降或 R_L 减小时，输出电压有下降的趋势，其稳压过程与上述过程相反。

带有放大环节的串联型晶体管稳压电路的优点是输出电流较大，输出电压可调；缺点是电源效率低，大功率电源需设散热装置。

3. 集成稳压器及其应用电路

用集成电路的形式制造的稳压电路称为集成稳压器，其优点是性能稳定可靠，使用方便，价格低廉。

按照不同的分类方法，集成稳压器可分为多端式集成稳压器和三端式集成稳压器、固定式稳压器和可调式稳压器，以及正压输出稳压器和负压输出稳压器等。

三端固定式集成稳压器的封装形式有金属壳封装和塑料封装，它们都有三个管脚，分别是输入端、输出端和公共端，因此称为三端式稳压器。

CW7800 系列是三端固定式正压输出的集成稳压器。输出电压有 5 V、6 V、9 V、12 V、15 V、18 V、24 V 等。例如，CW7805 表示输出电压为 5 V。此系列最大输出电流为 1.5 A。

CW7812 集成稳压器基本应用电路如图 2-25 所示。电容器 C1 用来抑制高频干扰，电容器 C2 用来改善暂态响应，并具有消振作用。

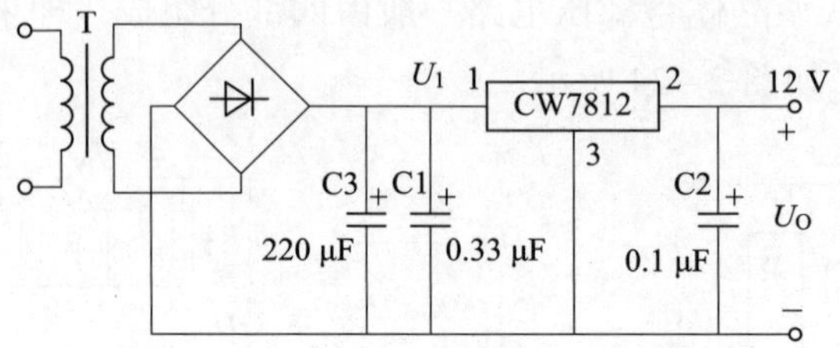

图 2-25　CW7812 集成稳压器基本应用电路

第四节　电力电子器件及可控整流电路

一、电力电子器件

电力电子器件是电力电子电路的基础。常用的电力电子器件都是用半导体材料制成的，主要分为半控型器件和全控型器件。

最具代表性的半控型器件是晶闸管，全控型器件主要包括门极可关断晶闸管（GTO）、功率晶体管（GTR）、功率场效应晶体管（MOSFET）、绝缘栅双极晶体管（IGBT）、智能功率模块（IPM）等。

1. 晶闸管

晶闸管是晶体闸流管的简称，俗称可控硅。晶闸管主要包括普通晶闸管、双向晶闸管、光控晶闸管、逆导晶闸管、可关断晶闸管和快速晶闸管等。

晶闸管的功用：可控整流，用作无触点开关以快速接通或切断电路，实现将直流电变成交流电的逆变，将一种频率的交流电变成另一种频率的交流电（变频）等。

晶闸管和其他半导体器件一样，具有体积小、效率高、稳定性好、工作可靠等优点。它的出现使半导体技术从弱电领域进入了强电领域。

（1）晶闸管的结构及电路符号。晶闸管由四层半导体材料及三个 PN 结组成，对外有三个电极（见图 2-26a）：第一层 P 型半导体引出的电极称为阳极 A，第三层 P 型半导体引出的

电极称为控制极（或门极）G，第四层 N 型半导体引出的电极称为阴极 K。从单向晶闸管的电路符号（见图 2－26b）可以看出，它和二极管都是单方向导电的器件，只不过比二极管多了一个控制极 G，这就使它具有与二极管完全不同的工作特性。晶闸管的文字符号为 VT。常见晶闸管的外形如图 2－27 所示。

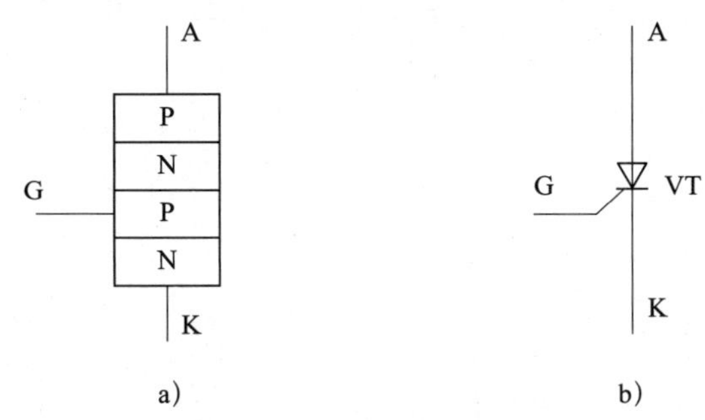

图 2－26　晶闸管的结构及电路符号

a）晶闸管的结构　b）晶闸管的电路符号

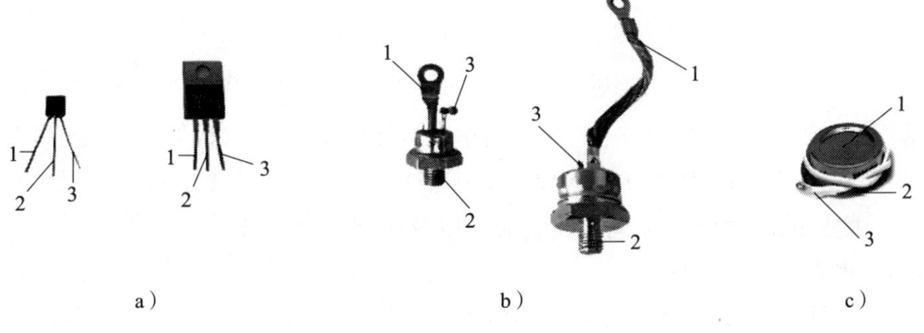

图 2－27　常见晶闸管的外形

a）塑封式　b）螺栓式　c）平板式

1—阴极（K）　2—阳极（A）　3—控制极（G）

（2）晶闸管的工作原理。晶闸管 VT 在工作过程中，阳极 A 和阴极 K 与电源和负载连接，组成晶闸管的主电路；晶闸管的控制极 G 和阴极 K 与控制晶闸管的装置连接，组成晶闸管的控制电路。

晶闸管的工作条件如下：

①晶闸管承受正向阳极电压时，若控制极未施加正向电压，则晶闸管处于关断状态（正向阻断），如图 2－28a 所示；

②晶闸管承受反向阳极电压时，不管控制极电压如何，晶闸管都处于关断状态（反向阻断），如图 2－28b 所示；

③晶闸管承受正向阳极电压时，仅在控制极施加正向电压的情况下，晶闸管才导通（触发导通），如图 2－28c 所示；

④晶闸管在导通情况下，只要有一定的正向阳极电压，不论控制极有无控制信号，晶闸

管保持导通（除去触发信号仍导通），即晶闸管导通后，控制极失去作用，如图 2-28d 所示；

⑤晶闸管在导通情况下，当主回路电压（或电流）减小到接近零时，晶闸管关断。

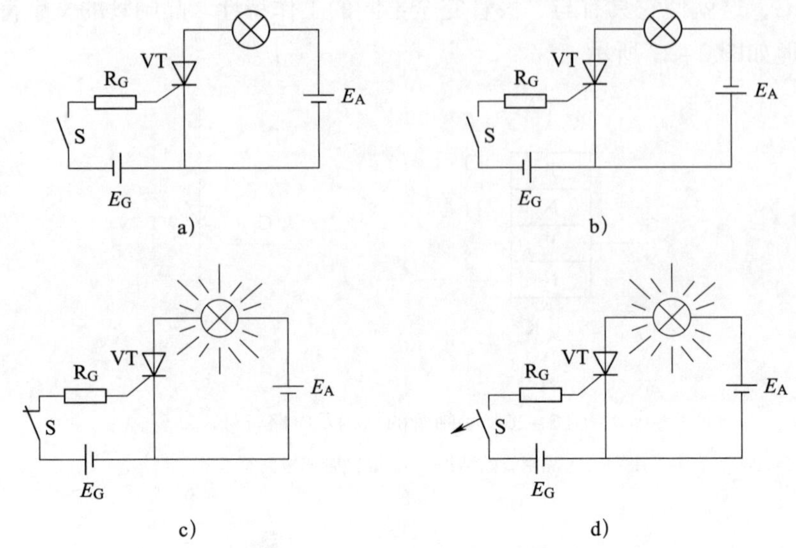

图 2-28 晶闸管的工作原理

a）正向阻断 b）反向阻断 c）触发导通 d）除去触发信号仍导通

（3）晶闸管的特点。晶闸管是一个可控的单向导电开关。与二极管相比较，它具有可控性，能正向阻断；与三极管相比较，其导通后阳极电流不受控制极控制，呈现“一触即发”的闸流特性。因此，晶闸管可以实现可控整流，以及用作无触点开关。

2. 门极可关断晶闸管（GTO）

门极可关断晶闸管是晶闸管的一种派生器件，简称 GTO。它的主要特点是控制极加正脉冲信号触发晶闸管导通，控制极加负脉冲信号触发晶闸管关断，因而属于全控型器件。

GTO 的结构和普通单向晶闸管一样，由四层半导体构成，外部也有三个电极，即控制极 G、阳极 A 和阴极 K。小功率 GTO 的外形及电路符号如图 2-29 所示，大功率 GTO 多采用圆盘状或模块型。

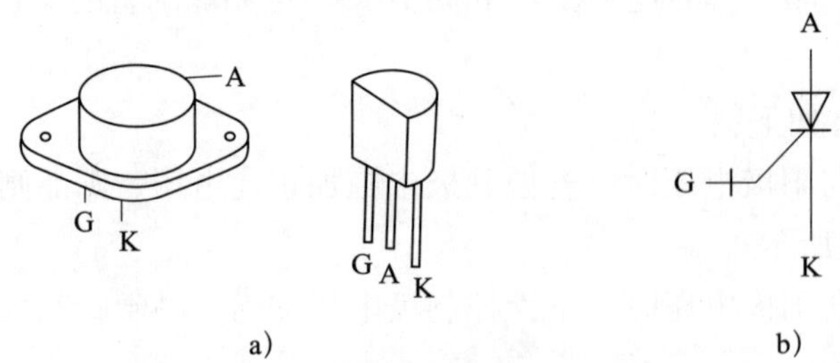

图 2-29 小功率 GTO 的外形及电路符号

a）外形 b）电路符号

GTO 既保留了普通晶闸管耐高压、电流大的特性，又具备自关断能力，且关断时间短，不需要复杂的换流电路，工作频率高，使用方便，但对关断脉冲信号的脉冲功率和控制极负向电流的上升率要求较高。GTO 是理想的高压、大电流开关器件，广泛应用于斩波调速、变频调速、逆变电源等领域。

3. 功率晶体管（GTR）

功率晶体管又称电力晶体管，是一种耐高压、大电流的双极结型晶体管，简称 GTR。它具有自关断能力，控制方便。

GTR 由三层半导体、两个 PN 结组成。GTR 有 PNP 和 NPN 两种类型，常用的是 NPN 型。功率晶体管的电气符号与普通晶体管相同。

GTR 既具备晶体管饱和压降低、开关时间短和安全工作区宽等固有特性，又增大了功率容量。因此，由它组成的电路设计灵活、技术成熟，开关损耗低，开关速度快，在电源、电机控制及通用逆变器等中等容量和中等频率的电路中应用广泛。功率晶体管的缺点是驱动电流较大，耐受浪涌电流能力差，易受二次击穿而损坏。在开关电源和不间断电源（UPS）内，GTR 正逐步被功率场效应晶体管和绝缘栅双极晶体管所代替。

4. 功率场效应晶体管（MOSFET）

功率场效应晶体管又名电力场效应晶体管，分为结型和绝缘栅型，通常主要指绝缘栅型中的 MOS 型。

MOSFET 是利用输入电压在管子内部产生的电场效应，控制输出电流大小的一种半导体器件。在 MOSFET 中，栅极、源极和漏极是 3 个关键电极，利用栅极电压来控制漏极电流。MOSFET 的电路符号如图 2－30 所示。

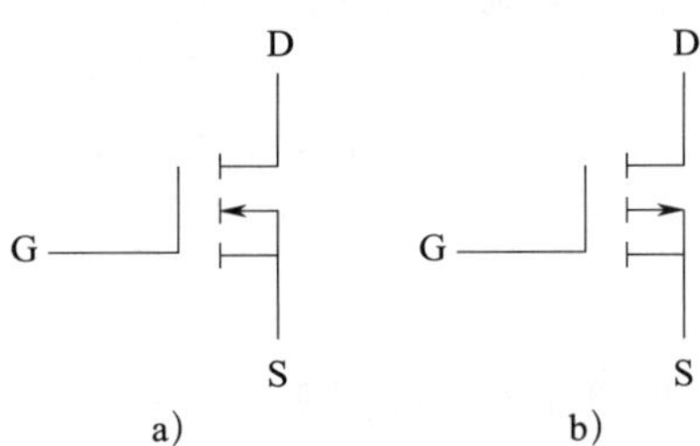

图 2－30　MOSFET 的电路符号

a）N 沟道　b）P 沟道

MOSFET 具有高频特性，驱动简单，热稳定性好，输入阻抗高，在电力电子领域具有广泛的应用和重要的作用。例如，利用 MOSFET 的快速开关特性，可以制作出高效率、小体积的开关电源。在电机控制领域，MOSFET 常用于实现电机的精确控制，如速度调节、方向控制等。

5. 绝缘栅双极晶体管（IGBT）

绝缘栅双极晶体管是一种兼有双极型三极管低通态压降和功率场效应晶体管（MOS 型）低驱动功率优点的混合功率器件，简称 IGBT。

IGBT 由 NPN 型双极晶体管和 PNP 型双极晶体管组成，中间通过绝缘栅层隔离。这种结构使其既具备 MOSFET 高输入阻抗和低驱动功率的优势，又拥有双极结型晶体管高电流承受能力和低导通压降的特点。IGBT 的电路符号如图 2－31 所示。

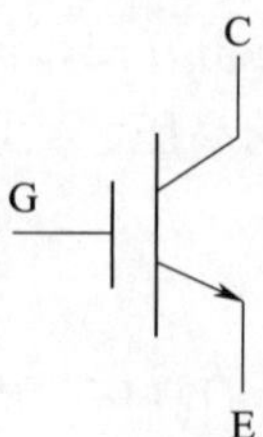

图 2-31　IGBT 的电路符号

IGBT 是一种具有高效率、高速开关、大电流承受能力等优点的功率半导体器件，主要应用在变频器的主回路逆变器及一切逆变电路中，即直流 / 交流（DC/AC）变换中。例如，IGBT 可应用于电动汽车、伺服控制器、UPS、开关电源、斩波电源、无轨电车等。

6. 智能功率模块（IPM）

智能功率模块（IPM）是一种混合集成电路，它将大功率开关元件和驱动电路、保护电路、检测电路等集成在同一个模块内，是电力集成电路的一种。目前 IPM 一般以 IGBT 为基本功率开关元件，构成单相或三相逆变器的专用功能模块，在中小容量变频器中应用广泛。

智能功率模块内有过流、欠压和过热等保护功能，如其中任何一种保护功能动作，均输出为关断状态，同时输出故障信号。

二、单相可控整流电路

晶闸管整流电路结构简单，控制方便，性能稳定，是获得直流电能的主要方法。晶闸管整流电路广泛应用于高压、低压、大电流等场合。

晶闸管整流电路的整流形式根据相数可分为单相整流电路和三相整流电路。常见的单相可控整流电路有单相半波可控整流电路、单相全控桥式整流电路和单相半控桥式整流电路。为便于分析，本教材以电阻性负载为例介绍单相可控整流电路。

1. 单相半波可控整流电路

（1）电路组成。单相半波可控整流电路如图 2-32 所示。

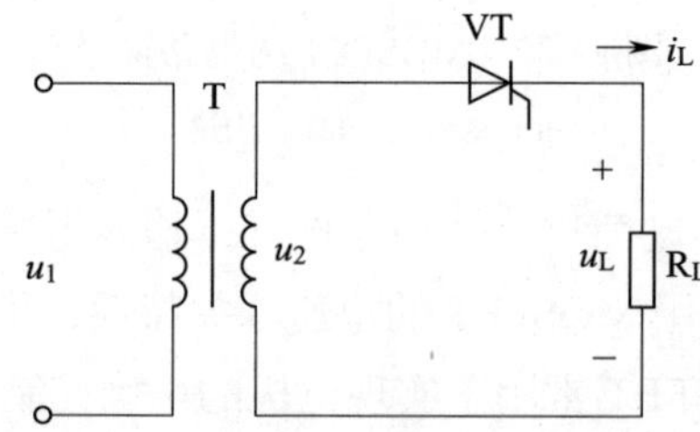

图 2-32　单相半波可控整流电路

（2）工作原理。单相半波可控整流电路的工作原理如图 2-33 所示。

u_2 在正半周期（0～π）时，晶闸管 VT 承受正向电压，如果 VT 的控制极上没有触发脉冲，则 VT 处于正向阻断状态，输出电压 u_L=0。

若在某时刻（控制角 α）加入触发脉冲 u_g，VT 导通，导通电流的方向如图 2-32 中 i_L 所

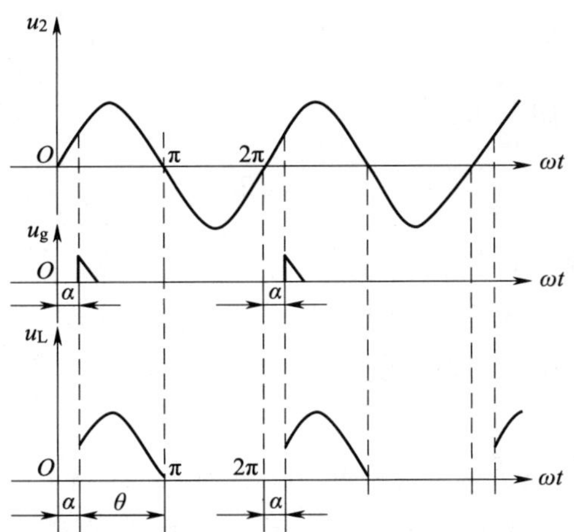

图 2－33　单相半波可控整流电路的工作原理

示。当 ωt 为 α～π 时，尽管触发脉冲 u_g 已消失，但晶闸管仍保持导通，直到 u_2 过零（ωt=π），通过晶闸管 VT 的电流小于其维持电流，晶闸管自行关断。在此期间，$u_L=u_2$，极性为上正下负，通过晶闸管 VT 的电流 $i_{VT}=i_L$。

u_2 在负半周期（π～2π）时，晶闸管 VT 承受反向电压而继续关断，直到下一个周期到来再施加触发脉冲 u_g，晶闸管将再次导通，如此循环往复，在负载上得到单一方向的直流电压。

其中，控制角 α（或移相角）是指在单相可控整流电路中，晶闸管从承受正向电压起到触发导通之间的电角度。导通角 θ 为晶闸管在一个周期内导通的电角度。

通过改变控制角 α 的大小，直流输出电压 u_L 的波形发生变化，负载上的输出电压平均值发生变化。显然，当 $\alpha=180^\circ$ 时，$u_L=0$。晶闸管只在电源电压正半周期内导通，输出电压 u_L 为极性不变但瞬时值变化的脉动直流，故称半波整流。

综上所述，在单相半波可控整流电阻性负载电路中，控制角 α 的控制范围为 0～π，对应的导通角 θ 的可变范围为 π～0，两者关系为 $\alpha+\theta=\pi$。

（3）主要参数计算。

①整流输出电压平均值 U_L 为

$$U_L=0.45U_2\frac{1+\cos\alpha}{2}$$

②整流输出电压的有效值 U 为

$$U=U_2\sqrt{\frac{\sin2\alpha}{4\pi}+\frac{\pi-\alpha}{2\pi}}$$

③整流输出电流的平均值 I_L 和有效值 I 为

$$I_L=\frac{U_L}{R_L}$$

$$I = \frac{U}{R_L}$$

④晶闸管承受的最大反向电压为

$$U_{RM} = \sqrt{2}U_2$$

（4）电路特点。单相半波可控整流电路简单，调整方便，但整流输出电压脉动大，变压器二次侧电流中含直流分量，易造成变压器铁芯直流磁化，设备利用率不高，因而只适用于对直流电压要求不高的小功率可控整流设备。

2. 单相全控桥式整流电路

（1）电路组成。单相全控桥式整流电路用四个晶闸管：VT1、VT3 两个晶闸管接成共阴极，VT2、VT4 两个晶闸管接成共阳极，每个晶闸管是一个桥臂，如图 2-34 所示。

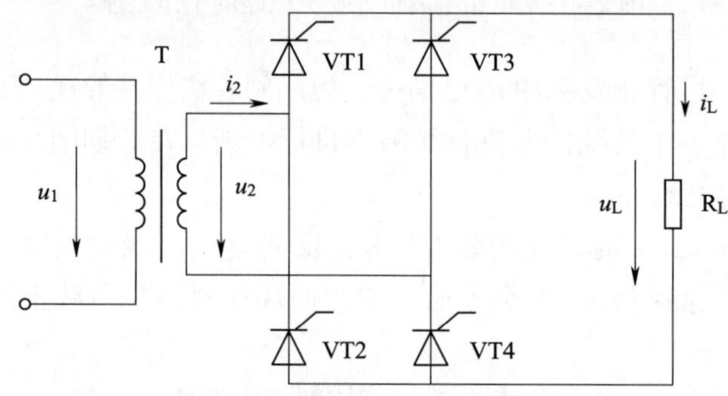

图 2-34　单相全控桥式整流电路

（2）工作原理。单相全控桥式整流电路的工作原理如图 2-35 所示。

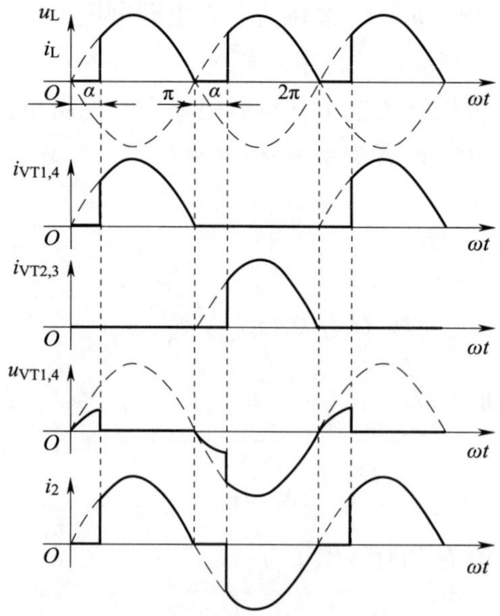

图 2-35　单相全控桥式整流电路的工作原理

在 u_2 正半周期的（$0\sim\alpha$）区间，晶闸管 VT1、VT4 承受正压，如果无触发脉冲电压 u_g，两个晶闸管处于正向阻断状态。$u_{VT1}=u_{VT4}=u_2/2$，负载电压 $u_L=0$。

在 u_2 正半周期的 $\omega t=\alpha$ 时刻，同时触发晶闸管 VT1、VT4，使其导通。电源电压 u_2 将通过 VT1 和 VT4 加在负载电阻 R_L 上。在 u_2 的负半周期，VT3、VT2 同时承受正向电压，在 $\omega t=\pi+\alpha$ 时刻，同时给 VT2 和 VT3 加触发脉冲使其导通，电流经 VT3、R_L、VT2、T 二次侧形成回路。在负载 R_L 两端获得与 u_2 正半周期相同波形的整流电压和电流，在这期间 VT1 和 VT4 均承受反向电压而处于阻断状态。

当 u_2 由负半周期电压过零变正时，VT2、VT3 因电流过零而关断。在此期间 VT1 和 VT4 因承受反向电压而截止，u_L、i_L 又降为零。一个周期过后，VT1 和 VT4 在 $\omega t=2\pi+\alpha$ 时刻又被触发导通。如此循环下去。上述两组触发脉冲在相位上相差 180°，这就形成了单相全控桥式整流电路输出电压、电流和晶闸管上承受电压的波形。

总结：当单相全控桥式整流电路带电阻性负载时，控制角范围是 0°～180°。当 $\alpha=0°$ 时，输出电压最高；当 $\alpha=180°$ 时，输出电压最低。

负载上正、负两个半周期内均有相同方向的电流流过，从而使直流输出电压、电流的脉动程度较前述单相半波得到了改善。

（3）负载参数计算。

①整流输出电压的平均值 U_L 为

$$U_L = 0.9U_2\frac{1+\cos\alpha}{2}$$

U_L 为最小值时，$\alpha=180°$；U_L 为最大值时，$\alpha=0°$。所以单相全控桥式整流电路带电阻性负载时，α 的范围是 0°～180°。

②整流输出电压的有效值为

$$U = U_2\sqrt{\frac{\sin 2\alpha}{2\pi}+\frac{\pi-\alpha}{\pi}}$$

③输出电流的平均值 I_L 和有效值 I 分别为

$$I_L = \frac{U_L}{R_L} = 0.9\frac{U_2(1+\cos\alpha)}{2R_L}$$

$$I = \frac{U}{R_L} = \frac{U_2}{R_L}\sqrt{\frac{\sin 2\alpha}{2\pi}+\frac{\pi-\alpha}{\pi}}$$

④流过每个晶闸管的平均电流为输出电流平均值的一半，即

$$I_{t(AV)} = \frac{1}{2}I_L = 0.45\frac{U_2}{R_L}\times\frac{1+\cos\alpha}{2}$$

⑤流过每个晶闸管的电流有效值为

$$I_{VT} = \frac{U_2}{\sqrt{2}R_L}\sqrt{\frac{\sin 2\alpha}{2\pi}+\frac{\pi-\alpha}{\pi}}$$

⑥每个晶闸管承受的最大反向电压为$\sqrt{2}U_2$。

⑦在一个周期内，电源通过变压器两次向负载提供能量，因此负载电流有效值 I 与变压器二次侧电流有效值 I_2 相同。那么，电路的功率因数可以按下式计算：

$$\cos\varphi = \frac{P}{S} = \frac{UI}{U_2 I} = \frac{U}{U_2} = \sqrt{\frac{\sin 2\alpha}{2\pi} + \frac{\pi - \alpha}{\pi}}$$

3. 单相半控桥式整流电路

（1）电路组成。将单相全控桥式整流电路中两个晶闸管换成两个整流二极管，便组成了单相半控桥式整流电路，如图 2-36 所示。晶闸管 VT1、VT3 的阴极接在一起，组成共阴极的电路形式；二极管 VD2、VD4 组成共阳极的电路形式。

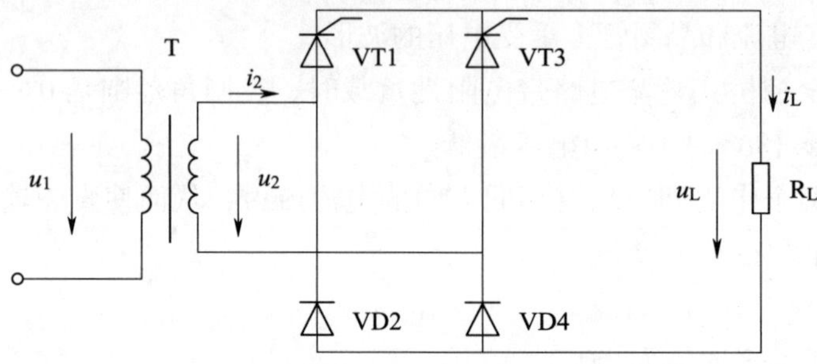

图 2-36　单相半控桥式整流电路

（2）工作原理。单相半控桥式整流电路与全控桥式整流电路带电阻性负载时的工作原理相同。

三、三相可控整流电路

对于大功率的负载，如果用单相可控整流电路，将造成供电线路三相的不平衡，影响电网的供电质量，所以中型以上的整流装置都采用三相可控整流电路。三相可控整流电路主要有三相半波可控整流电路、三相半控桥式整流电路和三相全控桥式整流电路。为便于分析，本教材以电阻性负载为例介绍三相可控整流电路。

1. 三相半波可控整流电路

（1）电路组成。图 2-37 所示为共阴极接法的三相半波可控整流电路。

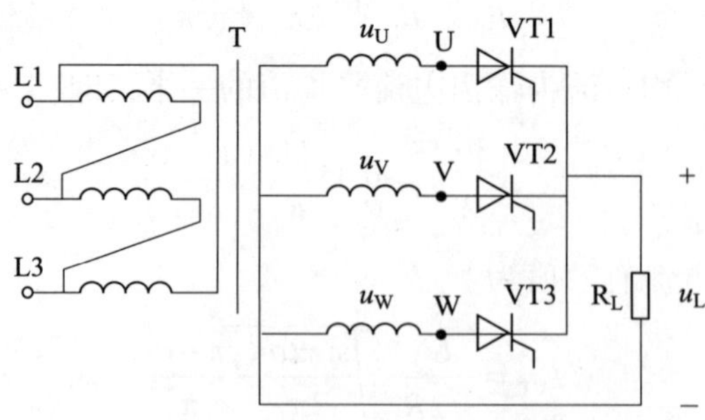

图 2-37　共阴极接法的三相半波可控整流电路

为得到零线，变压器二次侧必须接成星形，而一次侧接成三角形，避免三次谐波流入电网。三个晶闸管按共阴极接法连接，这种接法的触发电路有公共端，连线方便。

（2）主要参数计算。

①整流输出电压平均值。

当 $0°<\alpha \leqslant 30°$ 时，负载电流连续，有

$$U_L=1.17U_2\cos\alpha$$

当 $30°<\alpha \leqslant 150°$ 时，有

$$U_L=0.675U_2\left[1+\cos\left(\frac{\pi}{6}+\alpha\right)\right]$$

②负载电流平均值为

$$I_L=\frac{U_L}{R_L}$$

③通过晶闸管的电流平均值为

$$I_{t(AV)}=\frac{1}{3}I_L\ (0° \leqslant \alpha \leqslant 150°)$$

④晶闸管承受的最大反向电压为

$$U_{RM}=\sqrt{6}U_2$$

（3）电路特点。对三相电源来说，三相半波可控整流电路比单相可控整流电路输出电压高、脉动小、电源平衡性好。但如果直接由电网供电，各相中都有较大的直流成分，会造成电网损耗。如果由变压器供电，由于铁芯直流磁化，效率将较低。实际电工设备常采用输出电压较高、脉动小、电源平衡性好、效率高的三相半控桥式整流电路。

2. 三相半控桥式整流电路

（1）电路组成。三相半控桥式整流电路如图 2－38 所示，晶闸管 VT1、VT2、VT3 的阴极连在一起，电路中的整流元件一半是晶闸管，另一半是二极管，故称为三相半控桥式整流电路。

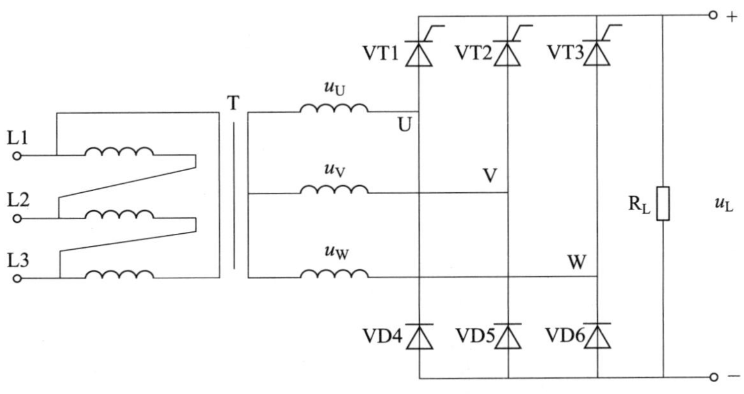

图 2－38　三相半控桥式整流电路

三相半控桥式整流电路带电阻性负载时，移相角 α 的范围为 0°～180°。

（2）主要参数计算。

①整流输出电压平均值为

$$U_L=1.17U_2(1+\cos\alpha)\ (0° \leqslant \alpha \leqslant 180°)$$

②负载电流平均值为

$$I_L=\frac{U_L}{R_L}$$

③通过晶闸管的电流平均值为

$$I_{t(AV)}=\frac{1}{3}I_L$$

（3）电路特点。三相半控桥式整流电路使用了三个晶闸管，需三套触发电路，输出电压较高，且脉动较小，输出电压连续可调范围比三相半波可控整流电路宽，其线路简单、经济、方便，应用较广，如可应用于变频器、电磁加热和电机驱动等。

3. 三相全控桥式整流电路

（1）电路组成。如图 2-39 所示，三相全控桥式整流电路包含六个晶闸管，共阴极组（VT1、VT2、VT3）和共阳极组（VT4、VT5、VT6）形成桥状结构。每组中的晶闸管分别与 U、V、W 三相电源相接，且按特定顺序编号和导通。在任何时刻，电路中必须有两个晶闸管同时导通，且它们分别属于共阴极组和共阳极组，但不能是同相的两个晶闸管，以确保形成有效的导电回路。

三相全控桥式整流电路带电阻性负载时，移相角 α 的范围是 0°～120°。

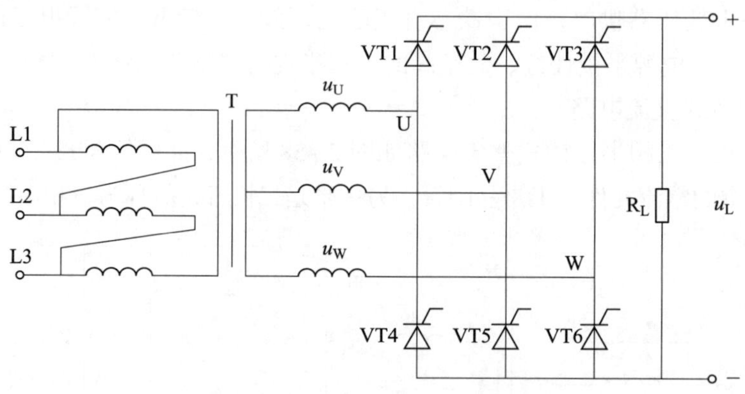

图 2-39　三相全控桥式整流电路

（2）主要参数计算。

①当 $\alpha \leqslant 60°$ 时，负载电流连续，整流输出电压平均值为

$$U_L=2.34U_2\cos\alpha$$

②当 $\alpha > 60°$ 时，负载电流不连续，整流输出电压平均值为

$$U_L = 2.34U_2\left[1+\cos\left(\frac{\pi}{3}+\alpha\right)\right]$$

③晶闸管承受的最大反向电压为

$$U_{RM} = \sqrt{6}U_2$$

（3）电路特点。三相全控桥式整流电路具有能耗低、电流谐波小、效率高、稳定等特点，被广泛应用于工业电力驱动、电力变换等多个领域。例如，它可通过改变控制角来调整输出电压，从而实现对电动机转速的精确控制。此外，在变频器、UPS 等电力电子设备中，三相全控桥式整流电路也发挥着重要作用。

第五节　数字电路

在日常生活中，智能手机、计算机等的普及度越来越高，这些数字电子设备都离不开数字电路。

一、模拟信号与数字信号

电子技术中的电信号是指变化的电压或电流，可以分为模拟信号和数字信号两大类。

模拟信号在数值上和时间上是连续变化的，数字信号在数值上和时间上是离散的、不连续的。数字信号常用抽象出来的二值信息 1 和 0 来表示，在电路中对应高电位和低电位。

用来处理模拟信号的电路称为模拟电路。用来处理数字信号的电路称为数字电路。数字电路的研究对象是电路的输入与输出之间的逻辑关系，可以完成数值运算和逻辑运算，具有功耗小、抗干扰能力强和易于集成化的特点。

二、数制

数制是计数进位制的简称，常用的有十进制和二进制等。

1. 十进制

十进制数有 0～9 十个数码，其进位规则是“逢十进一”，借位的规则是“借一当十”，数码位置不同，它所代表的含义不同。任意一个十进制数，都可按其位权展开成多项式的形式：

$$\begin{aligned}(N)_{10} &= (K_{n-1}K_{n-2}\cdots K_1K_0K_{-1}\cdots K_{-m})_{10} \\ &= K_{n-1}\times 10^{n-1}+K_{n-2}\times 10^{n-2}+\cdots+K_1\times 10^1+K_0\times 10^0+K_{-1}\times 10^{-1}+\cdots+K_{-m}\times 10^{-m} \\ &= \left(\sum_{i=-m}^{n-1} K_i 10^i\right)_{10}\end{aligned}$$

式中　K_i——第 i 位的十进制数码；

10^i——第 i 位的位权；

$(N)_{10}$——十进制数；

n——十进制数整数部分的位数；

m——十进制数小数部分的位数。

例如，$(123.31)_{10}=1\times10^2+2\times10^1+3\times10^0+3\times10^{-1}+1\times10^{-2}$。

2. 二进制

二进制数只有 0 和 1 两个数码，其进位规则是“逢二进一”，借位的规则是“借一当二”，数码位置不同，它所代表的含义不同。任意一个二进制数，都可按其位权展开成多项式的形式：

$$(N)_2=(K_{n-1}K_{n-2}\cdots K_1K_0K_{-1}\cdots K_{-m})_2$$
$$=K_{n-1}\times2^{n-1}+K_{n-2}\times2^{n-2}+\cdots+K_1\times2^1+K_0\times2^0+K_{-1}\times2^{-1}+\cdots+K_{-m}\times2^{-m}$$
$$=\left(\sum_{i=-m}^{n-1}K_i2^i\right)_2$$

式中 K_i——第 i 位的二进制数码；

2^i——第 i 位的位权；

$(N)_2$——二进制数；

n——二进制数整数部分的位数；

m——二进制数小数部分的位数。

例如，$(101.01)_2=1\times2^2+0\times2^1+1\times2^0+0\times2^{-1}+1\times2^{-2}$。

3. 数制转换

（1）二进制数转换为十进制数。将二进制数按其位权展开后相加，就得到等值的十进制数。

例如，$(100.01)_2=1\times2^2+0\times2^1+0\times2^0+0\times2^{-1}+1\times2^{-2}=(4.25)_{10}$。

（2）十进制数转换为二进制数。十进制数转换为二进制数的方法是“除 2 取余倒记法”。

例如，把十进制数 396 转换为二进制数步骤如下：

```
2 |396 ························ 余0   (最低位)
2 |198 ························ 余0      ↑
2 | 99 ························ 余1      |
2 | 49 ························ 余1      |
2 | 24 ························ 余0      |
2 | 12 ························ 余0      |
2 |  6 ························ 余0      |
2 |  3 ························ 余1      |
2 |  1 ························ 余1   (最高位)
     0
```

二进制数码应倒着由下向上记为 $(110001100)_2$。

三、编码

用二进制数码表示特定对象的过程称为编码。在数字设备中，经常用二进制数码表示

十进制数。用一组四位二进制数码表示一位十进制数的编码方法称为二—十进制码，也称BCD码。

8421BCD码只选用四位二进制数码中前十个数码，即用0000～1001分别代表它所对应的十进制数，但1010～1111六个二进制数码没有意义。

四、门电路

各种逻辑门电路是组成数字电路的基本单元。

1. 关于逻辑门电路的几个规定

（1）逻辑状态的表示方法。用数字符号“0”和“1”表示相互对立的逻辑状态，称为逻辑0和逻辑1。

（2）正、负逻辑状态规定。正逻辑是用“1”表示高电平、用“0”表示低电平的逻辑体制。负逻辑与此相反。

2. 基本逻辑门电路

（1）与门电路。

①与逻辑关系。当决定某一事件的所有条件（A和B两开关均接通）都具备时，事件（灯Y亮）才发生的逻辑关系，称为与逻辑关系，如图2-40所示。

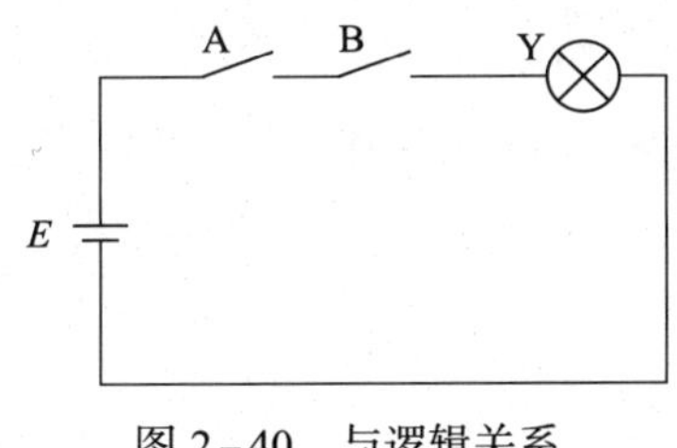

图2-40　与逻辑关系

②与门电路及其逻辑符号如图2-41所示。

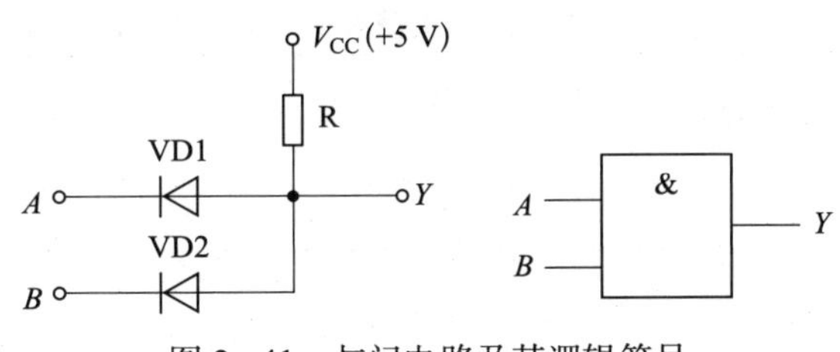

图2-41　与门电路及其逻辑符号

③与门真值表见表2-3。

表2-3　**与门真值表**

A	*B*	*Y*	*A*	*B*	*Y*
0	0	0	1	0	0
0	1	0	1	1	1

④与逻辑表达式为

$$Y=A\cdot B=AB$$

⑤与门的逻辑功能可以概括为“全 1 出 1，有 0 出 0”。

（2）或门电路。

①或逻辑关系。决定某一事件结果的诸多条件中，有一个或一个以上（A、B 两开关任一接通）具备时，事件（灯 Y 亮）就会发生的逻辑关系，称为或逻辑关系，如图 2-42 所示。

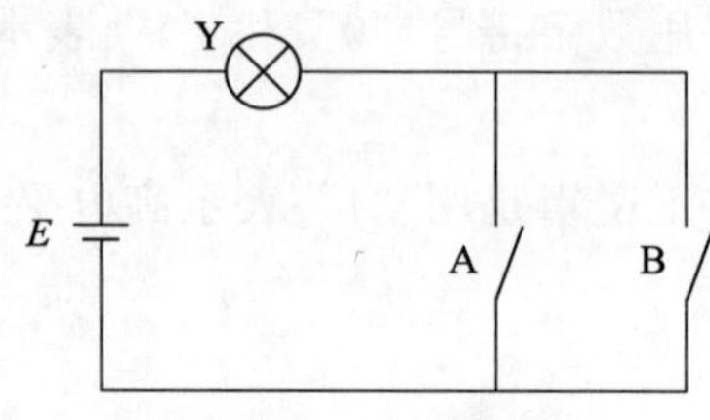

图 2-42　或逻辑关系

②或门电路及其逻辑符号如图 2-43 所示。

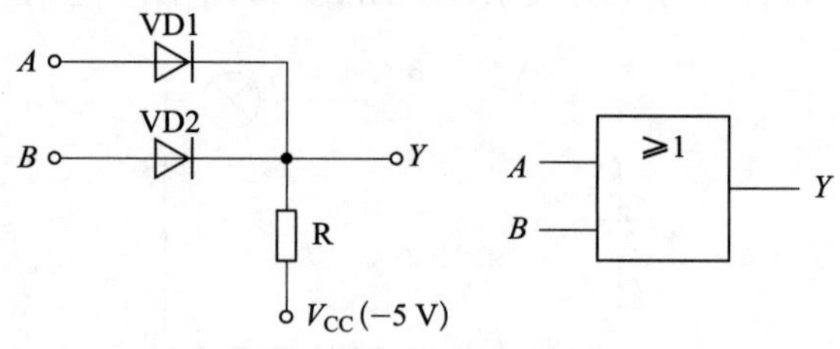

图 2-43　或门电路及其逻辑符号

③或门真值表见表 2-4。

表 2-4　或门真值表

A	B	Y	A	B	Y
0	0	0	1	0	1
0	1	1	1	1	1

④或逻辑表达式为

$$Y=A+B$$

⑤或门的逻辑功能可以概括为“全 0 出 0，有 1 出 1”。

（3）非门电路。

①非逻辑关系。条件具备（开关 A 闭合）事件（灯 Y 亮）就不会发生，条件不具备（开关 A 打开）事件（灯 Y 亮）一定发生的逻辑关系，称为非逻辑关系，如图 2-44 所示。

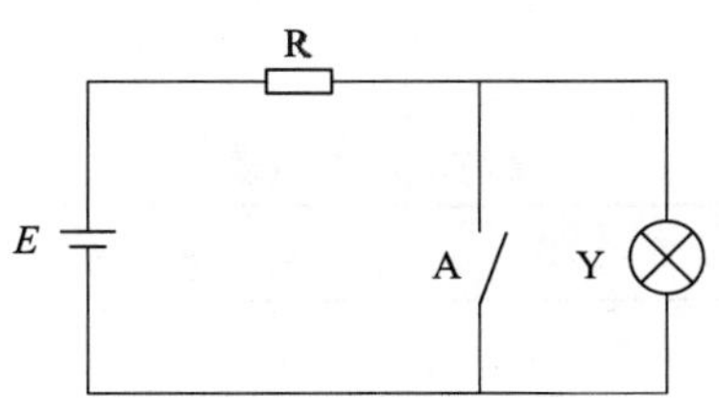

图 2-44　非逻辑关系

②非门电路及其逻辑符号如图 2-45 所示。

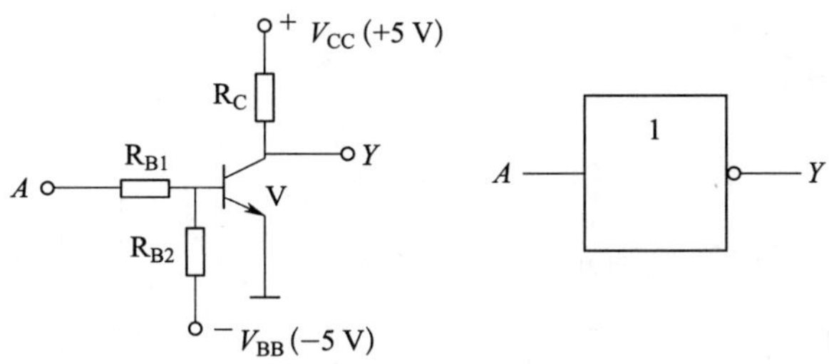

图 2-45　非门电路及其逻辑符号

③非门真值表见表 2-5。

表 2-5　非门真值表

A	Y
0	1
1	0

④非逻辑表达式为

$$Y = \overline{A}$$

⑤非门逻辑功能可以概括为“有 0 出 1，有 1 出 0”。

3. 复合逻辑门电路

以下介绍 3 种常用的复合逻辑门电路。

（1）与非门。

①与非逻辑表达式为

$$Y = \overline{AB}$$

②与非门逻辑符号如图 2-46 所示。

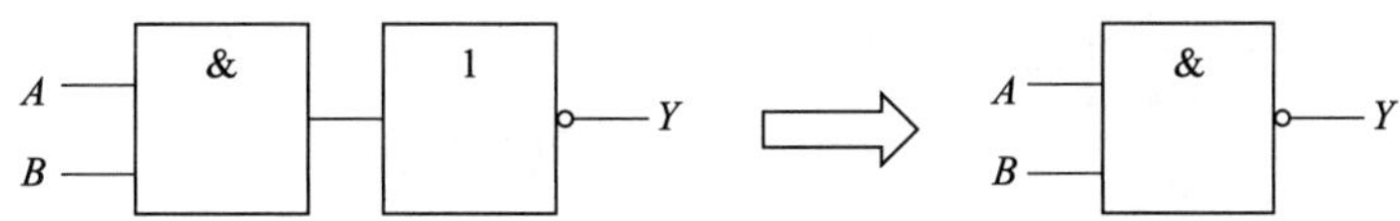

图 2-46　与非门逻辑符号

③与非门真值表见表 2-6。

表 2-6　与非门真值表

A	B	Y	A	B	Y
0	0	1	1	0	1
0	1	1	1	1	0

④与非门逻辑功能可以概括为“有 0 出 1，全 1 出 0”。

（2）或非门。

①或非逻辑表达式为

$$Y=\overline{A+B}$$

②或非门逻辑符号如图 2-47 所示。

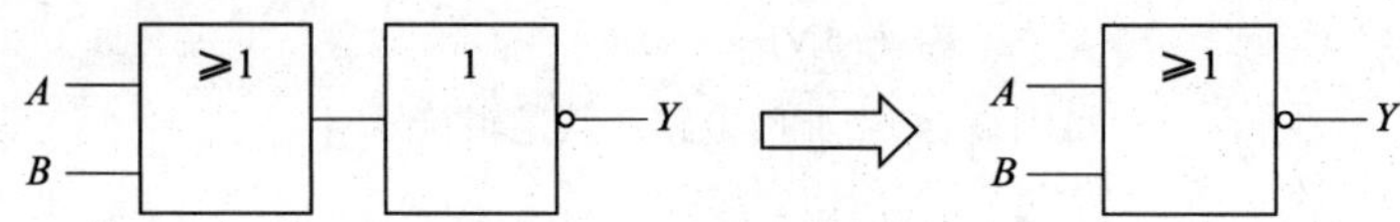

图 2-47　或非门逻辑符号

③或非门真值表见表 2-7。

表 2-7　或非门真值表

A	B	Y	A	B	Y
0	0	1	1	0	0
0	1	0	1	1	0

④或非门逻辑功能可以概括为“有 1 出 0，全 0 出 1”。

（3）异或门。

①异或门逻辑表达式为

$$Y=A\overline{B}+\overline{A}B=A\otimes B$$

②异或门逻辑符号如图 2-48 所示。

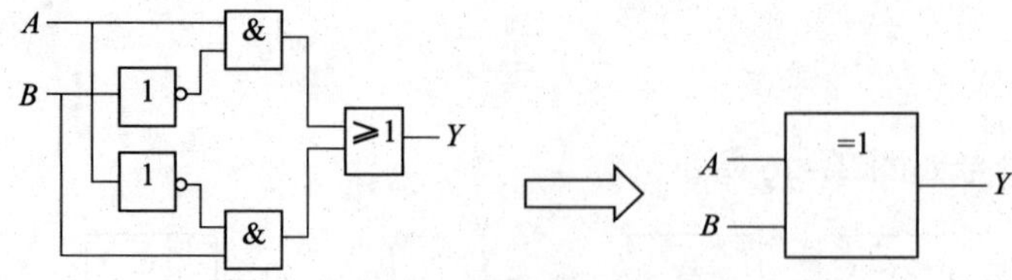

图 2-48　异或门逻辑符号

③异或门真值表见表 2-8。

表 2-8　　异或门真值表

A	B	Y	A	B	Y
0	0	0	1	0	1
0	1	1	1	1	0

④异或门逻辑功能可以概括为“相同出 0，不同出 1”。

思考练习题

1. 什么是二极管的单向导电特性？画出二极管的符号和伏安特性曲线。
2. 二极管的主要参数有哪些？
3. 三极管电流放大作用的实质是什么？
4. 三极管按极性的不同可以分为哪两类？它的三极电流关系是什么？画出三极管的符号。
5. 稳压电路的作用是什么？常用的稳压器有哪些？
6. 带有放大环节的串联型晶体管稳压电路一般由哪几部分组成？
7. 常用的电力电子器件有哪些？画出它们的符号。
8. 晶闸管的导通条件和关断条件各是什么？画出其符号。
9. 请写出 3 种复合门电路的逻辑符号和逻辑表达式。

技能实训二　常用电子元器件的识别与检测

一、实训目标

1. 掌握识别和检测二极管、三极管和晶闸管的方法。
2. 熟悉二极管、三极管和晶闸管的外形，并掌握其引脚的识别方法。

二、任务描述

二极管、三极管和晶闸管的识别与检测主要涉及熟悉它们的外观、引脚识别方法，了解它们的类别、型号及主要性能参数，以及使用万用表进行极性判别和性能测试。

三、实训准备

1. 模拟式万用表、数字式万用表。
2. 若干不同类型的合格和损坏的二极管。

3. 若干不同类型、不同规格的合格和损坏的三极管和晶闸管。

四、知识要点

1. 二极管和三极管的识别与检测涉及多个关键知识点，包括它们的结构、特性、分类以及使用万用表进行检测的方法。

2. 三极管的识别与检测则涉及确定其类型（PNP 型或 NPN 型）及测量其放大系数。

3. 晶闸管的识别与检测包括判断其类型、引脚极性，以及通过外观检查、引脚检查和电阻测量等方法来判断其好坏。

五、实训过程

1. 二极管的识别与检测

（1）二极管的识别。从外观识别二极管的极性，具体如图 2-49 所示。

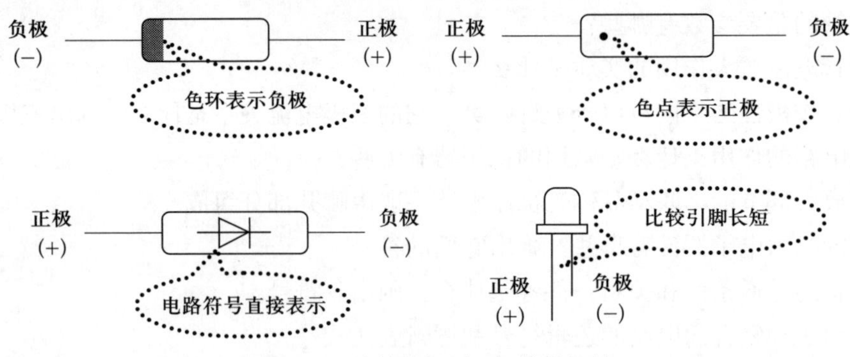

图 2-49　从外观识别二极管的极性

（2）用万用表检测二极管。

①用数字式万用表检测二极管。利用数字式万用表的“⊣▶⊢”挡可以检测二极管的引脚极性和质量。将红表笔、黑表笔分别插入“V /Ω”和“COM”插孔，将转换开关拨到“⊣▶⊢”挡，将红表笔、黑表笔分别接被测二极管的两引脚。若数字式万用表有示数，则示数为二极管导通后的管压降（单位是 V），红表笔所接端为正极，黑表笔所接端为负极。若数字式万用表没有示数，则反过来再测一次。若两次测量都没有示数，则表示此二极管已经损坏。若所测的是发光二极管，且二极管正常，在合适的条件下，则可能看到微弱的亮光。

②用指针式万用表检测二极管。利用指针式万用表检测二极管是通过测量二极管正向电阻、反向电阻来判断二极管引脚极性和质量好坏的。测小功率二极管时，一般用指针式万用表的 R×100 挡或 R×1 k 挡，将红表笔、黑表笔分别接二极管两端检测，如图 2-50 所示。测量发光二极管时，使用 R×10 k 挡。

判别方法：a. 极性的判别。所测电阻小时，黑表笔接触处为正极，红表笔接触处为负极。b. 二极管好坏的判别。若正向电阻和反向电阻均为 0，表明二极管短路；若正向电阻和反向电阻均非常大，表明二极管开路；若正向电阻为几百欧姆到几千欧姆，反向电阻为几十千欧或

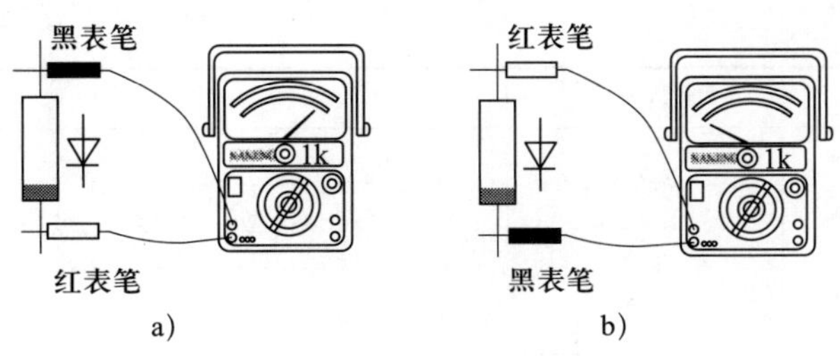

图 2-50　用指针式万用表测量二极管

a）测正向电阻　b）测反向电阻

几百千欧，表明二极管正常。

（3）用万用表检测二极管质量的好坏与极性。检测不同型号的二极管后，将检测结果记入表 2-9 中。

表 2-9　二极管的检测

型号	正向电阻		反向电阻		二极管质量	
	挡位	电阻值	挡位	电阻值	好	坏
2AP9						
2CW104						
2CZ11						
1N4148						
1N4007						

2．三极管的识别与检测

（1）目视法识别各种三极管。三极管的三个引脚分布有一定的规律，根据这一规律，可以快速识别引脚极性。常见三极管的引脚分布规律见表 2-10。

表 2-10　常见三极管的引脚分布规律

外形示意图	封装形式	说明
E B C	S-1A S-1B	平面朝向自己，引脚向上，从左至右依次为发射极 E、基极 B、集电极 C
E B C 定位销	C 型 D 型	它们有 3 个引脚（C 型有一个定位销，D 型无定位销），3 个引脚呈等腰三角形分布，E、C 连线为底边

续表

外形示意图	封装形式	说明
B E C	S-6A S-6B S-7 S-8	面对管子正面（型号打印面），散热片为管子的背面，引脚向下，从左至右依次为基极 B、集电极 C、发射极 E
安装孔 E B C 安装孔	F 型	只有 2 个引脚，识别时引脚向上，且引脚靠近上安装孔，左边的引脚是基极 B，右边的引脚是发射极 E，外壳为集电极 C

（2）用数字式万用表检测三极管。

①将数字式万用表的红表笔、黑表笔分别插入“V/Ω”和“COM”插孔。

a. 判断基极。将转换开关拨到“→|—”挡，假设任意一个引脚为基极，把一个表笔接假设的基极，另一个表笔分别接另外两个引脚。若都有示数或都没有示数（即示数为“1”或显示“.OL”），调换表笔重新测试。若原来都有示数，调换表笔后都没有示数；或原来都没有示数，调换表笔后都有示数，说明假设的基极是正确的。若一次有示数，另一次没有示数，则假设的基极是错误的，需重新假设进行测试。若两次都没有示数，则三极管可能开路损坏；若两次都有示数，但数值都很小（接近 0），则三极管可能击穿损坏。

b. 判断管型和材料。以都有示数为准，若示数为 0.7 V 左右，则该管为硅管；若为 0.3 V 左右，则该管为锗管。若红表笔接的是基极，则该管是 NPN 型管；否则，该管为 PNP 型管。

c. 判断集电极和发射极。把转换开关拨至“hFE”挡，把三极管按管型插入显示屏右下角的 PNP 型或 NPN 型插口，将基极 B 插入 B 插孔，其他两个引脚插入紧挨 B 插孔两侧的 C、E 插孔中，观察数据。将 C、E 插孔中的引脚对调，观察数据。数值大的说明引脚插入正确，所显示的读数为三极管的放大倍数。三极管的检测如图 2-51 所示（以 NPN 型为例）。

②检测所给的三极管，将检测结果记录到表 2-11 中。

表 2-11　　三极管检测结果

序号	B 极—E 极间的示数	B 极—C 极间的示数	质量判断	材料	管型
1					
2					
3					
4					
5					

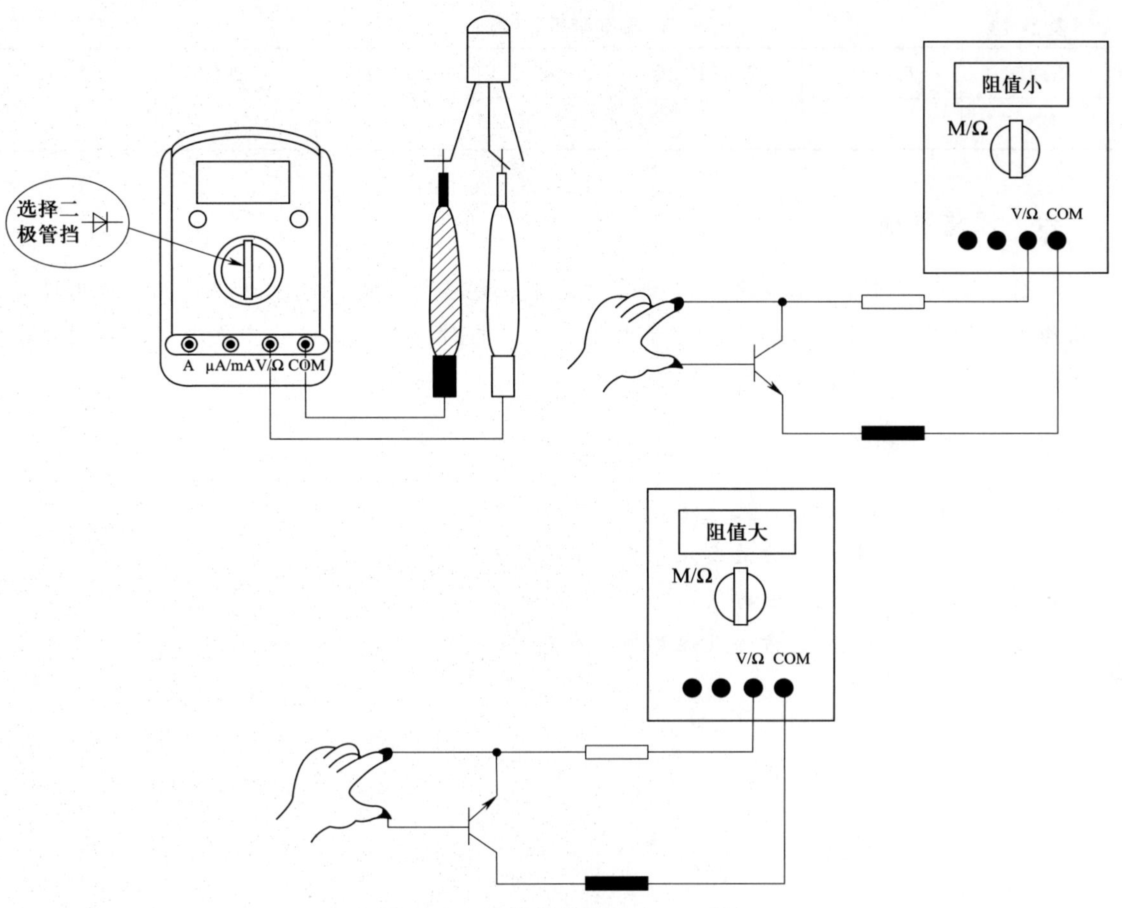

图 2-51　三极管的检测（NPN 型）

3. 晶闸管的识别与检测

（1）晶闸管引脚极性的判断。用万用表检测单向晶闸管，将检测结果记录到表 2-12 中，并判断晶闸管的引脚极性。

表 2-12　单向晶闸管引脚极性的判断

外形	阻值	①②阻值	①③阻值	②③阻值	判断结果
① ② ③	正向				电极确定： ①为____； ②为____； ③为____
	反向				

（2）晶闸管好坏的判断。用万用表分别测量晶闸管 A—K、A—G 间正向电阻、反向电阻，再测量 G—K 间正向电阻、反向电阻，记入表 2-13 中，并判断其质量好坏。

表 2-13　　晶闸管质量检测

R_{AK}/kΩ	R_{KA}/kΩ	R_{AG}/kΩ	R_{GA}/kΩ	R_{GK}/kΩ	R_{KG}/kΩ	结论

六、注意事项

识别与检测二极管、三极管和晶闸管时需要注意多个方面，包括外观特征、应用环境、电路原理图的识别以及测试仪器的准备和连接等。同时，在测试过程中要遵循正确的步骤，了解有关注意事项，以确保测试的准确性和安全性。

七、总结与思考

1. 二极管识别与检测的方法及注意事项有哪些?
2. 三极管识别与检测的方法及注意事项有哪些?
3. 简述晶闸管类型的判断方法。
4. 晶闸管识别和检测的方法及注意事项有哪些?

第三章

煤矿供电系统及主要设备

学习目标

1. 了解煤矿企业常用供电电压等级及其应用，熟悉煤矿供电系统的组成和供电系统图。
2. 了解煤矿供电系统的分类，熟悉井下变电所设备布置情况。
3. 了解矿用高压配电装置的基本结构，熟悉其工作过程，掌握常见故障的处理方法。
4. 了解矿用隔爆型真空馈电开关的基本结构，熟悉其工作过程，掌握常见故障的处理方法。
5. 了解矿用隔爆型干式变压器的结构特点，熟悉其日常维护的内容，掌握常见故障的处理方法。
6. 了解矿用隔爆型移动变电站的结构特点，掌握其工作过程。
7. 了解矿用电缆的结构，熟悉矿用电缆的选用方法，了解矿用电缆的敷设方式。
8. 掌握矿用隔爆型照明信号综合保护装置的作用、使用操作注意事项及常见故障的处理方法。

学习导引

电能是现代化煤矿生产的主要能源之一。如果煤矿供电突然中断，可能发生重大人员伤亡和设备损坏事故。因此，煤矿供电系统是确保煤矿安全生产的关键。本章采用理论讲授、实际操作、现场参观等教学方式，结合现代化教学手段，介绍煤矿供电系统及主要设备，以提高井下作业人员的安全生产意识和设备操作及维护能力。

第一节　电力系统概述

电力系统是以电能作为动力，由发电、输电、变电、配电和用电等环节组成的电能生产、传输、分配与消费系统。它将自然界的一次能源通过发电动力装置转化成电能，再经变电、输电和配电等方式将电能供应到企业、机关事业单位和居民等用户。

一、电力系统组成

电力系统是指由不同电压等级的电力线路将发电厂、变电所（站）和电力用户联系起来的发电、变电、输电、配电和用电的整体。电力系统的主体结构有电源、电力网络和负荷中心。电源指各类发电厂、发电站，可将一次能源转换成电能。电力网络由电源的升压变电所、高压输电线路、负荷中心的降压变电所和配电线路等构成。电力网络的功能是将电源发出的电能升压到一定等级后输送到负荷中心的降压变电所，降压至一定等级后，经配电线路与用户相连。典型的电力系统结构如图 3-1 所示。

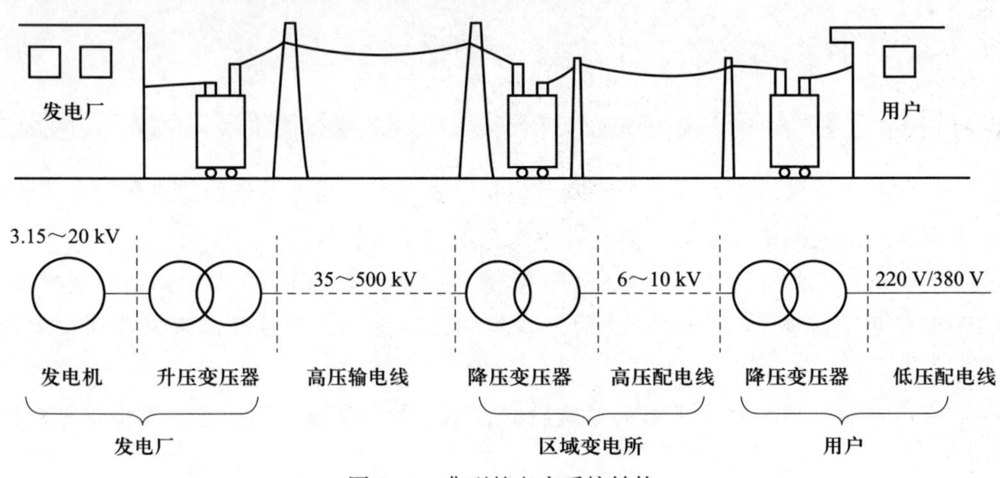

图 3-1　典型的电力系统结构

1. 发电厂

发电厂又称发电站，是将其他形式的能量转换为电能的工厂。为了有效利用资源，发电厂通常建在动力资源较丰富的地方。发电厂按其所利用的能源不同，分为水力发电厂、火力发电厂、风力发电厂、核能发电厂、太阳能发电厂和地热发电厂等多种类型。

在发电厂中，发电机产生的电能电压较低，一般先经厂内的升压变压器转换成高压，通过高压电力网送至远方，再经降压变压器降压后供用户使用。

2. 变电所

变电所是汇集电能和变换电压的中间环节，它由各种电力变压器和配电设备组成。不含电力变压器的变电所称为配电所。变电所可按不同标准进行分类，见表 3-1。煤矿供电系统中的矿区变电所属于地区变电所。

表 3-1　变电所分类

分类标准	类别
按用途分	升压变电所、降压变电所

续表

分类标准	类别
按在电力系统中的地位分	枢纽变电所、穿越变电所和终端变电所
按供电范围分	区域变电所、地区变电所和终端变电所

3. 电力网络

电力网络是由电力系统中各级变电所与不同电压的电力线路组成的网络，是电力系统的重要组成部分，承担着输送、变换和分配电能的作用。

二、煤矿对供电的基本要求

由于煤矿生产条件的特殊性，煤矿企业对供电有如下要求：

1. 可靠性

供电的可靠性是指电力系统不间断供电的可靠程度。煤矿供电一旦中断，不仅影响生产，而且可使设备损坏，甚至发生人员伤亡事故，严重时导致矿井损毁。为了保证煤矿供电绝对可靠，每一矿井应采用两回路电源线路，当任一回路发生故障停止供电时，另一回路应能担负矿井全部用电负荷。正常情况下，若一回路运行，则另一回路必须带电备用，以保证井下生产过程中供电的连续性。两回路电源线路应来自两个不同的变电所（站）或者不同电源进线的同一变电所的两段母线。

2. 安全性

煤矿井下生产环境复杂，自然条件恶劣，供电线路和电气设备易损坏，如果用电不合理，不仅会造成人身触电事故，而且会导致瓦斯、煤尘爆炸等。因此，为保障供电安全，必须采取防爆、防触电、防潮和过电流保护等一系列安全技术措施，严格遵守《煤矿安全规程》中的有关规定，以确保煤矿供电安全。

3. 保证良好的供电质量

保证良好的供电质量主要是指应将供电系统中交流电的电压幅值和频率保持在一定的允许范围内，并将其波形畸变控制在允许范围之内。我国对煤矿供电质量的要求：供电电压偏移不超过额定电压的5%；供电频率偏差限值为 ±0.5 Hz，频率由发电厂保证。

4. 经济性

在保证供电质量的前提下，力求供电系统建设成本低，设备运行效率高，提高运行效益，并采取各种措施，节约电能，降低损耗，保证供电的经济性。

三、矿区电力负荷分级

矿区电力负荷按用户重要性及中断供电对人身安全、经济损失等方面所造成的影响程度分为三级。

1. 一级负荷

突然中断供电会造成人员伤亡，或导致重大设备损坏而且难以修复，或在经济等方面造成重大损失者，均为一级负荷。这类负荷主要如下：

（1）井下有淹没危险环境矿井的主排水泵及下山开采的采区排水泵；

（2）井下有爆炸或对人体健康有严重损害的危险环境矿井的主通风机；

（3）矿井经常升降人员的立井提升机；

（4）有淹没危险环境露天矿采矿场的排水泵或用井巷排水的排水泵；

（5）根据国家现行有关标准规定应视为一级负荷的其他设备。

一级负荷应由双重电源供电；当一电源中断供电时，另一电源不应受到损坏，且电源容量应至少保证矿山全部一级负荷电力需求，并宜满足矿山二级负荷电力需求。

2．二级负荷

突然中断供电将在经济等方面造成较大损失或影响重要用户正常工作者，均为二级负荷。这类负荷主要如下：

（1）大型矿山中除一级负荷外与矿物开采、运输、提升、加工及外运直接有关的单台设备或互相关联的成组设备；

（2）没有携带式照明灯具的井下固定照明设备，或地面一级负荷、大型矿山二级负荷工作场所用于确保正常活动继续进行的应急照明设备；

（3）矿井通信和安全监控装置的电源设备；

（4）大型露天矿的疏干排水泵；

（5）铁路车站的信号电源设备；

（6）根据国家现行有关标准规定应视为二级负荷的其他设备。

二级负荷一般由双回路电源线路供电。

3．三级负荷

不属于一级负荷和二级负荷的电力设备，为三级负荷。这类负荷包括地面机修厂和职工生活用电设备等。三级负荷只需要一回路电源线路供电。

四、煤矿常用供电电压等级

根据国家标准的规定，考虑煤矿生产的特殊条件，目前煤矿常用的电压等级及用途见表 3–2。

表 3–2　　煤矿常用的电压等级及用途

电压 /kV		应用范围
种类	等级	
交流电	≤ 0.036	井下电气设备（如手灯或者移动式照明灯具等）的控制
	0.127	井下照明、信号、通信及手持式电气设备
	0.22	固定式照明灯具
	0.38、0.66	地面及井下低压动力设备电压
	1.14	井下综采工作面的配电电压和动力设备的额定电压

续表

电压 /kV		应用范围
种类	等级	
交流电	3、6、10	井上、井下大型固定设备及供配电电压
	35、60、110	地面高压输电线路的供电电压及矿井地面变电所的配电电压
	220、330	地面超高压输电线路输电电压
直流电	0.11、0.22	地面变电所二次回路电压、井下蓄电池式电机车用电压
	0.25、0.55	直流架线式电机车用电压
	0.75、1.50	露天煤矿工业电机车用电压

第二节　煤矿供电系统简介

根据矿井的井田范围、煤层埋藏深度、矿井年产量、开采方式，以及开采的机械化和电气化程度等不同，典型的煤矿供电系统可分为深井供电系统和浅井供电系统。

煤矿供电系统由矿井地面变电所、井下中央变电所、采区变电所、移动变电站、工作面配电点和相应的供电设备及供电线路组成，其作用是从电力系统取得电能，通过变换、分配、输送等环节将电能安全、可靠地输送到用电设备上，以满足煤矿生产的需要。典型的煤矿供电系统如图 3－2 所示，来自区域变电所或发电厂的电能，经地面变电所变压器降压后，分别向矿井地面上的高压及低压负荷供电，同时通过下井电缆将 6 kV（或 10 kV）高压电能送至井下中央变电所，供井下高压及低压动力用电，并向各采区变电所供电或经移动变电站降压后，再将电能输送至各工作面配电点。

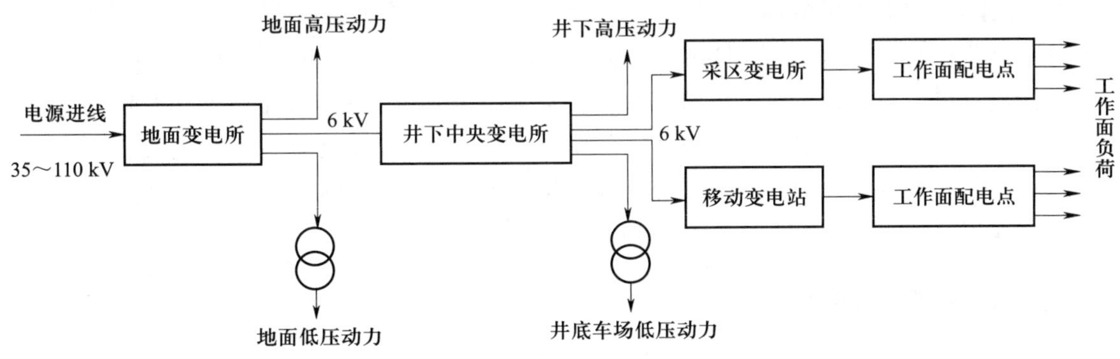

图 3－2　典型的煤矿供电系统

一、深井供电系统

对于开采煤层较深、年产量大的矿井，通常经过井筒将 6 kV（或 10 kV）的高压电能送入井下，一般将这种供电系统称为深井供电系统，如图 3-3 所示。深井供电系统的特征是用电缆将高压电能送到井下，并直接送到采区。它的供电模式：地面变电所→井下中央变电所→采区变电所（移动变电站）→工作面配电点。

矿井地面变电所的双回路电源取自 35～110 kV 电网，这两条输电线路经两台主变压器降压后分别接在 6 kV（或 10 kV）母线的两段上。

地面变电所一方面直接经分段母线配出两条电缆线路（一路工作、一路备用），向地面大容量高压用电设备（如主副井提升机、通风机、空气压缩机等）提供可靠的高压电能；另一方面又经降压变压器，向地面小容量用电设备及照明装置提供 380 V/220 V 低压电能。同时，由地面变电所两段 6 kV（或 10 kV）母线引出电源，用高压电缆经井筒向井下中央变电所供电。

井下中央变电所一方面向井底车场附近的主要用电设备（如主排水泵、牵引变流所等）提供高压电能；另一方面通过变压器将 6 kV 电压降为 380 V（或 660 V），供给井底车场附近的低压动力设备（如翻车机、小水泵、照明变压器等）。同时，高压电缆将 6 kV 电能输送到各采区变电所，采区变电所再将 6 kV 电压降至 1 140 V（或 660 V）向采掘工作面供电。

二、浅井供电系统

浅井供电系统适用于煤层埋藏深度较浅，且电力负荷较小的中小型矿井。图 3-4 所示为典型的浅井供电系统。

浅井供电系统的特点是井下不设中央变电所，而是根据负荷的大小，由地面变电所通过井筒或地面钻孔（用钢管加固孔壁）直接向井下高低压设备或采区工作面供电。根据具体情况，浅井供电系统可采用低压或高压向井下供电两种不同的方式。

1. 采用低压向井下供电

井下负荷不大时，采用低压向井下供电，如图 3-4 中井底车场和右侧采区的供电方式。

2. 采用高压向井下供电

井下负荷较大时，采用高压向井下供电，如图 3-4 中左侧采区的供电方式。

采用浅井供电系统，不仅可以节省价格昂贵的高压电缆，减少井下硐室的开拓量，而且井上变电所、配电所不需要采用价格过高的防爆型设备，既提高了矿井供电的安全性，又具有较高的技术经济效益。但是，对于煤层埋藏深或用电负荷大的矿井，则必须考虑采用深井供电方式或深井供电与浅井供电相结合的供电方式。

三、矿井地面变电所

矿井地面变电所是全矿供电的总枢纽，它担负着受电、变电、配电和主要电气设备工作状态监视等任务。根据矿井的类型和电力系统的电压，地面变电所受电电压一般为 10～35 kV。35 kV 电压取自电力系统，经双回路独立电源架线引至地面变电所。变电所设两台变压器，将 35 kV 电压降为 6～10 kV，通过单母线分段方式分配给地面和井下高压电气设备，

1号电源
2号电源
35 kV
35 kV
地面
变电所
F
F
主变压器
GG-1A
GG-1A
6（10）kV
TV
F
F
TV
3+N
380 V/220 V
备用
压风机
副提升机
主提升机
主通风机
下井电缆
下井电缆
主通风机
主提升机
副提升机
压风机
工人村
备用
地面低压动力及照明
井筒
GKW-1
GKW-1
井下中央
变电所
矿用动力
变压器
1号进线
备用
掘进
一采区
1号水泵
2号水泵
井底车场低压动力及照明
3号水泵
二采区
三采区
掘进
备用
2号进线
6 kV
6 kV
采区
变电所
采区
变电所
PS
KSGZY
移动
变电站
660 V
660 V
工作面
配电点
660（1 140）V
工作面负荷
工作面负荷

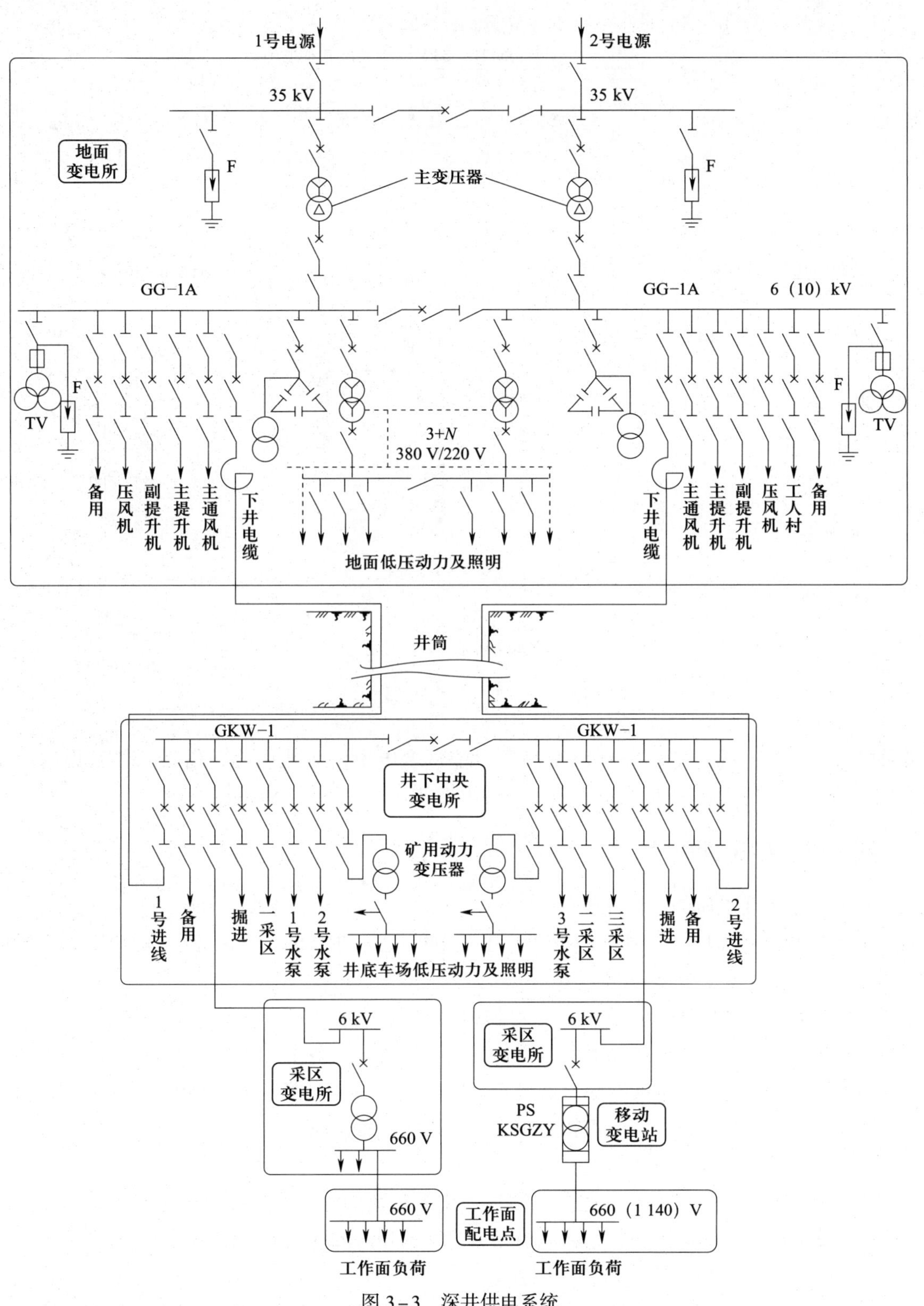

图 3－3　深井供电系统

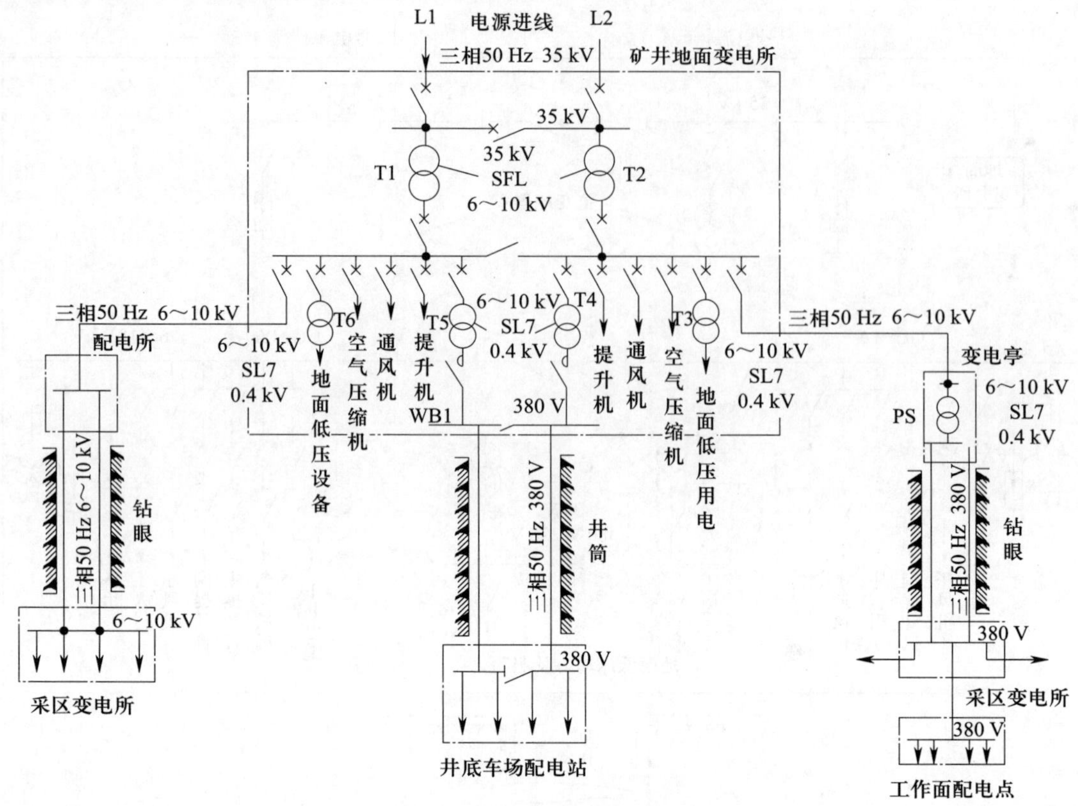

图 3-4　典型的浅井供电系统

如通风机、空气压缩机等。6～10 kV 高压电能从变电所的母线引出，借沿井筒敷设的两条（如果负荷大，可采用三条甚至更多条）铠装电缆传送至井下主变电所。

四、井下中央变电所

1. 井下中央变电所的主要任务

井下中央变电所是井下供电的枢纽，也是电能配送的中心，它直接由地面变电所供电。其主要任务包括受电、配电和变电。

（1）受电。通过总高压隔爆开关接收地面变电所送来的 6 kV（或 10 kV）电能。

（2）配电。将电能分配给井下高压设备、变流设备，向各采区变电所供电。

（3）变电。通过矿用隔爆型变压器将 6 kV（或 10 kV）电能变为 1 140 V 或 660 V，给井底车场及附近巷道的低压动力设备和照明装置等用电设备供电。

2. 井下中央变电所的位置选择

井下中央变电所一般设在井底车场附近、用电负荷的中心，且与水泵房相连。为便于设备运输，井下中央变电所与井底车场运输巷道之间有相通的联络巷，如图 3-5 所示。

3. 井下中央变电所的主要设备及布置

井下中央变电所主要设备有高压配电装置、变流器柜、低压馈电开关、动力变压器、高

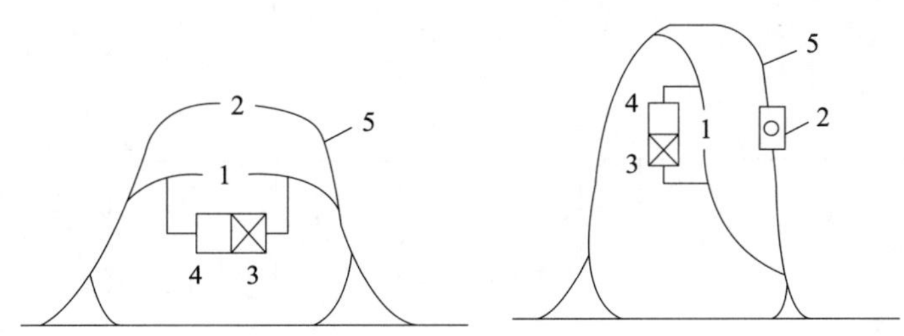

图 3－5　井下中央变电所位置

1—副井井筒　2—主井井筒　3—井下中央变电所　4—主井泵房　5—井底车场运输巷道

压启动柜、照明信号综合保护装置及照明灯具等。动力变压器至少有两台，以保证供电的可靠性和安全性。其设备布置如图 3－6 所示。

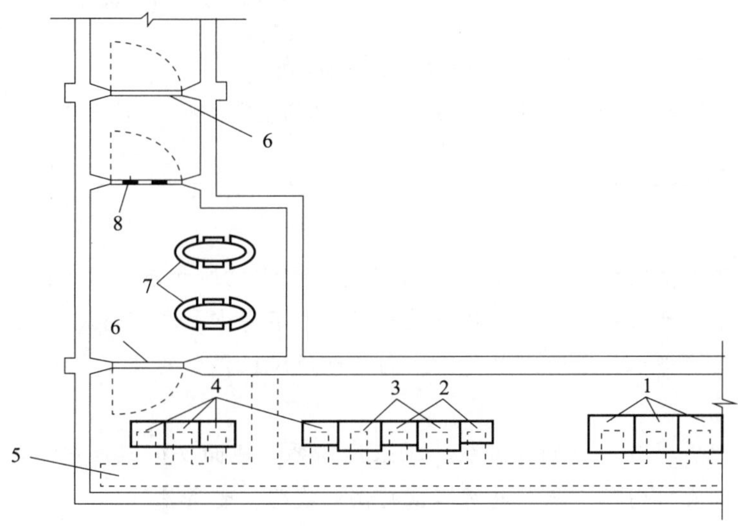

图 3－6　井下中央变电所设备布置

1—高压配电装置　2—直流配电箱　3—变流器柜　4—低压馈电开关
5—电缆沟　6—防火铁门　7—动力变压器　8—铁栅栏门

4. 井下中央变电所主接线

井下中央变电所担负着向井下供电的重要任务，其主接线如图 3－7 所示。

为保证井下供电的可靠性，由地面变电所引至井下中央变电所的电缆应至少有两条，并分别引自地面变电所的两段 6 kV（或 10 kV）母线上。

井下中央变电所的高压母线采用单母线分段接线方式，母线段数与下井电缆数对应，各段母线通过高压开关联络。正常时联络开关断开，母线采用分列运行方式；当某条电缆因故障而退出运行时，母线联络开关闭合，以保证对负荷的供电。

为了向井底车场及附近巷道的低压动力和照明装置供电，中央变电所内通常还设有两台低压动力变压器。当主排水泵采用低压电动机带动时，每一台变压器均应满足最大涌水量时的供电要求。

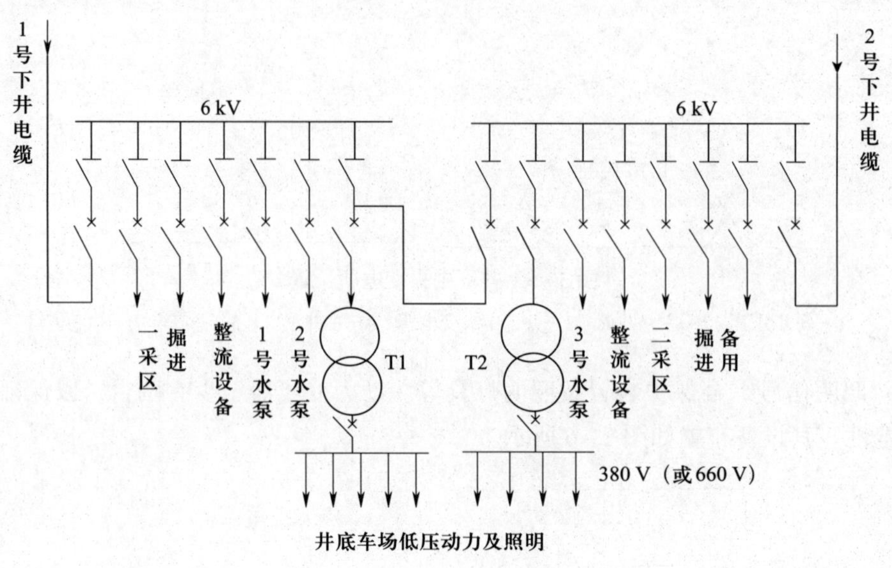

图3-7　井下中央变电所主接线

◎提示

依据《煤矿安全规程》，井下各水平中央变（配）电所和采（盘）区变（配）电所、主排水泵房和下山开采的采区排水泵房供电线路，不得少于两回路。当任一回路停止供电时，其余回路应当承担全部用电负荷。向局部通风机供电的井下变（配）电所应当采用分列运行方式。

主要通风机、提升人员的提升机、抽采瓦斯泵、地面安全监控中心等主要设备房，应当各有两回路直接由变（配）电所馈出的供电线路；受条件限制时，其中的一回路可引自上述设备房的配电装置。

向突出矿井自救系统供风的压风机、井下移动瓦斯抽采泵应当各有两回路直接由变（配）电所馈出的供电线路。

上述供电线路应当来自不同的变压器或者母线段，线路上不应分接任何负荷。

五、采区变电所

1. 采区变电所的主要任务

采区变电所是采区供电的中心，其主要任务是将井下中央变电所馈送的6 kV（或10 kV）高电压变为低电压，并将此电压分配到一个采区（或负荷较小的几个采区）的所有采掘工作面及其他用电设备，同时还向本采区的移动变电站直接配送高压电能。

2. 采区变电所的位置选择

考虑采区生产的供电距离和用电负荷，每个采区一般设一个或两个变电所，并在以后的使用过程中，尽量减少变电所迁移的次数。为此，通常将采区变电所设在采区装车站附近，或在上（下）山与运输平巷交叉处，或在两个上（下）山之间的联络巷中。

3. 采区变电所的设备布置

通常情况下，采区变电所的设备从高压进线端起依次为高压配电箱、矿用动力变压器、风机专用变压器、低压馈电总开关、各低压分路馈电开关等，如图 3－8 所示。硐室内不设电缆沟，高压、低压电缆均挂在墙壁上。接地装置设局部接地极。

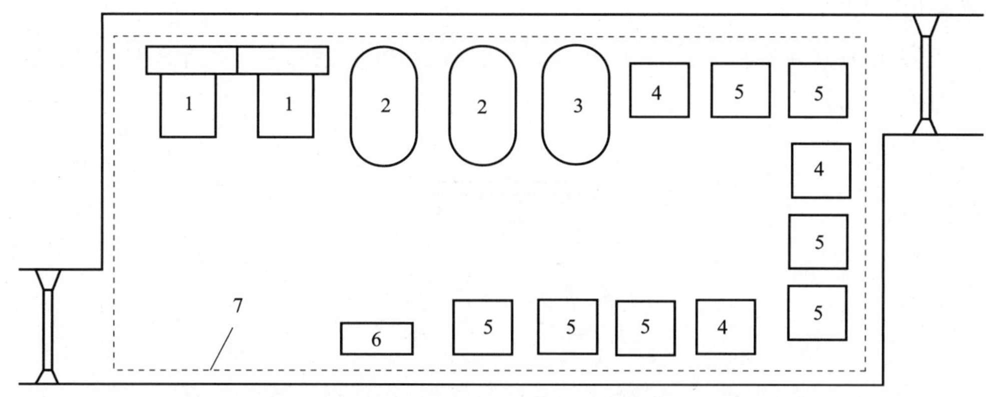

图 3－8　采区变电所的设备布置

1—高压配电箱　2—矿用动力变压器　3—风机专用变压器　4—低压馈电总开关
5—低压分路馈电开关　6—照明信号综合保护装置　7—变电所接地装置

采区变电所内低压分路馈电开关的数量，是根据采区分布情况及电气设备容量等确定的。一般情况下，每向采区配出一路电源，就应设置一台分路馈电开关。

4. 采区变电所的接线方式

采区变电所接线方式较多，按供电电源回路数可分为单电源供电和双电源供电两种，目前广泛采用双电源供电，其接线方式如图 3－9 所示。

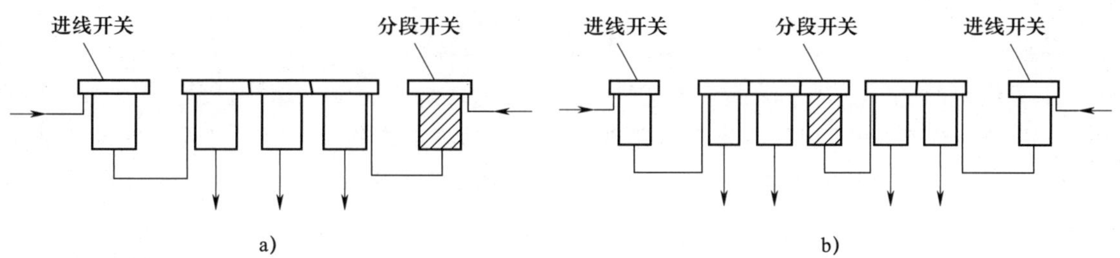

图 3－9　双电源供电的接线方式

a）母线不分段　b）母线分段

双电源供电一般用于综采和综掘工作面或接有下山排水设备的采区变电所。双电源供电中的进线方式也分两种情况。

（1）母线不分段。电源进线一回路供电，另一回路备用（带阴影线开关为分段开关），两回路均设进线开关，如图 3－9a 所示。在此接线方式中，由于出线及变压器台数较少，母线可不分段。

（2）母线分段。电源进线两回路同时供电，如图 3－9b 所示。在此进线方式中，由于出线及变压器台数较多，两回路均设进线开关，且母线设分段开关，正常情况下分段开关断开，保持电源为分列运行状态。

5. 采区变电所的低压接线

采区变电所的低压接线方式如图 3－10 所示。每台变压器的低压侧都装有一台矿用隔爆型真空馈电开关作为总开关；每条低压配出线都设有一台矿用隔爆型真空馈电开关作为配电开关，控制和保护配出线路。

各变压器采用分列运行方式，由照明信号综合保护装置提供照明所需要的 127 V 电压，所有设备均采用隔爆型。

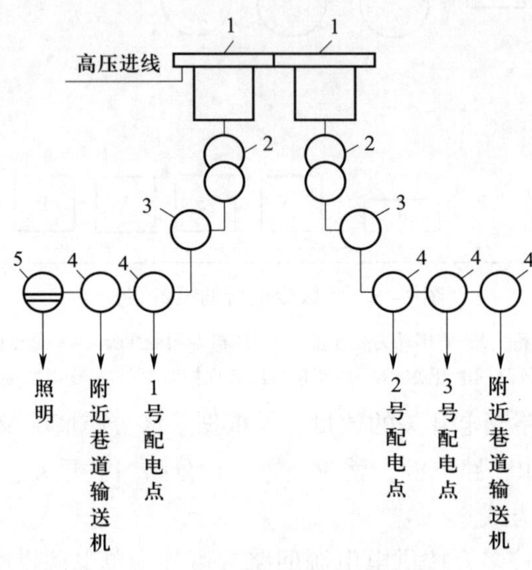

图 3－10　采区变电所的低压接线方式

1—高压配电箱　2—矿用变压器　3—低压馈电总开关　4—低压分路馈电开关　5—照明信号综合保护装置

> ◎提示
>
> 依据《煤矿安全规程》，使用局部通风机通风的掘进工作面，不得无计划停风。因检修、停电、出现故障等停风时，必须将人员全部撤至全风压进风流处，切断停风区非本质安全型电气设备的电源，设置栅栏、警示标志，禁止人员入内。

【知识拓展】

“三专两闭锁”

在瓦斯喷出区域、高瓦斯矿井、煤（岩）与瓦斯突出矿井中，掘进工作面的局部通风机应采用专用变压器、专用开关和专用电缆（“三专”）供电。

使用局部通风机供风的地点必须实行风电闭锁和甲烷电闭锁（“两闭锁”），以保证停风后能切断停风区内全部非本质安全型电气设备的电源。甲烷电闭锁是指当掘进工作面甲烷浓度超限时能立即切断总电源，以保障安全。

1. “三专”供电

通过对掘进工作面局部通风机实行“三专”供电，能保证供电的连续性和可靠性，实现不间断地向掘进工作面通风。掘进工作面“三专”供电方式如图 3－11 所示。

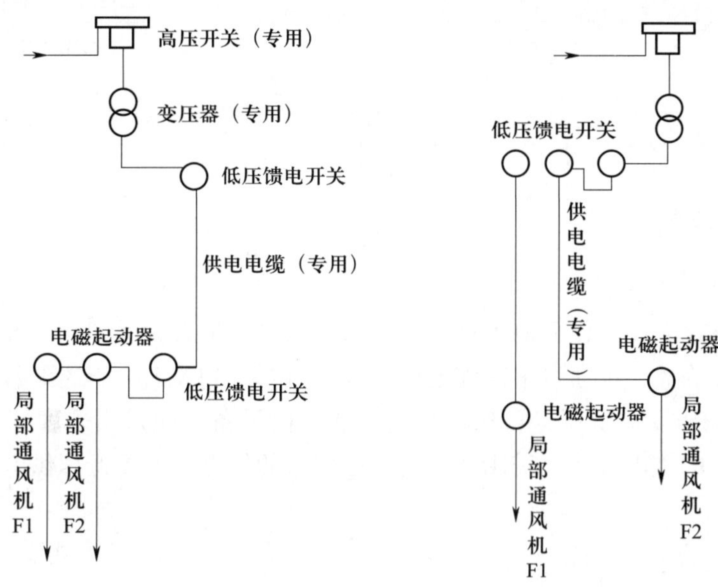

图 3－11　掘进工作面“三专”供电方式

2. 风电闭锁

风电闭锁是指通过控制局部通风机的电磁起动器来闭锁掘进工作面电气设备的供电，实现先通风后送电，通风机停转时，掘进工作面电源也同时被切断。其作用是保证掘进工作面动力设备工作前，局部通风机先工作。无论何种原因使局部通风机停止工作时，必须同时切断掘进工作面动力设备的电源，以防止电火花、机械火花引起瓦斯爆炸。

3. 甲烷电闭锁

甲烷电闭锁由甲烷探头、监控系统（监控分站）、断电仪和高压开关组成，如图 3－12 所示。当甲烷探头测得甲烷浓度超限时，监控分站中的常开接点 K1 闭合，接通断电仪电路，其常开接点 K2 闭合，接通高压开关内的脱扣器 YR 电路，使高压开关跳闸，切断掘进工作面电源，实现甲烷电闭锁。

甲烷电闭锁的作用是当甲烷浓度达到 1.0% 时，监控分站发出报警；当甲烷浓度达到 1.5% 时，立即切断掘进工作面的电源并闭锁，以免电火花、机械火花引起瓦斯爆炸。

依据《煤矿安全规程》，局部通风机因故停止运转，在恢复通风前，必须首先检查瓦斯，只有停风区中最高甲烷浓度不超过 1.0% 和最高二氧化碳浓度不超过 1.5%，且局部通风机及其开关附近 10 m 以内风流中的甲烷浓度都不超过 0.5% 时，方可人工就地或者远程人工开启局部通风机，恢复正常通风。

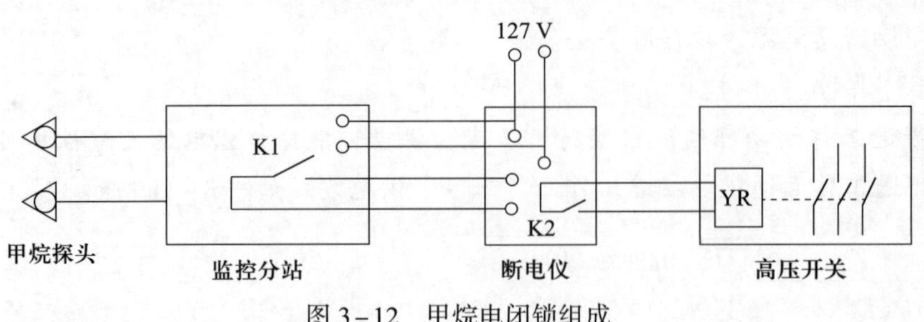

图 3-12　甲烷电闭锁组成

六、移动变电站

1. 移动变电站的主要任务

随着综合机械化采煤工作面的大量出现，采区供电容量大大增加，传统的采区供电方式已不能满足要求。为此，可通过采区配电所将 6 kV（或 10 kV）高压送到靠近用电负荷的移动变电站，并将高压变成低压，再送至配电点或用电设备，即采用采区配电所—移动变电站—工作面配电点的供电方式。采用移动变电站供电的优点是缩短低压供电距离，减少电压损失。

2. 移动变电站的主要设备

移动变电站一般布置在工作面附近的平巷里，它主要由高压开关、干式变压器和低压馈电开关组成，可借助轨道或单轨吊车沿平巷移动。高压侧用屏蔽电缆、高压电缆连接器和进线连接，这样移动时拆装方便。高低压的屏蔽电缆都配有漏电保护装置，确保供电安全。

七、工作面配电点

工作面配电点是工作面及其附近巷道的配电中心，接收由采区变电所或移动变电站送来的低压电能，通过控制开关、电磁起动器，用软电缆向采煤工作面或掘进工作面的机电设备供电。它的主要用途：将采区变电所送来的电能分配给采掘工作面；利用干式变压器，将电压降为 127 V，供照明和信号等使用。

工作面配电点的设备有馈电开关、电磁起动器、照明信号综合保护装置等，所有设备均须采用矿用隔爆型。

工作面配电点设在开关设备集中的地方。其特点是需要经常随工作面移动，所以一般不需要开设专门的硐室，大多直接设在工作面附近的运输平巷或回风巷的一侧，与工作面相距 70～100 m。

第三节　矿用高压配电装置

一、用途及型号

1. 用途

矿用高压配电装置是煤矿井下 10 kV 和 6 kV 供电系统中使用的成套高压开关设备。它既可以单独用在井下中央变电所向采区变电所供电，也可以用在采区变电所向综采工作面的移动变电站供电，还可以几台并联使用，组成变电所硐室中的高压配电装置。它的作用是接收和分配高压电能，也可以用来控制和保护动力变压器、高压电动机和高压线路，保障安全、可靠地供配电。

下面通过学习 PJG□－□/10（6）Y 矿用隔爆兼本质安全型永磁式高压真空配电装置，来熟悉矿用高压配电装置的功能、原理与工作过程。

PJG□－□/10（6）Y 矿用隔爆兼本质安全型永磁式高压真空配电装置适用于含有瓦斯、煤尘等的煤矿井下，可对额定电压为 10 kV（6 kV）、额定频率为 50 Hz、额定电流不超过 1 250 A 的三相交流中性点不接地或经消弧线圈接地的供电系统进行控制、保护和测量，并可用于不频繁直接启动电动机。

2. 型号

矿用隔爆兼本质安全型永磁式高压真空配电装置的型号及其含义如下：

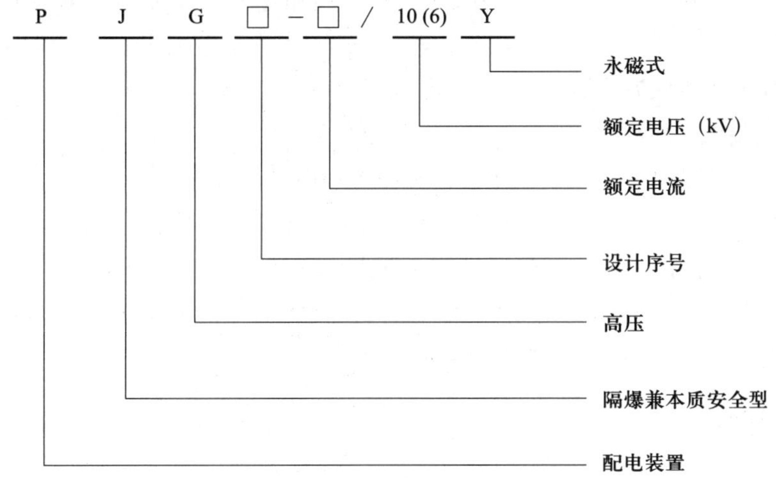

二、结构

1. 外部结构

目前常用的PJG－630/10（6）Y矿用隔爆兼本质安全型永磁式高压真空配电装置如图 3－13

所示。

图 3-13　PJG-630/10（6）Y 矿用隔爆兼本质安全型永磁式高压真空配电装置

整个配电装置可分为隔爆箱和机芯小车两大部分。隔爆箱由壳体、箱门、后盖板、接线腔和底架等主要部分组成。

整个配电装置为手提式快开门结构，配用微电脑综合保护器的箱门上设有电度表、显示器（用来显示线路电压、电流和故障种类）及观察窗，装有“移位”“确认”“复位”“漏电”“照明”“合闸”“分闸”按钮。

2. 内部结构

隔爆箱内的机芯小车是 PJG-630/10（6）Y 矿用隔爆兼本质安全型永磁式高压真空配电装置的“心脏”，小车上装有真空断路器、电压互感器、电流互感器、压敏电阻器、高压综合保护装置、隔离插销动触头等器件。

3. 安全联锁装置

隔离开关、断路器和箱门间相互闭锁，其装置如图 3-14 所示。

隔离开关处于合闸位置时，联锁杆 3 锥形头伸入锁杆轮套 6 的锥形缺口，锁杆轮套 1 解锁，断路器方能进行合闸操作。同时，门闭锁杆 9 不能向右移动，使箱门闭锁不能打开。

隔离开关处于断开位置时，门闭锁杆 9 插入锁杆轮套 6 的方槽内，此时箱门能打开，联锁杆 3 也限制锁杆轮套 6，使断路器不能合闸。

三、工作过程

PJG-630/10（6）Y 矿用隔爆兼本质安全型永磁式高压真空配电装置的电路如图 3-15 所示。

1. 合闸电路

闭合隔离开关 QS，将远近控开关 SW1 拨到近控。按近控合闸按钮 SB2，联锁开关 SW2

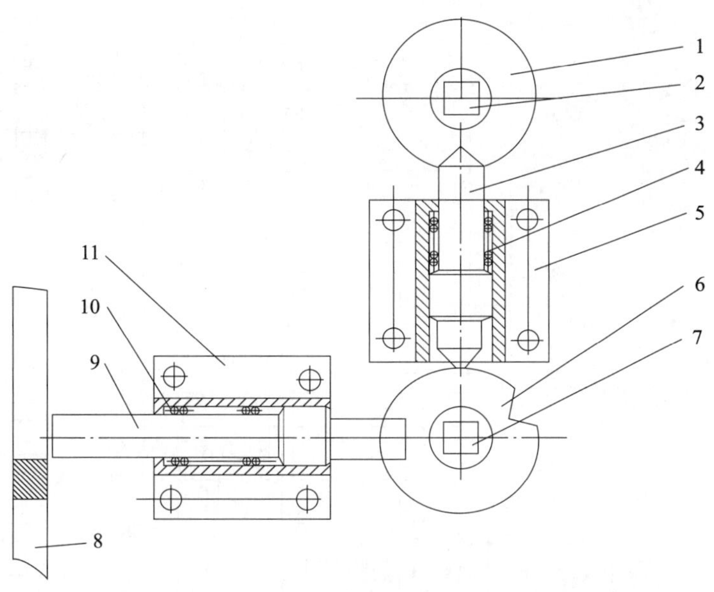

图 3－14　隔离开关、断路器和箱门间相互闭锁装置

1、6—锁杆轮套　2—断路器传动轴　3—联锁杆　4、10—弹簧
5、11—联锁支座　7—隔离开关传动轴　8—门法兰　9—门闭锁杆

动作并接通本质安全回路，使本质安全型继电器常开触点（A6、B6）闭合；接通断路器合闸回路，断路器通过储能电容器完成合闸动作。合闸后，断路器常闭触点断开，切断合闸回路电源；常开触点闭合，为分闸做准备。远控合闸（按钮 SB3）与近控合闸原理相同。

手动合闸：用合闸手柄使合闸轴顺时针旋转，完成一个合闸过程，合闸后手柄必须复位，否则就会影响分闸。

注意：手动合闸后必须复位，即手动合闸后反向旋转合闸手柄，使合闸手柄回到起始位置。

2. 分闸电路

分闸电路是用近控停止按钮 SB1（远控停止按钮 SB4）断开本质安全自保持电路，使本质安全型继电器的常闭触点（A7、A8）闭合，断路器通过储能电容器完成分闸动作，使断路器跳闸。

手动分闸：顺时针旋转分闸手柄，完成手动分闸。

3. 保护动作分闸电路

过载、短路、接地（漏电）、过压、欠压、绝缘监视、风电闭锁、甲烷电闭锁中任一保护装置动作时，智能测控单元故障继电器接通，使断路器跳闸。

四、常见故障及处理

PJG－630/10（6）Y 矿用隔爆兼本质安全型永磁式高压真空配电装置常见故障及处理方法见表 3－3。

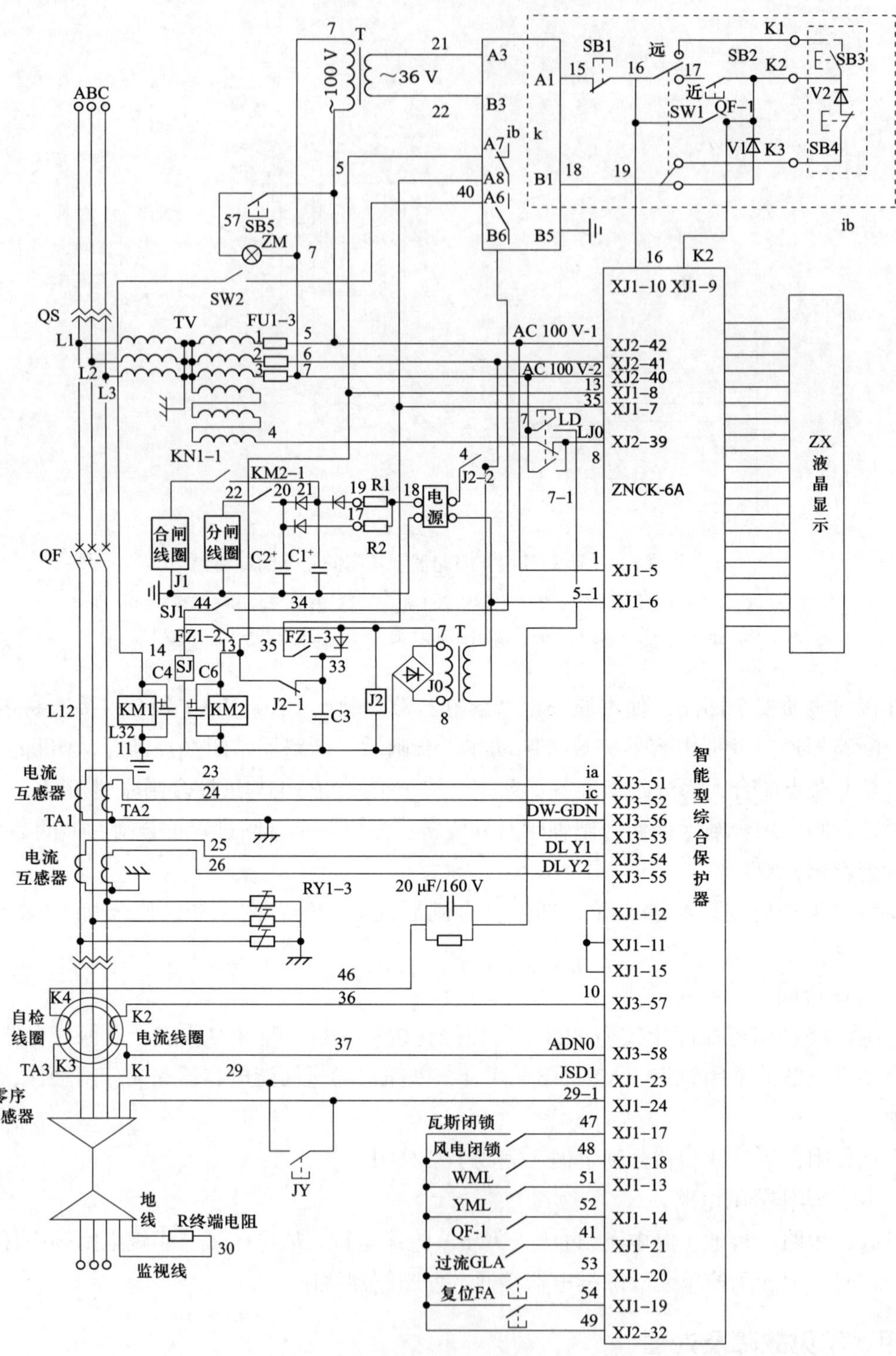

图 3－15　PJG－630/10（6）Y 矿用隔爆兼本质安全型永磁式高压真空配电装置的电路

表 3-3　PJG-630/10（6）Y 矿用隔爆兼本质安全型永磁式高压真空配电装置常见故障及处理方法

故障现象	可能的故障原因	处理方法
配电装置工作正常，电压显示正常，电源指示灯或合闸指示灯不亮	指示灯线路不通或发光二极管损坏	检修线路或更换发光二极管
配电装置不合闸或无反应	控制回路有断路现象或低压保险熔丝被烧断	检查控制回路和低压保险熔丝
隔离开关合闸卡滞	插座与触点中轴线偏离或触桥排列不整齐	校正插座与触电中轴线，更换触桥或触桥弹簧
隔离开关严重发热	插头、触桥烧损或触桥弹簧退化	更换插头、触桥或触桥弹簧
低压熔芯烧断	线路短路或工作电流过大	检查短路点，处理后更换熔芯
过载、短路、漏电、绝缘监视等保护装置工作不正常	微电脑综合保护器故障	检修微电脑综合保护器相应电路或更换整台微电脑综合保护器
隔离操作机构扳不动	闭锁未解除	解除闭锁
测控单元无反应	保险熔丝熔断	更换保险熔丝
断路器合不上	失压磁铁未吸合，机构位置不合理，电动合闸按钮、行程开关不到位	检查并调整电动合闸按钮和行程开关
合闸后高压短路指示掉闸	短路整定值不合适	按实际负荷要求重新整定
合闸后过载指示掉闸	过载整定值不合适	按实际负荷要求重新整定
出现故障现象后，测控单元拒动	测控单元电源故障	更换测控单元，检查故障回路
测控单元动作后，断路器不掉闸	分闸线路故障或机械机构故障	检查分闸线路或调整机械机构
通电后显示正常，只能手动合闸，不能电动合闸	电动合闸按钮不到位或电动合闸线路故障	调整电动合闸按钮，检查电动合闸线路
不能手动分闸	失压线路故障，分闸机构故障	调整分闸机构，检查失压线路
主腔内照明灯不亮	熔芯烧坏，或照明灯损坏，或线路故障	更换熔芯、照明灯，检查线路

第四节　矿用变压器

煤矿井下中央变电所及采区变电所，可通过矿用变压器将矿井地面 6 kV 或 10 kV 电压转换成 380 V、660 V、1 140 V、3 300 V 等各种电压，以满足煤矿井下采掘机械动力、照明和信号等多种电压需求。

本节以 KBSG 矿用隔爆型干式变压器为例来介绍矿用变压器的相关知识。

一、用途及型号

1. 用途

KBSG 矿用隔爆型干式变压器适用于有瓦斯和煤尘等爆炸危险的矿井。它既是千伏级移动变电站的主变压器，也可作为独立变压器使用。该变压器采用B级或H级绝缘，空气自冷，装有紧急停止按钮，在紧急情况下，可切除变压器高压侧电源；同时还有电气闭锁装置，在打开变压器的接线盒时，可自动切断变压器高压侧电源。

KBSG矿用隔爆型干式变压器具有以下几个明显优势：没有火灾和爆炸危险，不存在变压器油老化的问题，因此维护检修工作量大为减少；附属部件简单，没有储油柜、安全气道和油门等部件的密封问题；体积小、质量轻、温度低、散热性好，可保证在高温、高湿等恶劣环境下正常运行，适合在综采工作面作为综采电气设备的电源使用。其外形如图3-16所示。

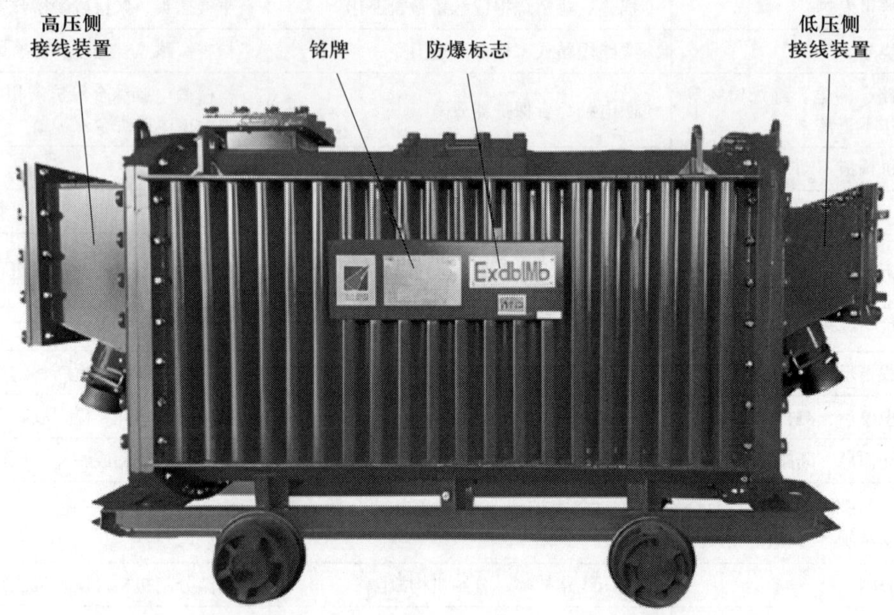

图3-16 KBSG矿用隔爆型干式变压器外形

2. 型号

矿用隔爆型干式变压器的具体型号及其含义如下：

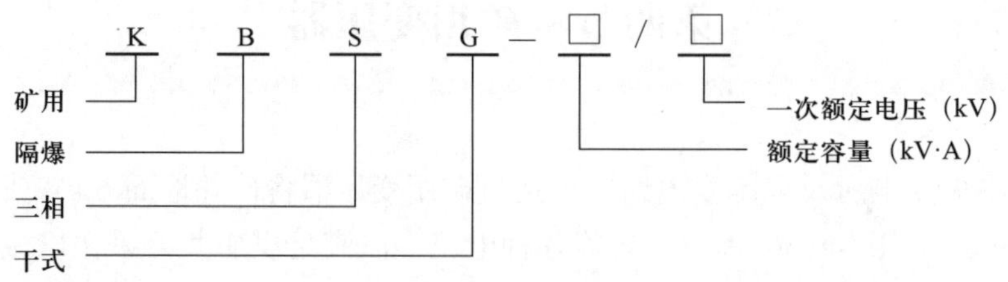

二、结构特点

（1）KBSG矿用隔爆型干式变压器由隔爆箱体、隔爆箱盖、铁芯装配、绝缘装配、高压引线、低压引线及滑轨式移动小车等组成。其箱体均由钢板焊制而成，侧面采用瓦楞钢板结构以增大散热面积，顶部及底部为弧形钢板，箱底采用厚钢板，顶部高压侧、低压侧均设有接线法兰，高压接线盒及低压接线盒均焊于箱体两端。该类变压器有上开盖式和两边开盖式两种结构：上开盖式的隔爆型结构，用于 800 kV · A 及以上产品；两边开盖式的隔爆型结构，用于 630 kV · A 及以下产品。

（2）KBSG 矿用隔爆型干式变压器的高压线经由高压电缆引入装置引入高压接线盒，低压线经低压电缆引出装置引出低压接线盒，如图 3－17 所示。控制线（包括超温信号装置）由低压接线盒上的控制接线嘴引出。

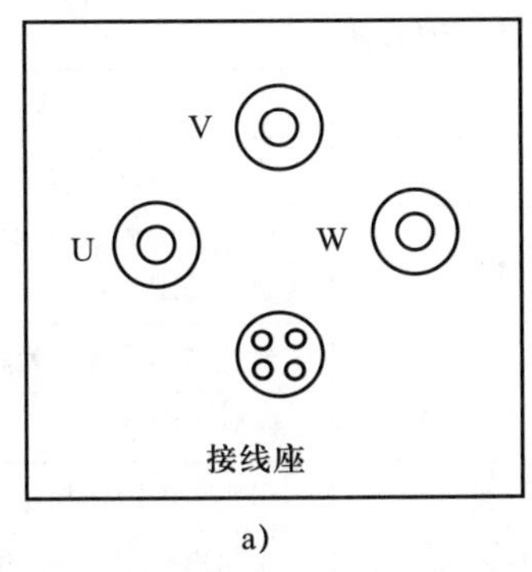

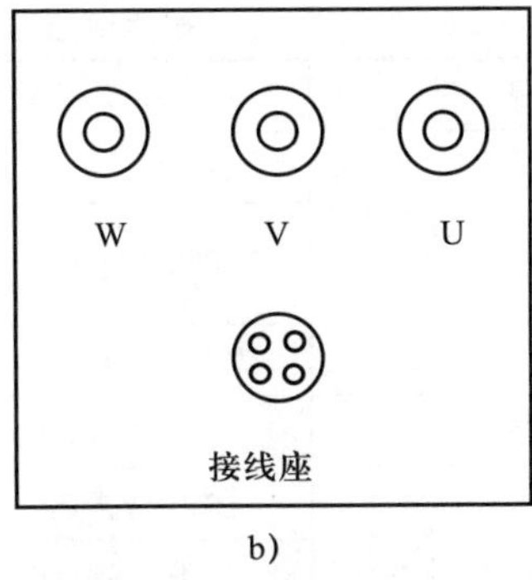

图 3－17　高压接线盒及低压接线盒内套管相序排列

a）面向高压接线盒高压套管　b）面向低压接线盒低压套管

（3）高压侧设紧急停止按钮，确保在紧急情况下能切断高压侧电源。

（4）变压器铁芯装配由铁芯、夹件和绝缘件等组成。

（5）变压器高压侧绕组设有调压分接抽头，便于将低压侧电压调为适当值。断开高压侧电源后，改变分接盒中连接片的位置，即可进行调整。

（6）变压器绝缘装配包括主绝缘与纵绝缘、高低压线圈、线圈压紧等结构。

（7）箱体上层空腔内设置温度监视元件，该元件在出厂前已调好，如煤层压顶等外部原因引起温升过高，该监视元件将发出警报。接到警报后应立即切除负荷，检查故障原因并及时排除故障，方能合闸。

（8）箱体上的 4 个大吊板用于起吊干式变压器，起吊时必须同时使用。箱盖上有 2 个小吊板（大容量变压器有 4 个小吊板），用于检修和装配时起吊箱盖。

（9）箱体下部设有拖撬。

（10）箱体靠铭牌侧焊有外接地螺栓并有“⏚”标志，螺栓用于连接地线。

三、日常维护

对于使用中的变压器，只有定期进行检查维护，随时掌握其运行情况，及时发现问题并处理，才能保障变压器安全、可靠地运行。检查维护的主要内容如下：

（1）变压器安装处是否通风良好、安全，是否具备绝缘用具和消防器材；

（2）变压器有无变形和锈蚀，是否清洁、无淋水，周围有无杂物；

（3）检查变压器外罩、铭牌是否完好，紧固外罩螺栓；

（4）接地是否良好，接地线是否紧固，有无腐蚀、断股现象；

（5）变压器高低压侧与电缆或母排是否接触良好，紧固连接螺栓；

（6）紧固变压器分接开关联片螺栓。

四、常见故障及处理

矿用变压器的常见故障及处理方法见表 3－4。

表 3－4　　矿用变压器的常见故障及处理方法

故障现象	可能的故障原因	处理方法
箱壳过热或发热不均匀	过负荷	检查使用负荷情况并予以调整
	线圈绝缘差或老化，引起局部漏电	用兆欧表测量线圈绝缘，修理破损处或更换线圈
	铁芯损失超限	处理铁芯绝缘，紧固铁芯螺栓
线圈绝缘被破坏	一次电压过高	调整一次电压
变压器本身产生不正常的声音	线圈绝缘损坏	用兆欧表检查并处理
	铁芯固定螺钉松动，硅钢片绝缘不好	紧固螺钉，更换硅钢片
	一次回路断相	大修处理
经过短时运行后，温升超限	线圈局部短路	大修处理
	负荷超过太多	调整负荷
经常发现二次电压大大降低	供电线路电压降太大	调整负荷
	二次线圈局部短路	检查并修理
	一次电压偏低	调高一次电压
箱壳带电	套管漏电	更换或去污
	引线与箱壳距离太近	查明原因，予以消除
	内部漏电	查明原因，进行检修
保护装置动作	内部严重短路，铁芯发热	查明故障性质，进行处理
	外部短路或超负荷	检查外部原因
线圈发生机械破损	变压器的引出线短路，使线圈受电磁力而变形	检修线圈
	在运输或安装中受到碰撞	修复碰撞部位
绝缘电阻太低或吸收比接近 1	线圈受潮或老化	烘干线圈或大修
	套管闪烁、轻微漏电或破损	烘干套管或更换

第五节　矿用隔爆型真空馈电开关

本节以 KBZ－630/1140A 矿用隔爆型真空馈电开关为例介绍矿用隔爆型真空馈电开关的相

关知识。

一、用途及型号

1. 用途

KBZ－630/1140A 矿用隔爆型真空馈电开关主要用于煤矿井下，在频率为 50 Hz、额定电压为 660 V 或 1 140 V、额定电流为 630 A 及以下的线路中，作为供配电系统的总开关或分开关使用；也可用于大容量电动机不频繁启动，具有过载、短路、欠压、漏电保护（选择性漏电保护）及漏电闭锁等功能。

2. 型号

具体型号及其含义如下：

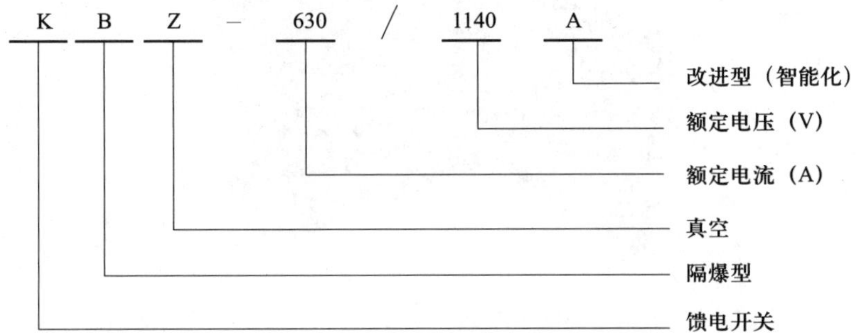

二、结构

1. 外部结构

KBZ－630/1140A 矿用隔爆型真空馈电开关（见图 3－18）外壳呈方形，装在橇形底架上。隔爆外壳分上、下两空腔：上接线腔集中了主回路与控制回路的全部进出线端子及进出线喇叭口；下主腔由前门及电气组件组成，主要装有主体芯架和千伏级电源控制开关。

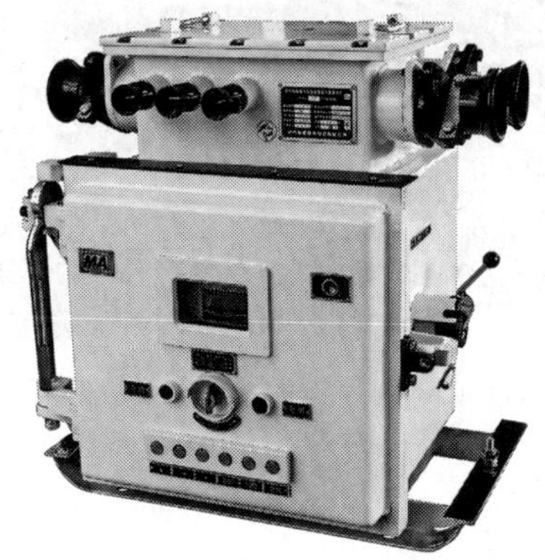

图 3－18　KBZ－630/1140A 矿用隔爆型真空馈电开关

前门采用快开门结构。前门上装有观察窗、按钮、试验开关、保护器整定按钮、保护器及电源等。

前门与外壳之间有可靠的机械联锁：手柄置于中间位置后断电，方可开门；检修后关门，松开闭锁杆，才能进行合闸操作。

2. 内部结构

主体芯架上安装有交流真空断路器，右侧壁上方为电源控制开关，由连接套与壳外操作手把相连接；内主件有过压装置、控制变压器、磁放大器、电流互感器、零序互感器、中间继电器、熔断器、电抗器、插头及插座等。其内部结构如图 3－19 所示，低压真空断路器内部结构如图 3－20 所示。

图 3－19　KBZ－630/1140A 矿用隔爆型真空馈电开关内部结构

图 3－20　KBZ－630/1140A 型隔爆真空馈电开关低压真空断路器内部结构

三、工作过程

KBZ－630/1140A 矿用隔爆型真空馈电开关的电路如图 3－21 所示。

1. 合闸前

闭合控制电源开关 SA，控制变压器 TC1 得电，保护器自检（从观察窗能看到保护器有相

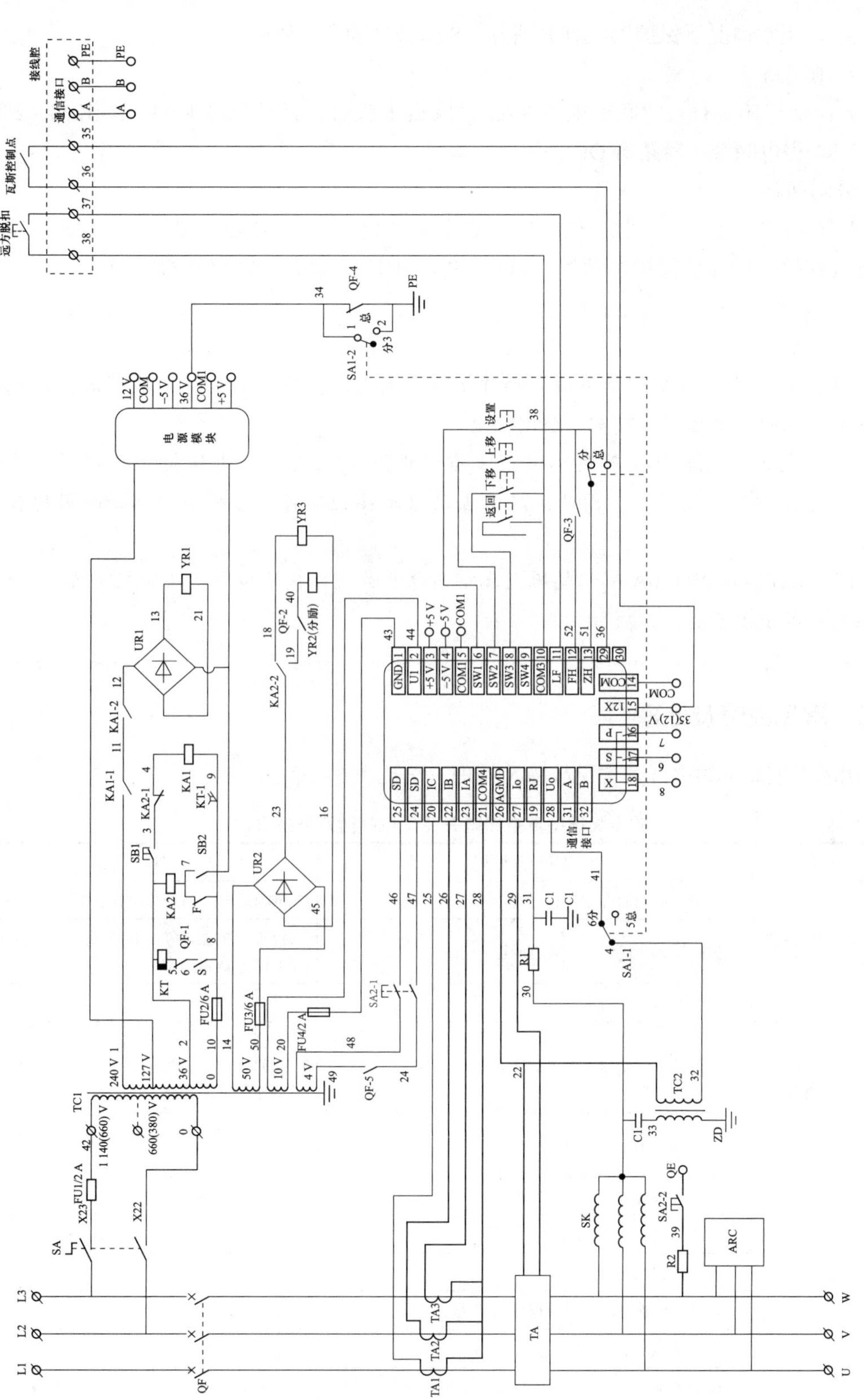

图3-21　KBZ-630/1140A矿用隔爆型真空馈电开关的电路

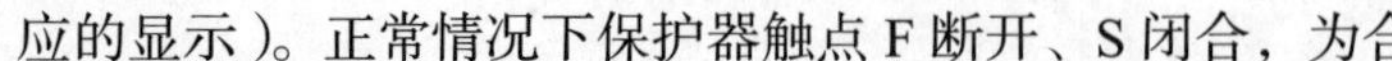

应的显示)。正常情况下保护器触点 F 断开、S 闭合，为合闸做好准备。

2. 合闸回路

按下合闸按钮 SB1，中间继电器 KA1 线圈得电吸合，常开触点 KA1－1、KA1－2 闭合，电磁铁 YR1 得电吸合，断路器 QF 合闸。

3. 分闸回路

按下分闸按钮 SB2，中间继电器 KA2 线圈得电吸合，触点 KA2－2 断开，与 18 号线断开，与 19 号线连接，YR2 线圈得电动作，同时 YR3 线圈失压动作，断路器 QF 分闸。

◎提示

（1）总－分单刀双掷开关拨位操作必须在断电状态下进行。完成拨位后，待确认开关位置正确无误后，方可重新合闸供电。

（2）KBZ－630/1140A 矿用隔爆型真空馈电开关采用机械自保持式断路器，其合闸线圈可在瞬间合闸通电。因此，只需点动启动按钮即可，否则易损坏断路器的合闸线圈。

（3）KBZ－630/1140A 矿用隔爆型真空馈电开关辅助接地极与主接地极（外壳接地）的距离应不小于 5 m。

四、常见故障及处理

矿用隔爆型真空馈电开关常见故障及处理方法见表 3－5。

表 3－5　矿用隔爆型真空馈电开关常见故障及处理方法

故障现象	可能的故障原因	处理方法
通电后保护器无正常显示	保护器通电后在自检过程中死机	重新通电，重新启动保护器
	保护器无 +5 V、－5 V 电源输入	检查保护器电源（包括变压器、开关电源等）供电是否正常
	保护器内部被烧毁	更换保护器
总开关漏电后，在进行漏电闭锁以及漏电试验时，分开关漏电闭锁保护不动作	用万用表测量试验按钮及其线路的通断	检查电阻 R1、电抗器等信号转换元件是否完好，其线路接触是否良好，针对检查结果更换或接通线路
	开关装置未正常接地	检查接地点接地情况，找出接地松动点，使其正常接地
	保护器被烧毁	更换保护器
断路器无法合闸	变压器送给合闸线圈的电压过高或过低	解决供电质量问题
	合闸按钮损坏	更换合闸按钮
	合闸线圈被烧坏或其他操作机构无法正常工作	更换断路器
	保护器触点故障	更换保护器
	KA1 损坏	更换 KA1

续表

故障现象	可能的故障原因	处理方法
作为分开关使用时，出现漏电后总开关跳闸，不能实现选择性漏电保护	总分选择开关未置于分开关位置	断电后，将总分选择开关置于分开关位置
	分布电容过大或过小	分布电容补偿至 0.22～1.00 μF
	总开关的动作时间太短	漏电动作时间应大于 800 ms
	分开关的阈值调整过大	调小阈值
	分开关保护器损坏	更换保护器
	分开关电流、电压信号输入元件或线路损坏	检查元件及线路，维修或更换元件或线路
运行时经常跳闸	跳闸时，保护器会记录跳闸事故原因，如经常出现漏电故障，多为电缆老化或设备存在漏电现象所致	检查电缆绝缘性能，修复或更换电缆
	如经常出现短路故障，多为保护器内部设置不合理或电缆老化造成短路所致	重新合理设置保护器额定电流值及跳闸电流值
	出现欠压故障	检查 TC1 变压器 10 V 电源是否输入了保护器
	出现三相不平衡故障	检查电流互感器及实测线路电流情况
	保护器故障	更换保护器

第六节　移动变电站

一、用途及型号

1. 用途

KBSGZY 系列矿用隔爆型移动变电站是一种可移动的成套变配电装置，适用于有瓦斯、煤尘等爆炸危险的矿井中，可将 6 kV 高压转换为 3 300 V、1 140 V、660 V 电压，向采掘工作面电气设备供电，其外形如图 3－22 所示。

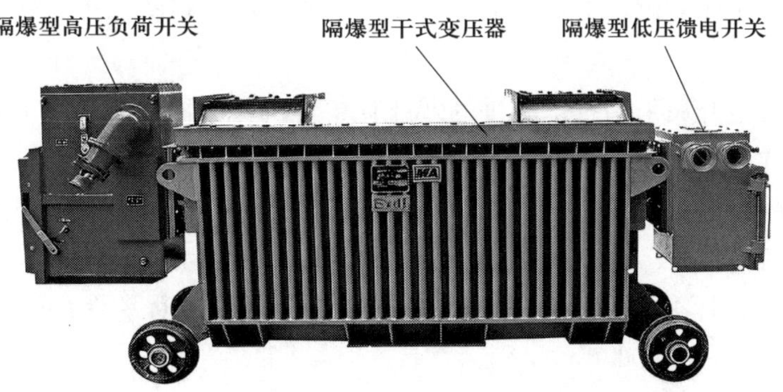

图 3－22　KBSGZY 系列矿用隔爆型移动变电站外形

2. 型号

矿用隔爆型移动变电站型号及其含义如下：

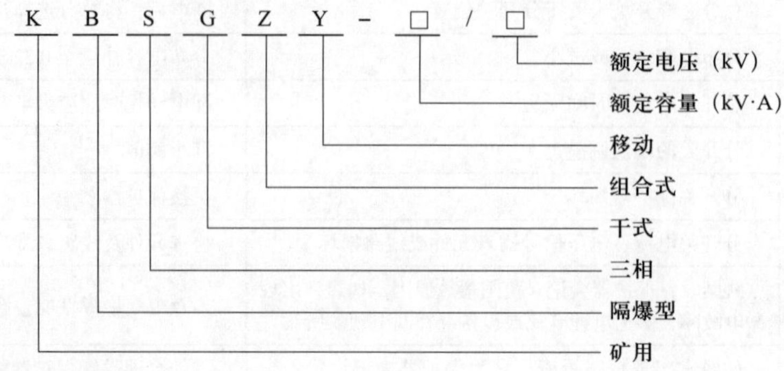

二、结构及特点

KBSGZY 系列矿用隔爆型移动变电站由隔爆型干式变压器、隔爆型（移动变电站用）高压负荷开关（或隔爆型高压真空开关）和隔爆型低压馈电开关（或隔爆型低压智能保护箱）三大部分组成，并由紧固螺栓紧固为一体。移动变电站箱体上部焊有 4 个大吊板，起吊总体时必须同时使用。箱盖上部各有 2 个小吊板，可在检修和装配时起吊箱盖用。箱体靠铭牌侧焊有外接地螺栓，并焊有接地标识，用于连接地线，同时要把三大组成部分的接地螺栓连接在一起。

1. 隔爆型干式变压器

隔爆型干式变压器的箱体采用钢板焊制而成，箱体两侧面采用瓦楞状钢板结构以增大散热面积，箱体和箱盖、箱盖与高低压开关之间均有隔爆接合面。

2. 隔爆型高压真空开关

隔爆型高压真空开关主要由隔爆箱、智能型综合保护器（包括液晶显示屏）和高压永磁断路器三大部分组成。其中，隔爆箱由箱体、箱门和盖板等组成。

隔爆箱为长方形，中间隔板将整个箱体隔成 3 个防爆腔室。上腔室接线腔左、右两侧各有一个高压电缆引入装置。上腔室隔离开关腔内装有一个隔离开关，并有高压电源指示装置和观察窗。下腔室装有信号取样单元和真空断路器，断路器由左、右两根导条接入，并固定在两根导条之间。箱体右侧板上设有隔离开关分合闸手柄、断路器手动储能合闸手柄、机械闭锁装置等。

隔爆型高压真空开关采用技术先进的智能化单片机控制器和人机屏（液晶显示屏及操作键盘）系统，采样精度高，抗干扰能力强，动作、性能灵敏可靠，质量稳定，参数设置灵活方便，运行及故障画面直观简明。面板上还设有参数设定按钮及过载、短路、复位、紧急停止、电动合闸、电动分闸、手动分闸按钮，用于实现参数设定和功能操作。

高压永磁断路器上装有真空管、压敏电阻和电源变压器，断路器上的二次控制线与箱体、箱门上的二次控制线相互连通。

3. 隔爆型低压智能保护箱

隔爆型低压智能保护箱机壳用钢板焊成，箱体上部是隔爆型接线腔，接线腔左、右两侧

各有两个电缆引入装置，主腔内设有保护器，所有故障均通过信号线驱动高压侧真空断路器分断主电路。低压智能保护箱采用先进的人机屏进行电量参数显示及故障界面显示，用人机对话方式进行参数设置。

三、工作过程

KBSGZY系列矿用隔爆型移动变电站可按以下步骤操作：

1. 隔离开关合闸

（1）合闸。从高压电源观察窗观察前级有无高压电源，然后按住机电闭锁按钮，操作隔离开关分合闸手柄至“合闸”位置，松开机电闭锁按钮使之进入限位凹槽。

（2）系统自检。系统进行自检，正常状态下自检完毕后显示运行画面，然后观察人机屏电压值是否在允许范围内。

（3）参数整定。观察隔爆型低压智能保护箱人机屏显示是否正常，正常后进行参数整定，复位待机。

2. 断路器合闸

（1）手动合闸。顺时针操作断路器手动储能合闸手柄，（小范围）反复转动几次，即可完成合闸。

（2）电动合闸。按电动合闸按钮，合闸电机启动，完成合闸。合闸后人机屏合闸灯亮，断路器手动储能合闸手柄将进入分离位置，辅助开关合闸电机回路接点断开，防止重复启动及储能。

（3）再次合闸。仔细观察高压侧人机屏所显示的故障原因，再观察低压侧人机屏所显示的故障原因。排除故障并复位后，重复第二步，故障未排除不可重复合闸。

3. 断路器分闸

（1）自动分闸。任何高低压保护范围内的故障均可使断路器自动分断，保护器将记忆故障原因，直至故障排除。

（2）人为分闸。人为分闸可按电动分闸按钮，通过综合保护器实现继电器分断；按闭锁按钮，通过控制失压电磁铁回路使断路器分断；按手动分闸按钮可实现机械快速分断。

（3）低压侧试验按钮分闸。移动变电站可通过低压侧试验按钮实现分断高压侧电源。

第七节　矿用电缆

煤矿井下空间狭窄、环境复杂、条件恶劣，为保障供电可靠和安全，井下供电线路必须使用合适的矿用电缆。

矿用电缆是煤矿用电缆的简称，用于煤矿地面和井下运输、分配电能或传输电信号。它与普通电缆的主要区别是结构较复杂，性能要求较高，以适应煤矿井下环境条件和安全保护的特殊要求。

一、类型和结构

常用的矿用电缆有铠装电缆、橡套电缆和塑料绝缘电缆。铠装电缆主要在井筒和巷道中作为井下输电干线，适宜向固定设备供电；橡套电缆主要在采掘工作面供移动机械设备使用；塑料绝缘电缆近年来已在煤矿得到广泛应用。

1. 铠装电缆

铠装电缆是把不同材料的导体装在有绝缘材料的金属套管中，并加工成可弯曲的坚实组合体。铠装电缆又分为钢带铠装电缆和钢丝铠装电缆两种。钢带铠装电缆是将钢带缠绕在电缆外面，其抗压强度高，但抗拉强度差，适用于倾角小于或等于 45° 的井巷。钢带铠装电缆实物及结构分别如图 3-23 和图 3-24 所示。钢丝铠装电缆是将钢丝缠绕在电缆外面，其抗拉强度高，但抗压强度差，适用于在倾角大于 45° 的斜井或立井中敷设。铠装电缆不易弯曲和敷设，但其强度高、寿命长。为降低接地电阻，一些电缆在铠装层中附加铜丝以增强其电导率。

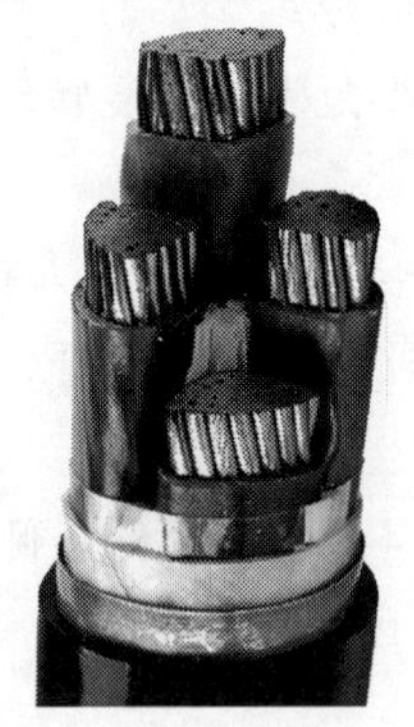

图 3-23　钢带铠装电缆实物

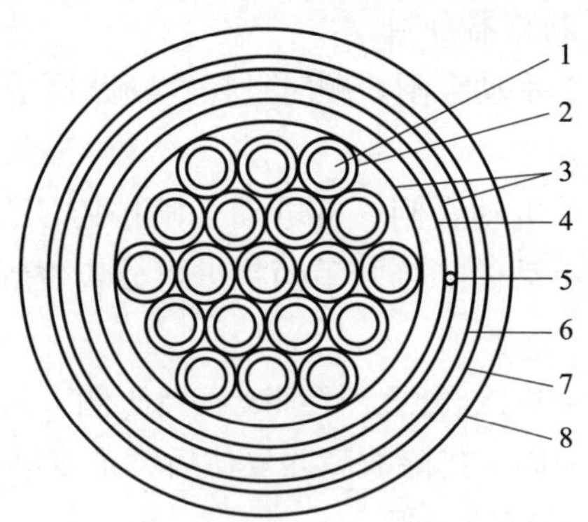

图 3-24　钢带铠装电缆结构

1—铜导体　2—绝缘层　3—包带　4—钢带屏蔽
5—地线　6—内护套　7—钢带铠装　8—外护套

2. 橡套电缆

根据外护套材料的不同，橡套电缆可分为普通橡套电缆和屏蔽橡套电缆两种。

（1）普通橡套电缆。普通橡套电缆外形如图 3-25 所示。

图 3-25　普通橡套电缆外形

①型号、名称及主要用途。普通橡套电缆的型号有 U、UP、UC 等，其具体型号、名称及主要用途见表 3－6。

表 3－6　　普通橡套电缆的具体型号、名称及主要用途

型号	名称	主要用途
U	矿用移动橡套软电缆	井下各种移动电气设备及综采用动力线路
UP	矿用移动屏蔽橡套软电缆	井下各种移动电气设备供电线路
UC	采掘机械用橡套软电缆	井下各种采煤机及掘进机供电线路
UCP	采掘机械用屏蔽橡套软电缆	井下各种采煤机及掘进机供电线路
UPQ	千伏级矿用移动屏蔽橡套软电缆	井下千伏级移动电气设备供电线路
UCPQ	千伏级采煤机用屏蔽橡套软电缆	井下千伏级采煤机供电线路
UCPJQ	千伏级采煤机用屏蔽加强型橡套软电缆	井下千伏级采煤机供电线路
UG－6000	矿用高压（6 kV）橡套软电缆	井下移动配电装置及露天矿采掘机械高压供电线路
UGF－6000	矿用高压（6 kV）氯丁橡胶橡套软电缆	井下移动配电装置及露天矿采掘机械高压供电线路
UGSP	矿用高压（6 kV）监视型双屏蔽橡套电缆	移动变电站电源供电线路

注："U"表示"矿用"，"P"表示"屏蔽"，"C"表示"采掘"，"Q"表示"千伏"，"J"表示"加强"，"G"表示"高压"，"F"表示"氯丁橡胶"，"SP"表示"双屏蔽（监视型）"。

②结构。普通橡套电缆有 4 芯、6 芯、7 芯、8 芯、11 芯等种类，其中 3 根粗线用作三相主芯线，1 根细线用作接地芯线，4 芯以上电缆的其余芯线都用作控制芯线。其中，4 芯普通橡套电缆的结构如图 3－26 所示。

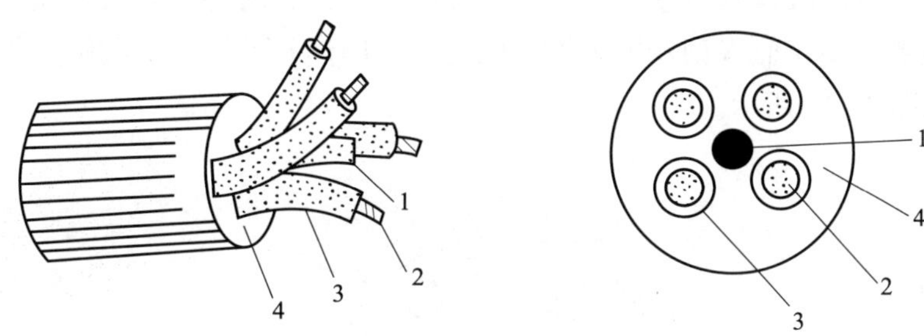

图 3－26　4 芯普通橡套电缆的结构

1—圆形垫芯　2—导电线芯　3—橡胶绝缘　4—保护橡套

（2）屏蔽橡套电缆。井下使用的屏蔽橡套电缆有低压屏蔽橡套电缆和高压监视型双屏蔽橡套电缆。

①低压屏蔽橡套电缆。低压屏蔽橡套电缆的型号有 UP、UCP、UPQ、UCPQ 和 UCPJQ 等，其名称、主要用途见表 3－6。

矿用低压屏蔽橡套电缆有 4 芯和 7 芯两种，它们的结构如图 3－27 所示。

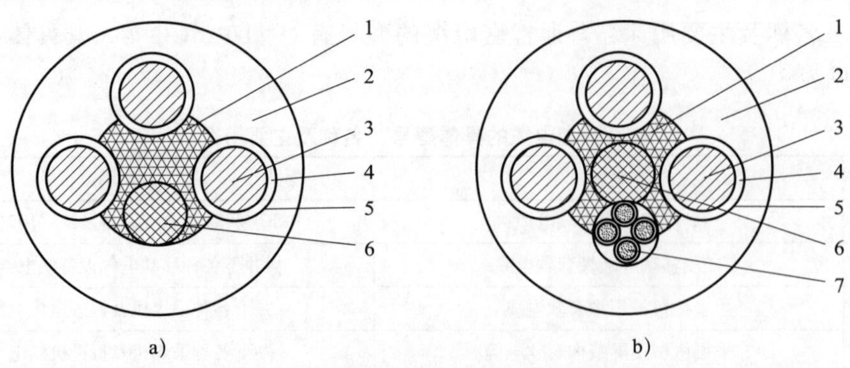

图 3-27 矿用低压屏蔽橡套电缆的结构

a）4 芯 b）7 芯

1—半导电橡胶 2—护套 3—主芯线 4—绝缘层 5—屏蔽层 6—接地芯线 7—控制芯线

由图 3-27 可知，屏蔽橡套电缆是在普通橡套电缆的结构基础上改进制成的。首先是在普通橡套电缆三相主芯线的绝缘层外包覆一层半导体屏蔽层（简称屏蔽层），其次是将 4 芯以上电缆的相间衬垫改用半导电橡胶制成，最后是将 4 芯电缆的接地芯线做在半导电橡胶中间，从而使其外围的半导电橡胶与接地芯线连为一体。

屏蔽层一般直接接地。增加屏蔽层的作用是当电缆受机械力而绝缘损坏时，导电的芯线必然先接触屏蔽层，再通过导电的屏蔽层、接地芯线使漏电继电器动作，从而自行切断电源，起到超前切断电源的作用。这样既避免发生相间短路事故，又能防止人身触电，减少电火花引起的煤尘和瓦斯爆炸危险。

②高压监视型双屏蔽橡套电缆。如果在屏蔽电缆外护套内再设一层加强屏蔽层，称这种电缆为双屏蔽电缆。高压监视型双屏蔽橡套电缆专门用作井下移动变电站高压电气设备的电源线，其结构如图 3-28 所示。

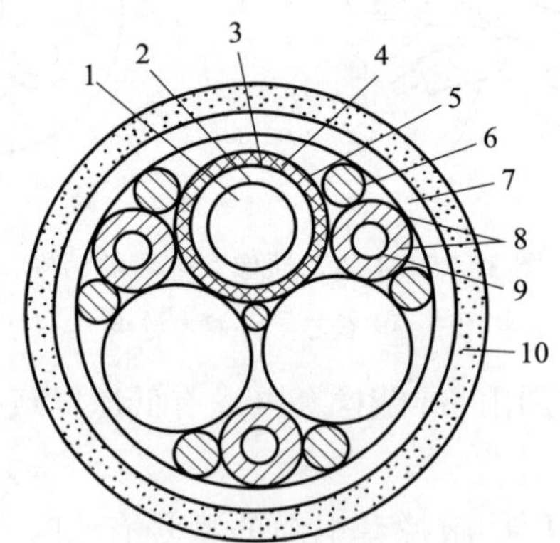

图 3-28 高压监视型双屏蔽橡套电缆的结构

1—主芯线 2—导电胶布带 3—内绝缘层 4—屏蔽层 5—分相绝缘 6—外导电胶布带 7—绕包绝缘 8—胶垫 9—监视芯线 10—护套

导电线芯采用镀锡铜线，外面有一层半导体层。主线芯绝缘有红、白、蓝 3 种颜色，其监视芯线和接地芯线同芯。当监视芯线和接地芯线之间发生金属性连接或监视芯线断线时，

会先引起监视芯线与接地芯线短路，使得监视装置动作，自动切断电源，保障供电安全。高压监视型双屏蔽橡套电缆有 UGSP－6000－3 × 35+1 × 16 和 UGSP－6000－3 × 50+1 × 16 等规格。

3. 塑料绝缘电缆

塑料绝缘电缆主要用于矿井电能传输以及煤矿井下输配电线路中，能承受一定的机械外力和拉力。它有绝缘电阻大、介质损耗小等电气性能，并有耐水、抗腐、制造工艺简单、质量轻、运输方便、敷设高差不受限制等优点，因而在煤矿井下固定敷设电缆中应用广泛。

二、矿用电缆的选择

选择矿用电缆时应确定电缆型号、长度、芯数和主芯线截面积等。

1. 电缆型号的选择

各种型号矿用电缆的使用环境和敷设方式都有一定的要求，使用时应根据不同的环境特征选择，考虑原则主要是安全、经济和施工方便。

2. 电缆长度的确定

电缆在敷设时有一定的弯曲和松弛度，因此，电缆的实际长度要大于敷设路径长度。一般，电缆的实际长度为电缆敷设路径长度的 1.05～1.10 倍，其中，铠装电缆取 1.05 倍，橡套电缆（移动类阻燃软电缆）取 1.10 倍。

为了便于安装和维护，当电缆中间有接头时，应在接线盒两端各增加 3 m。

3. 电缆芯数的确定

井下所用电缆，不论其芯数为多少，都必须有足够的导电截面供保护接地之用。

对于橡套电缆，其电缆芯数可分两种情况：

（1）4 芯。当设备的控制按钮不在工作机械上时，如平巷输送机、回柱绞车等，可选用 4 芯电缆。其中，3 芯为主芯线，另 1 芯（一般为较细者）作为接地芯线。

（2）4 芯以上。对于控制按钮装在工作机械上的移动设备，如采煤机、装煤机等，可选用 6 芯电缆。其中，将截面积较小的 1 根芯线作为专用地线。对某些采煤机组，可根据具体要求，选用 7～11 芯的电缆，但必须有 1 根芯线作为专用地线。

4. 电缆主芯线截面积的确定

（1）按长时间允许通过的电流选择电缆主芯线截面积。电缆长时间允许通过的电流应大于或等于实际流过电缆的工作电流。电缆长时间允许通过的电流可通过查阅相关资料获得。

（2）按电压损失确定电缆主芯线截面积。在井下低压配电系统中，电压损失主要由变压器绕组电压损失、支线电缆电压损失和干线电缆电压损失三部分组成。

由于电气设备正常工作时，其端电压不得低于额定电压的 95%，在选择电缆时，一般要求线路上的总电压损失不大于所规定的电压损失。线路最大允许电压损失见表 3－7。

表 3－7　　线路最大允许电压损失　　单位：V

用电设备电压	变压器次级额定电压	电气设备允许的最低电压	线路最大允许电压损失
127	133	120	13

续表

用电设备电压	变压器次级额定电压	电气设备允许的最低电压	线路最大允许电压损失
380	400	361	39
660	690	627	63
1 140	1 200	1 083	117

（3）按机械强度要求选择电缆主芯线截面积。对于经常移动的电气设备，应首先按满足机械强度的要求来选择电缆主芯线截面积。满足机械强度要求的电缆最小截面积可查阅相关资料。

◎提示

（1）考虑到供电的经济合理性，高压动力电缆主线芯截面积应优先按经济电流密度进行选择。

（2）为保证大容量电动机正常启动，启动时端电压应不低于额定电压的 75%。

（3）当线路发生短路时，所选电缆必须经得起短路电流的冲击，即电缆要满足保护装置灵敏度的要求。

三、电缆敷设方式

合理选择电缆的敷设方式对保证线路的传输质量、可靠性及施工和维护的便利性等都是十分重要的。根据使用场合，电缆敷设可分为 5 种。

1. 直接埋地（简称直埋）敷设

电缆直埋敷设施工比较简单，投资少，散热条件好，因此应用非常广泛。

2. 电缆沟敷设

当电缆线路与地下管道交叉不多，地下水位较低，又无高温介质溢出，并且同一路径电缆根数较多时，可采用电缆沟敷设。

3. 电缆隧道敷设

当同路敷设电缆在 12 根以上，或者重要电缆在 8 根以上时，可采用电缆隧道敷设。

4. 架空敷设

当施工现场受条件所限时，可架空敷设电缆。

5. 穿管敷设与排管敷设

当电缆线路与铁路、公路交叉，或过墙、过地面、过基础、过沟，或经过高温介质溢出的地区时，可采用穿管敷设；若是多根电缆（但不超过 12 根）且路径拥挤，可采用排管敷设。

第八节　矿用隔爆型照明信号综合保护装置

煤矿照明系统主要由矿用隔爆型照明信号综合保护装置、照明设备、矿用电缆和控制器组成，即矿用隔爆型照明信号综合保护装置与照明设备之间通过矿用电缆连接，使用控制器控制照明设备的线路接通与断开，实现煤矿照明功能。

本节主要以 ZBZ－2.5（4）矿用隔爆型照明信号综合保护装置为例介绍矿用隔爆型照明信号综合保护装置的用途、功能和常见故障处理方法等。

一、用途、型号及结构

1. 用途

ZBZ－2.5（4）矿用隔爆型照明信号综合保护装置适用于煤矿井下交流 127 V 照明及信号负载的电源控制，是具有短路保护、漏电保护及电缆绝缘危险指示等综合性保护功能的隔爆型电气设备。

2. 型号

具体型号及其含义如下：

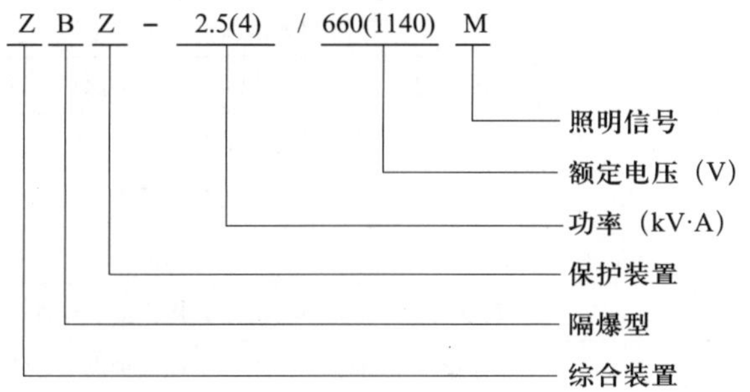

3. 结构

ZBZ－2.5（4）矿用隔爆型照明信号综合保护装置（见图 3－29）的隔爆外壳为圆筒形。壳盖与壳身采用转盖止口式结构，外壳上部有接线箱，用于电缆引入和引出。外壳一侧装有操作隔离开关的手柄和检查短路、漏电保护系统工作状况的试验按钮。该装置设有可靠的外壳机构联锁装置，保证当隔离开关闭合时，不能打开壳盖；当壳盖打开且闭锁杆不退出时，隔离开关不能闭合。壳盖前方设有观察窗，可以从壳外查看指示灯。

4. 主要技术特征

（1）保护时间：照明短路保护时间小于 0.15 s，信号短路保护时间小于 0.40 s。

（2）漏电保护动作电阻值为 2 kΩ（1.5～3.0 kΩ 可调），动作时间小于 0.25 s。

（3）漏电闭锁电阻值为 2～4 kΩ。

（4）电缆绝缘危险指示值为 13.0 kΩ ± 1.3 kΩ。

图 3-29　ZBZ-2.5（4）矿用隔爆型照明信号综合保护装置

二、电气原理及功能

ZBZ-2.5（4）矿用隔爆型照明信号综合保护装置主要电气元件及作用见表 3-8，电气原理如图 3-30 所示。

表 3-8　　ZBZ-2.5（4）矿用隔爆型照明信号综合保护装置主要电气元件及作用

元件名称	元件符号	作用
隔离开关	QS	在正常情况下隔离电源，不允许带负荷进行分合闸；在故障状态下，可手动分断 6 倍主变压器的额定电流 3 次
熔断器	1FU	用于主变压器的短路保护
	2FU	用于交流 127 V 系统的后备短路保护
	3FU	用于控制变压器的短路保护
交流接触器	KM	用于接通或分断交流 127 V 系统的负荷
电流互感器	TA	用于照明和信号系统短路保护的信号取样
主变压器和控制变压器	T、TC	为 127 V 系统和低压保护装置提供电源
电子线路板插件	—	由电子元件组成，用于实现保护装置的各项功能
控制试验按钮	SB1、SB2	用于控制负荷的接入和分断，并进行短路试验和漏电试验
发光二极管	VD31～VD35	用于正常工作和故障时的状态指示
直流继电器	K	保护电路的执行元件

该装置电路由主电路、控制电路、保护电路和动作试验电路组成。

1. 主电路

主电路由三相隔离开关 QS、主变压器 T、一次侧熔断器 1FU、二次侧熔断器 2FU、交流接触器 KM 等组成，用于实现电压的变换及电源的通断。

2. 控制电路

控制电路由交流接触器 KM 线圈、送电按钮 SB1、停电（试验）按钮 SB2、交流接触器 KM 常开触点、控制继电器 K 常闭触点等组成。该装置投入工作时，首先闭合隔离开关 QS，

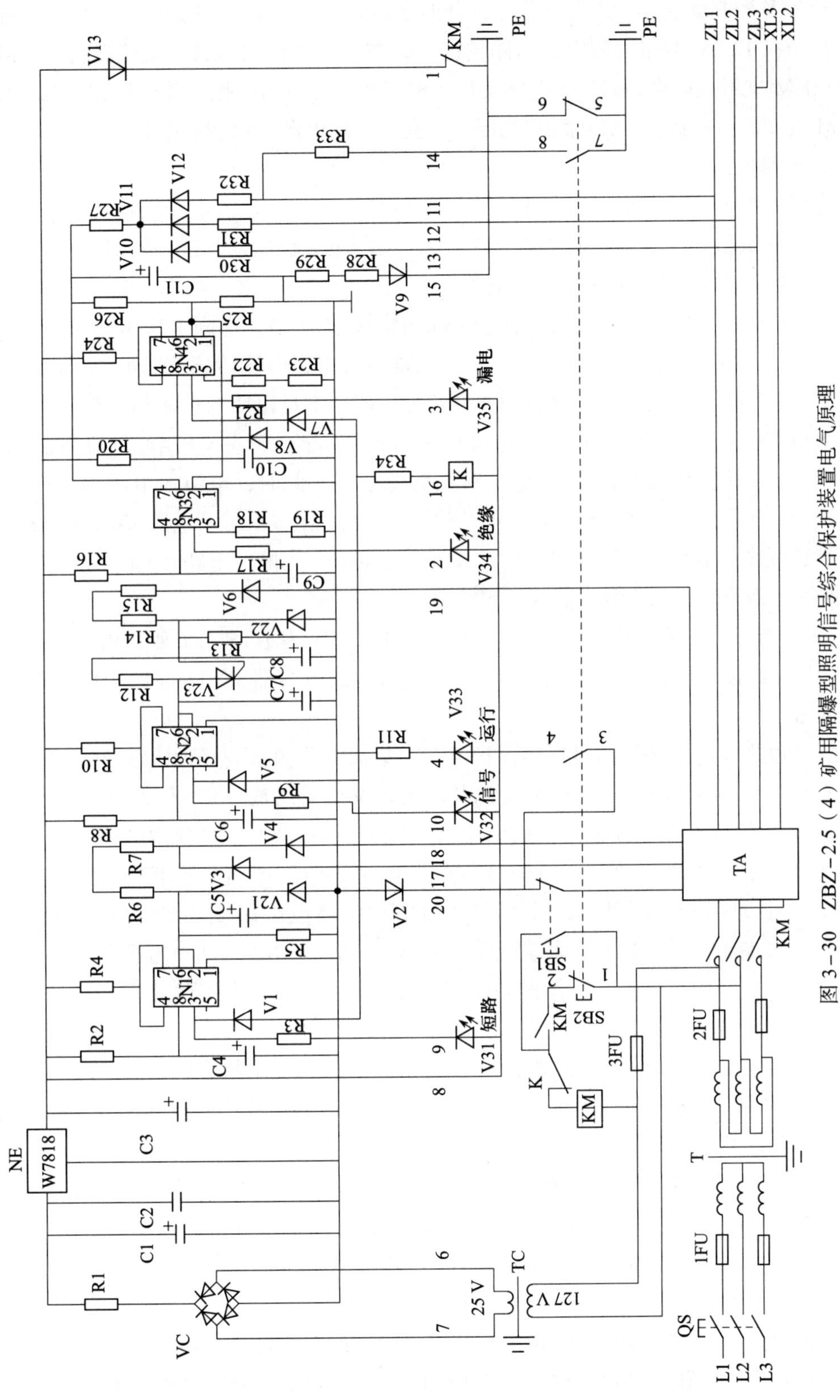

图 3-30　ZBZ-2.5（4）矿用隔爆型照明信号综合保护装置电气原理

使主变压器 T 及控制变压器 TC 得电工作，此时运行指示二极管 V33 通电发出绿光，指示装置运行正常。在 127 V 电路无漏电、短路情况下，按下送电按钮 SB1，交流接触器 KM 线圈得电吸合，KM 主触点闭合，127 V 电路负荷得电工作。停电时，按下停电按钮 SB2，使交流接触器 KM 线圈断电释放，KM 主触点切断主电路 127 V 电源，负载断电。

3. 保护电路

（1）稳压电源电路。控制变压器 TC 二次侧 25 V 交流电压送入电子线路板插件上的稳压电源电路，经整流桥 VC 整流、电容器 C1 滤波、三端集成稳压器 NE（W7818）稳压后，输出 18 V 直流电压，作为保护电路的稳压电源。

（2）照明短路保护电路。照明短路保护电路由集成电路 N1，电阻 R2～R7，电容器 C4 和 C5，二极管 V1、V3、V4，稳压管 V21 组成。正常运行时，电流传感信号电压（该电压为电流传感器 TA1、TA2 二次侧输出经整流滤波后的电压值）不足以使 N1 翻转动作。

当照明负载任意两相发生短路时，电流传感信号电压经 V3 或 V4 半波整流后在 R5 上的信号电压使 N1 翻转，N1 输出端由高电平跳变为低电平。此时，电流由电源（+18 V）→插座端子⑧→K→插座端子⑯→R34→V1→N1 内部→N1 输出端→电源（0 V），形成回路。控制继电器 K 线圈得电吸合，使控制回路 K 常闭触点断开，切断主电路，同时发光二极管 V31 亮，给出照明短路故障的红色信号指示。

另外，R2 与 C4 组成退耦电路，R3 为限流电阻，V1 为或门二极管，R5 为取样电阻，R6、R7 为调整电阻，V3、V4 为整流二极管，C5 为滤波电容器，V15 为保护稳压管，R4 为自锁负载电阻。

（3）信号短路保护电路。信号短路保护电路由集成电路 N2，电阻 R8～R10、R12～R15，C6、C7、C8，V5、V6，稳压二极管 V22 以及晶闸管 V23 等组成。

正常运行时电流传感信号电压（该电压为电流传感器 TA3 二次侧输出经整流滤波后的电压值）不足以使 N2 翻转动作。当信号负载发生短路时，电流传感信号电压经 V6 半波整流后在 R13 上的信号电压使 N2 翻转，N2 输出端由高电平跳变为低电平。电流由电源（+18 V）→插座端子⑧→K→插座端子⑯→R34→V5→N2 内部→电源（0 V），形成回路。控制继电器 K 线圈得电吸合，使控制回路 K 常闭触点断开，切断主电路，同时发光二极管 V32 亮，给出信号短路故障的黄色信号指示。

因信号回路具备声光指示功能，又因白炽灯灯丝由冷态变为热态时，其电阻阻值相差很大，所以在启动瞬间，电流很大（相当于短路电流），此时有可能产生误动作，为此在信号短路保护电路中设置了延时环节。

在信号打点瞬间，由于电流传感信号电压使 C8 两端（V23 控制极、阴极间）电压大于 C7 两端（V23 阳极、阴极间）电压，此时 V23 截止；而在信号打点间歇瞬间，C7 两端电压大于 C8 两端电压，此时 V23 导通，迅速释放 C7 两端电压，防止连续间断打点信号时，C7 两端积累电压大于 N2 门槛电压而产生误动作。

另外，R8 与 C6 组成退耦电路，R9 为限流电阻，R10 为自锁负载电阻，R13 为取样电阻，R12 为充电延时电阻，R14、R15 为调整电阻，V5 为或门二极管，V6 为半波整流二极管，

V22为保护稳压管，C7、C8为延时电容器，V23为C7的放电管。

（4）漏电保护电路。漏电保护电路由集成电路N4、R20～R33、V7、V9～V13、C10和C11组成。

在127 V电路未送电状态下，当存在漏电故障时，电路可实现闭锁。其动作回路为电源（+18 V）→V13→插座端子①→KM常闭触点→接地极PE→大地→127 V电路漏电处→ZL1（或ZL2、ZL3）→插座端子⑪（或⑫、⑬）→R32（或R31、R30）→V12（或V11、V10）→R27→R26→R25→电源（0 V）。R25上的信号电压使N4翻转，N4输出端由高电平跳变为低电平。电流由电源（+18 V）→插座端子⑧→K→插座端子⑯→R34→V7→N4输出端→N4内部→电源（0 V），形成回路。控制继电器K线圈得电吸合，其常闭触点K断开，交流接触器KM线圈无法得电吸合，实现漏电闭锁，同时发光二极管V35亮，给出漏电闭锁的红色信号指示。

在127 V电路送电状态下，若发生漏电故障，可实现漏电跳闸。其动作回路为ZL1（或ZL2、ZL3）→插座端子⑪（或⑫、⑬）→R32（或R31、R30）→V12（或V11、V10）→R27→R26→R25→电源（0 V）→R29→R28→V9→插座端子⑮→接地极PE→大地→127 V电路漏电处→ZL2（ZL3、ZL1）。R25上的信号电压使N4翻转，N4输出端由高电平跳变为低电平。电流由电源（+18 V）→插座端子⑧→K→插座端子⑯→R34→V7→N4输出端→N4内部→电源（0 V），形成回路。控制继电器K线圈得电吸合，其常闭触点K断开，切断主电路，同时发光二极管V35亮，给出漏电跳闸的红色信号指示。

另外，R21、R27、R30～R32为限流电阻，R25为取样电阻，R28、R29为漏电动作值调整电阻，V9为隔离二极管，R24为自锁负载电阻，R20与C10组成退耦电路，V7为或门二极管，V8为继电器续流二极管，C10、C11为滤波电容器。

（5）电缆绝缘监视电路。电缆绝缘监视电路由集成电路N3、R16～R19、R25、R26和C9等组成。当电缆对地绝缘电阻下降到规定值以下时，可发出绝缘危险指示信号。当127 V电缆电路对地绝缘电阻较高时，漏电电流比较小，R25、R26上的电压不足以使N3翻转，发光二极管V34不亮。

当电缆电路电阻下降到某一整定值时，其漏电电流增大，R25、R26电压上升，使N3触发翻转，发光二极管V34亮，给出电缆绝缘危险指示信号；若127 V电缆电路绝缘电阻恢复到整定值以上，触发器N3可自动返回至初始状态，发光二极管V34不亮，取消电缆绝缘危险指示信号。

另外，R16、C9为退耦电路，R17为限流电阻，R18、R19为调整电阻，R25、R26为取样电阻。

保护电路中的N1、N2、N4触发器均具有自动闭锁功能，当故障切除后，还必须将隔离开关QS断开，待重新闭合后，方可恢复正常运行。

4. 动作试验电路

合上隔离开关QS，按下控制回路中的试验（停电）按钮SB2，即可检测保护功能是否正常。

（1）短路动作试验。按下 SB2，其常开触点（3－4）闭合，此时短路动作试验回路为电源（+18 V）→插座端子⑧→SB2（3－4）→SB1 常闭触点→TA1、TA2（TA3）→插座端子⑰（⑱、⑲）→V3（V4、V6）→R7、R6（R15、R14）→R5（R13）→电源（0 V）。电阻 R5（R13）上的试验电压使 N1（N2）翻转，其输出端③由高电平突变为低电平，于是控制继电器 K 线圈得电吸合，其常闭触点 K 断开，并发出灯光指示信号。若 V31 亮，表示照明线路短路，保护功能正常；若 V32 亮，表示信号线路短路，保护功能正常。

（2）漏电动作试验。按下 SB2，其常开触点（7－8）闭合，此时漏电动作试验回路为电源（+18 V）→V13→KM 常闭触点→主接地极 PE→大地→辅助接地极 PE1→SB2 触点（7－8）→R33→R32→V12→R27→R26→R25→电源（0 V）。电阻 R25 上的试验电压使 N4 翻转，输出端由高电平突变为低电平，控制继电器 K 线圈得电吸合，其常闭触点 K 断开，V35 亮，表示漏电保护功能正常。

以上两种动作试验电路的模拟信号电压均由保护电路的直流稳压电源供给。保护电路的各电子元件组装成电子线路板插件，以便于拆卸和维修。

三、使用操作注意事项

（1）接线前用 500 V 兆欧表测量高低压侧绝缘电阻值，应不低于 5 MΩ。

（2）该装置应可靠接地，辅助接地极与局部接地极的直线距离不小于 5 m。

（3）在该装置接入电网后，应先进行三次短路动作试验及漏电动作试验，试验合格后才能投入使用。

（4）该装置使用中每班做一次保护性能试验。

（5）使用过程中应进行定期检查，交流接触器 KM 的触点有一定的使用寿命，损坏严重时要及时更换。

四、常见故障及处理

ZBZ－2.5（4）矿用隔爆型照明信号综合保护装置常见故障与处理方法见表 3－9。

表 3－9　ZBZ－2.5（4）矿用隔爆型照明信号综合保护装置常见故障与处理方法

故障现象	可能的故障原因	处理方法
电源正常，照明信号综合保护装置不能启动	组合开关未打到位	将组合开关打到位
	熔芯松动	旋紧保险
启动后瞬间跳闸，短路灯亮	负载过重	更换负载
	负载电缆短路	更换电缆
启动无力或有较大的嗡嗡声	电压转换开关电压挡与所使用的电压不相符	改变电压转换开关挡位
按下试验按钮后不跳闸，故障灯亮	通用继电器未插紧	插紧继电器
	通用继电器故障	更换继电器

思考练习题

1. 煤矿对供电的基本要求是什么?

2. 井下中央变电所的主要任务是什么?

3. 简述 PJG－630/10（6）Y 矿用隔爆兼本质安全型永磁式高压真空配电装置合闸与分闸操作顺序。

4. KBSG 矿用隔爆型干式变压器的日常维护内容有哪些?

5. 简述 KBZ－630/1140A 矿用隔爆型真空馈电开关常见故障及处理方法。

6. 简述 KBSGZY 系列矿用隔爆型移动变电站的用途和主要组成部分。

7. 矿用电缆分为哪几种类型？选择矿用电缆时需要考虑哪些方面?

8. ZBZ－2.5（4）矿用隔爆型照明信号综合保护装置的电路由哪些部分组成? 请简述其工作用途。

技能实训三　矿用隔爆型真空馈电开关的安装和调试

一、实训目标

1. 熟悉 KBZ－630/1140A 矿用隔爆型真空馈电开关的结构和工作过程。

2. 掌握 KBZ－630/1140A 矿用隔爆型真空馈电开关的安装和调试方法。

二、任务描述

在实习指导教师的指导和监护下，学生以组为单位，完成矿用隔爆型真空馈电开关接线腔的接线及各项参数的设定和调试等工作。

三、任务准备

1. 分组准备

在实习指导教师的组织下，根据场地及工位情况，全体学生分成若干小组并指定小组组长，组员可轮流担任安全员、施工员、材料员等角色。

2. 场地、设备及材料准备

在实习指导教师的指导下，由学生进行实习场地的整理、实习设备的布置及材料的分发。

3. 仪器、仪表及电工工具准备

在实习指导教师的指导下，由学生进行实习用仪器、仪表的布置或分配以及电工工具的分发。实习设备、工具、仪表及材料见表 3－10。

表 3－10　　实习设备、工具、仪表及材料

名　称	单位	数量
KBZ－630/1140A 矿用隔爆型真空馈电开关	台	1
开关芯	台	1
1 000 V 兆欧表	块	1
万用表	块	1
常用电工工具	套	1
工作服、绝缘鞋等劳动防护用品	套	1

四、知识要点

1. 熟悉 KBZ－630/1140A 矿用隔爆型真空馈电开关的电气原理图。

2. 掌握 KBZ－630/1140A 矿用隔爆型真空馈电开关工作原理。

五、实训过程

1. 开关门操作

（1）说明具体的机械闭锁关系。由学生说明该真空馈电开关中的机械闭锁关系存在于哪些电气元件之间或哪些部分之间。

（2）指出机械闭锁的具体情况。由学生针对具体的真空馈电开关说明其机械闭锁的详细情况及操作注意事项和要求。

（3）完成开关门操作。在实习指导教师的指导下，学生按照要求和正确的步骤打开真空馈电开关的门盖。

2. 观察开关芯

（1）熟悉电气元件。在实习指导教师的指导下，认识电气元件，熟悉电气元件的作用。

（2）查找接线。在实习指导教师的指导下，学生根据电路图，依照实物对应关系查找相关接线。

3. 试验与整定

（1）低压馈电综合保护器的试验。在实习指导教师的许可和监护下，送入交流电，对低压馈电综合保护器的性能进行试验。

（2）PBZ－63Y 型微处理器智能综合保护器工作参数整定。在实习指导教师的监护下，逐一完成智能综合保护器各项参数的整定。

4. 低压真空断路器的调整

（1）断路器的真空灭弧室的开距调整。在实习指导教师的指导下，按操作步骤进行断路器行程、超行程的调整。

（2）三相同步调整。按操作步骤进行断路器的真空灭弧室吸合与分断时的同步调整。

5. 完成接线

（1）内部接线。试验与整定完毕后进行内部导线的恢复。

（2）检查。按工艺要求完成 KBZ－630/1140A 矿用隔爆型真空馈电开关与低压 1 140 V 电源的连接，并进行全面检查。

6. 调试后通电试运行

完成调试后，在实习指导教师的许可和监护下进行送电试运行，以观察真空馈电开关的运行情况。

（1）通电。在实习指导教师的许可和监护下，按正确的送电顺序送电。

（2）运行。详细观察运行状态并仔细记录试运行参数。

（3）断电。按正确的断电顺序进行断电操作。

7. 清理现场

操作完毕，在实习指导教师的监护下，关闭电源，拆线。收拾工具、器材、仪表及设备，按照车间管理要求对操作现场进行整理，并请实习指导教师验收。

六、注意事项

1. 实习指导教师、学生按要求穿戴好劳动防护用品。
2. 严格执行停送电制度，严禁学生私自停送电。
3. 学生的操作特别是带电操作，必须在实习指导教师的许可和监护下进行。

七、总结与思考

1. KBZ－630/1140A 矿用隔爆型真空馈电开关的用途有哪些？
2. 简述 KBZ－630/1140A 矿用隔爆型真空馈电开关合闸与分闸的操作顺序。
3. KBZ－630/1140A 矿用隔爆型真空馈电开关的常见故障有哪些？怎样处理？

技能实训四　矿用隔爆型照明信号综合保护装置使用与维护

一、实训目标

1. 掌握安全文明生产的要求。
2. 掌握 ZBZ－4 矿用隔爆型照明信号综合保护装置的使用与维护。

二、任务描述

利用仪器、仪表对 ZBZ－4 矿用隔爆型照明信号综合保护装置进行检验、接线、调试、运行等工作，掌握该设备的使用方法、故障处理及日常维护。

三、任务准备

1. 工具、器材准备

500 V 兆欧表 1 块，FM－47 型万用表 1 块，电工常用工具 1 套，32 件组合扳手 1 套，

ZBZ-4 矿用隔爆型照明信号综合保护装置 1 台，千伏级低压馈电开关 1 个，照明、信号装置各 1 台，千伏级屏蔽橡胶软电缆及普通屏蔽橡套软电缆若干，记录用纸、笔若干等。

2. 接线前试验设备的检查

对试验设备 ZBZ-4 矿用隔爆型照明信号综合保护装置的外观和接线进行检查。

四、知识要点

1. 准备器材设备

（1）能够根据试验目标准备工具、器材和仪表。

（2）能够检查接地装置的完好性。

（3）能够对作业地点的甲烷浓度进行检测。

2. 接线前检查

（1）能够对装置隔爆性能、连接螺栓等进行全面检查。

（2）能够测量高低压回路绝缘电阻值。

（3）能够测量高低压电缆绝缘电阻值。

3. 接线与试运行

（1）能够合理选择接线嘴、密封圈或接线盒接线。

（2）能够做到接线整齐、无毛刺，接线零件齐全，接线紧固。

（3）能够做到接线工艺符合标准。

（4）未经实习指导教师检查同意或未在实习指导教师的监护下，不得擅自合闸送电。

4. 跳闸试验

（1）会做短路跳闸试验及其操作。

（2）会做漏电跳闸试验及其操作。

（3）会做漏电闭锁试验及其操作。

5. 日常运行维护

（1）能够做到每班做 1 次保护性能试验且试验操作正确。

（2）能够做到定期对装置进行检查，排除缺陷。

（3）设备运行中能正确观察装置运行状况。

五、实训过程

1. 工具、器材准备

准备好需要的工具、器材、仪表及设备等，检查作业地点甲烷浓度及安全状况，检查接地装置的完好性。

2. 接线前的检查

安装前检查各接合面是否达到隔爆要求，连接螺栓有无松动，接地螺栓有无锈蚀。接线前先将插件拔下，用 500 V 兆欧表测量高低压侧绝缘电阻值，应不小于 5 MΩ；测量高低压侧电缆绝缘电阻值，1 140 V 电缆绝缘电阻不小于 5 MΩ，127 V 电缆绝缘电阻不小于

0.5 MΩ。

3. 安装接线

接线前，首先核对主变压器一次电压是否与井下供电电压等级相一致，如果不一致，应改变连接组别。然后按照要求安装各种连接线，电缆护套穿入接线腔长度为5～15 mm，要求接线紧固可靠，绝缘良好，符合工艺标准。

4. 合闸试运行

安装接线完毕，检查接线无误、隔爆性能良好后，在实习指导教师的监护下合闸送电，进行带负荷试运行，观察装置运行情况。

5. 短路、漏电跳闸试验

装置接入电网后，应先进行3次短路和漏电保护动作试验，每次均应可靠动作，并有灯光信号指示。如某保护电路拒绝动作，要立即停电并检查有关部件。

合闸送电正常后，将照明信号综合保护装置投入工作，进行漏电保护试验，试验合格后，方可投入工作。

6. 日常运行维护

注意观察照明信号综合保护装置的运行状况，每班要做1次保护性能试验。使用中应定期检查装置。

7. 清理现场

操作完毕，在实习指导教师的监护下，关闭电源，拆线，收拾工具、器材、仪表及设备，按车间管理要求整理工作场所，并请实习指导教师验收。

六、注意事项

1. 在搬运、安装照明信号综合保护装置过程中应该避免剧烈冲击和振动，以免损坏装置。接线要整齐、无毛刺，接线零件齐全，接线紧固，导电良好，符合工艺要求。

2. 照明信号综合保护装置出现误动作或按下试验按钮后拒绝动作时，可更换电子线路板插件再试。

3. 主接地极和辅助接地极之间的距离应大于5 m，严禁辅助接地极和主接地极并接在一起接地。

4. 必须严格执行无电接线操作原则，停电时馈电开关必须分闸，并挂警示牌或由专人监护。合闸送电前必须经实习指导教师检查无误后，方可操作。

5. 短路、漏电跳闸试验每进行1次后都必须将隔离开关QS分断1次，解除自锁，然后才能进行试验或投入使用。

七、总结与思考

1. 简述ZBZ－4矿用隔爆型照明信号综合保护装置接线注意事项。

2. ZBZ－4矿用隔爆型照明信号综合保护装置输入侧能否接高于铭牌的电压？

第四章

煤矿主要电气设备与控制

学习目标

1. 熟悉矿井常用防爆电动机、电磁起动器、采煤机电控系统、掘进机电控系统、输送机电控系统的结构和工作原理。

2. 掌握矿用电缆与防爆电气设备的连接方法。

3. 掌握矿井常用防爆电动机、电磁起动器、采煤机电控系统、掘进机电控系统、输送机电控系统的使用维护方法和常见电气故障处理方法。

学习导引

控制、监测和保护系统可以确保煤矿主要电气设备安全、高效运行。掌握煤矿主要电气设备和采煤机、掘进机、输送机的电气控制原理及常见电气故障处理方法，有利于提高煤矿电气设备的使用效率和安全性，对煤矿电气设备的维护和管理具有重要意义。

第一节　矿用电动机

电动机可分为直流电动机和交流电动机两大类，其中，交流电动机有异步电动机和同步电动机之分。由于异步电动机具有结构简单、价格低廉、工作可靠等优点，井下大部分生产机械（如采煤机、掘进机、输送机和装岩机等）均采用三相异步防爆电动机来拖动。三相异步电动机如图 4－1 所示。

图 4－1　三相异步电动机

a）普通型　b）防爆型

一、三相异步电动机

1. 三相异步电动机的结构

三相异步电动机由两个基本部分组成，即静止部分（定子）和转动部分（转子）。定子与转子之间有一个很小的间隙，称为空气隙，它是磁路的一部分。三相异步电动机的结构如图 4－2 所示。

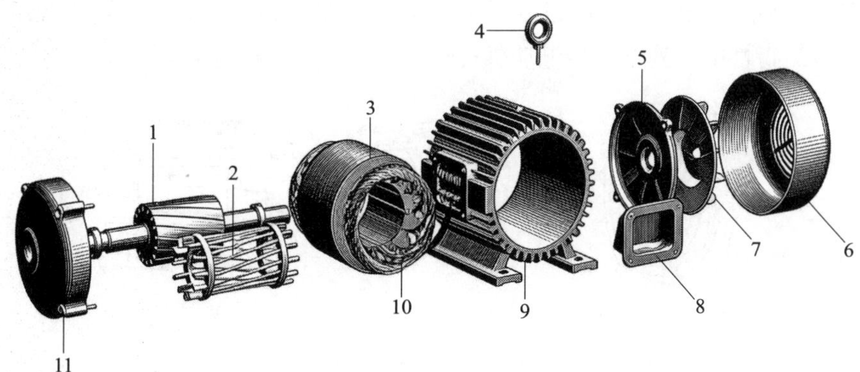

图 4－2　三相异步电动机的结构

1—转子铁芯　2—转子绕组　3—定子铁芯　4—吊环　5—后端盖　6—风罩　7—风扇　8—接线盒　9—机座　10—定子绕组　11—前端盖

（1）定子。定子由机座、定子铁芯和定子绕组等组成，如图 4－3 所示。

图 4－3　定子

1—定子铁芯　2—定子绕组　3—机座　4—接线盒

①机座。机座的主要作用是固定和支撑定子铁芯，机座也是主要的通风散热部件。中小型异步电动机一般采用铸铁机座，中等容量以上的异步电动机一般采用钢板焊接的机座。封闭式电动机的机座外面有散热筋，可以增大散热面积。

②定子铁芯。定子铁芯是电动机磁路的一部分。为了减少交变磁通在铁芯中产生的涡流损耗，定子铁芯由 0.35～0.50 mm 厚的硅钢片即定子冲片叠成筒形装在机座内，在硅钢片两面涂以绝缘漆作为片间绝缘。在定子铁芯的内圆周上冲有许多均匀分布的平行槽，槽有开口型、半开口型、半闭口型 3 种，用来嵌放定子绕组。

③定子绕组。三相定子绕组由绝缘材料包扎的扁铜（或铝）线绕制而成，是产生旋转磁场的电路部分，通入三相对称交流电流后可产生旋转磁场。小型异步电动机采用散嵌线圈（或称软绕组），大中型异步电动机大多采用成型线圈（或称硬绕组）。三相绕组对称嵌放在定子铁芯的线槽内，其出线端分别接在机座外面的接线盒内。

（2）转子。转子是三相异步电动机的旋转部分，由转子铁芯、转子绕组和转轴等组成，分为鼠笼式转子和绕线转子两种。

①鼠笼式转子（见图 4-4）。转子铁芯由 0.5 mm 厚、两面涂有绝缘漆的硅钢片即转子冲片叠成，并压装在转轴上。转子外圆周上冲有许多均匀的平行槽，用来嵌放转子绕组。为了改善电动机的启动及运行性能，笼型异步电动机转子铁芯一般采用斜槽结构。

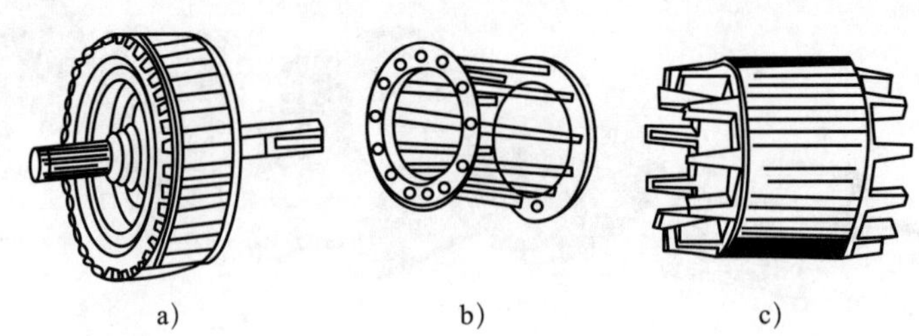

图 4-4　鼠笼式转子

a）鼠笼式转子结构　b）铜（铝）条转子绕组　c）铸铝转子绕组

鼠笼式转子绕组由安放在转子铁芯槽内的裸导条和两端的环形端环（又称短路环）连接而成。如果去掉转子铁芯，绕组的形状就像一个“鼠笼”，故称为鼠笼式转子。容量大于 100 kW 的笼型异步电动机采用铜（或铝）条转子绕组，即把裸铜条插入转子铁芯槽内，然后把铜条两端与短路环焊接在一起，形成回路，如图 4-4b 所示。容量较小的笼型异步电动机一般采用铸铝转子绕组，即将铝熔化后直接浇注在转子铁芯槽内，同时将两端的短路环和风翼浇注在一起，如图 4-4c 所示。

②绕线转子。绕线转子的铁芯和鼠笼式转子的铁芯相同，一般都是直槽。绕线转子绕组与定子绕组类似，在小型异步电动机中常采用单层同芯式绕组，在中型异步电动机中多采用双层波绕组。三相绕组一般在内部接成星形，3 个出线端从转轴的中心孔中引出，固定在轴上的 3 个滑环上。3 个滑环彼此绝缘并和转轴绝缘。绕线转子绕组通过滑环及电刷与外加变阻器相连，以改善电动机的启动性能或调节转速。在功率较大的电动机中还装有电刷提升装置，当电动机启动完毕，外接电阻全部被切除时，可通过操作手柄将电刷举起并将滑环短路，以

减少摩擦损失和电刷磨损。

2. 三相异步电动机的工作原理

三相异步电动机的工作原理如图 4－5 所示。

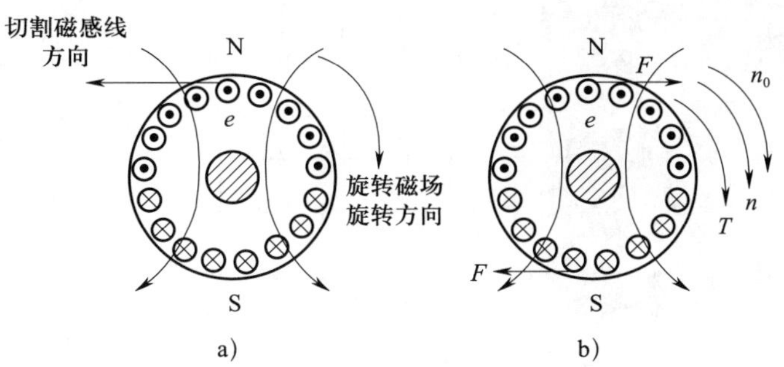

图 4－5　三相异步电动机的工作原理

a）感应电动势 e 的方向　b）安培力 F 的方向

（1）电生磁。定子绕组被施以对称的三相电压，就有对称的三相电流流过，并且会在电动机的空气隙中形成旋转的磁场，方向为顺时针。

（2）磁生电。转子是非静止的，转子与旋转磁场之间有相对运动，转子导体因切割旋转磁场的磁感线而产生感应电动势。如果旋转磁场顺时针转动，则 N 极下的转子绕组有效边向左切割旋转磁场的磁感线，用“右手定则”可确定感应电动势的方向（指向纸外），S 极下的转子绕组有效边中感应电动势的方向指向纸内，如图 4－5a 所示。因转子绕组自身闭合，转子绕组内便有电流流过。转子电流与转子感应电动势同相位，其方向与感应电动势方向一致。

（3）安培力。旋转磁场与转子绕组中的感应电流相互作用，会产生安培力 F，其方向用“左手定则”判定，如图 4－5b 所示。一对大小相等、方向相反且不作用在一条直线上的安培力，会形成电磁转矩 T。由图 4－5b 可以看出，该电磁转矩方向与旋转磁场旋转方向一致，若此转矩大到可以克服转轴上的阻力矩，转子将顺着旋转磁场的旋转方向转动起来，带动机械负载工作。此时，电动机从电源上吸收电能，通过电磁作用，转换为机械能输出给机械负载。

异步电动机的旋转方向始终与旋转磁场的旋转方向一致，而旋转磁场的方向又取决于异步电动机的三相电流相序，因此，三相异步电动机的转向与电流的相序一致。要改变转向，只需改变电流的相序即可，即任意对调电动机的两根电源线，便可使电动机反转。

异步电动机转子导体上的电流是感应产生的，所以异步电动机也可称为感应电动机。如果电动机转子转速 n 等于磁场转速 n_0，则磁场与转子之间就没有相对运动，它们之间就不存在电磁感应关系，也就不会在转子导体中产生感应电动势和电流，更不会产生电磁转矩，所以感应电动机的转子转速不可能等于磁场转速。因此，这种电动机一般也称为异步电动机。

3. 三相异步电动机定子绕组接线方式

三相异步电动机定子绕组的 6 个首尾端引入电动机机座的接线盒内，U1、V1、W1 是三相定子绕组的首端，U2、V2、W2 是三相定子绕组的尾端，如图 4－6a 所示。三相异步电动机定子绕组的接线方式既可按星形连接（见图 4－6b），也可按三角形连接（见图 4－6c）。

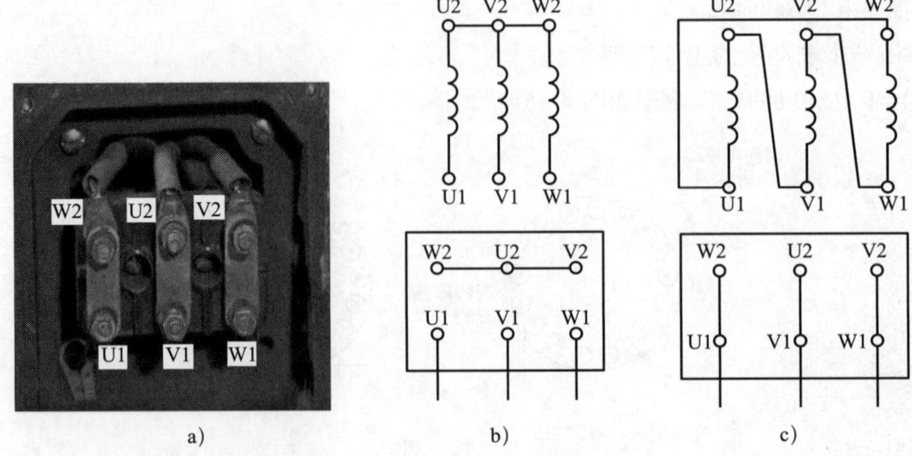

图 4-6 三相异步电动机定子绕组的连接

a）三相异步电动机接线盒（三角形连接） b）星形连接 c）三角形连接

4. 三相异步电动机的铭牌

每台三相异步电动机的机座上都有一个铭牌，铭牌示例如图 4-7 所示。铭牌上面标明电动机的额定值和有关技术数据。额定值是指制造厂对电动机在额定工作条件下所规定的量值。电动机按铭牌上所规定的额定值和工作条件运行，称为额定运行。铭牌上的额定值及有关技术数据是正确选择、使用和检修电动机的重要依据。

三相异步电动机					
型号	Y180M-4	功率	18.5 kW	电压	380 V
电流	35.9 A	频率	50 Hz	转速	1 470 r/min
接法	△	工作方式	连续	外壳防护等级	IP44
产品编号	×××××××	质量	180 kg	绝缘等级	B级
××电机厂			××××年××月		

图 4-7 三相异步电动机铭牌示例

（1）额定电压。额定电压是指电动机在额定状态下运行时，加到电动机定子绕组上的线电压值，用 U_N 表示，单位是 V 或 kV。

（2）额定电流。额定电流是指电动机在额定状态下运行时，流入电动机定子绕组中的线电流值，用 I_N 表示，单位是 A 或 kA。

（3）额定功率。额定功率是指电动机在额定状态下运行时，转轴上输出的机械功率，用 P_N 表示，单位为 W 或 kW。

（4）额定频率。额定频率是指电动机所接的交流电源的频率，用 f_N 表示，单位为 Hz。国产三相异步电动机的额定频率为 50 Hz。

（5）额定转速。额定转速是指三相异步电动机在额定电压、额定频率和额定负载下工作时的转速，用 n_N 表示，单位为 r/min。n_N 一般略小于对应同步转速 n_0。

（6）额定功率因数。额定功率因数是指三相异步电动机从电网所吸收的有功功率与视在功率的比值，用 $\cos\varphi$ 表示。

（7）温升。温升是指电动机按规定方式运行时，绕组温度高出环境温度的容许值。电动机的容许温升（极限工作温度）与电动机所采用的绝缘材料有关，有些铭牌上只标温升，不标绝缘等级。当环境温度为 40 ℃时，电动机不同绝缘等级的极限工作温度见表 4－1。

表 4－1　电动机不同绝缘等级的极限工作温度

绝缘等级	A	E	B	F	H	C
极限工作温度 /℃	105	120	130	155	180	>180

（8）工作方式。三相异步电动机常用的工作方式有 3 种，分别是连续工作制（S1）、短时工作制（S2）和断续工作制（S3），见表 4－2。

表 4－2　三相异步电动机常用的工作方式

工作方式	说明
连续工作制（S1）	电动机在额定范围内，允许长期连续不停使用，但不允许多次断续重复使用
短时工作制（S2）	电动机不能连续使用，只能在规定的负载下短时间使用
断续工作制（S3）	电动机在规定的负载下，可多次断续重复使用

（9）接法。接法是指电动机在额定电压下，三相定子绕组应采用的连接方法。

（10）绝缘等级。绝缘等级是指电动机定子绕组所用的绝缘材料极限工作温度的等级，有 A、E、B、F、H 和 C 六级。

（11）防护等级。防护等级表示三相电动机外壳的防护等级，其中 IP 是防护等级标志符号，其后的两位数字分别表示电动机防固体异物和防水能力。数字越大，防护能力越强。

二、煤矿常用防爆电动机

煤矿常用防爆电动机产品的种类较多，主要应用于有气体或粉尘爆炸危险的场所。防爆电动机产品的防爆性能必须达到国家防爆标准的要求。按防爆原理，防爆电动机可分为隔爆型电动机、增安型电动机、正压型电动机、无火花型电动机和粉尘防爆电动机等。煤矿常用的隔爆型电动机主要包括高压隔爆电动机、低压隔爆电动机、采煤机专用隔爆电动机、掘进机专用隔爆电动机和输送机专用隔爆电动机等。

1. 高压隔爆电动机

高压隔爆电动机如图 4－8 所示。

高压隔爆电动机壳体采用钢板焊接结构，主要包括紧凑型高压隔爆电动机（如 YB2、YB3、YB4、YFB、YBBP 等系列）和管式高压隔爆电动机（如 YB、YBXKK、YBF、YBBPX 等系列）。

图 4－8　高压隔爆电动机

高压隔爆电动机具有整体刚度好、振动小、噪声低、外形美观、通风散热好、可靠性高等优点，广泛应用于煤矿易燃易爆环境。

（1）紧凑型高压隔爆电动机的主要技术特征：

①中心高：315～560 mm。

②电压等级：3 kV、6 kV、10 kV。

③功率范围：160～2 240 kW。

④冷却方式：IC411、IC416。

（2）管式高压隔爆电动机的主要技术特征：

①中心高：500～1 800 mm。

②电压等级：3 kV、6 kV、10 kV。

③功率范围：185～18 000 kW。

④冷却方式：IC511、IC516。

2. 低压隔爆电动机

低压隔爆电动机具有转矩大、过载能力强、噪声低、振动小、性能良好、安装维修方便、寿命长及外形美观等优点，广泛应用于煤矿井下生产。YB2 系列低压隔爆电动机如图 4－9 所示，主要用于煤矿主通风机。YBK2、YBF2、YBF 系列电动机是在 YB2 系列基础上派生的。YBK2 系列电动机在技术数据设计方面与 YB2 系列相同，不同点在于它是一种钢板焊接机体，强度、刚度较好，主要用在煤矿井下采掘工作面。YBF2 系列主要用于井下局部通风机等。

低压隔爆电动机的主要技术特征：

（1）中心高：100～355 mm。

（2）电压等级：380 V、660 V、380/660 V、1 140 V、660/1 140 V。

（3）功率范围：2.2～315 kW。

（4）冷却方式：IC411。

3. 采煤机专用隔爆电动机

YBCS 系列采煤机专用隔爆电动机如图 4－10 所示。

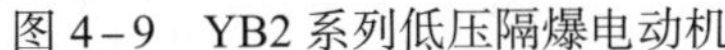

图 4-9　YB2 系列低压隔爆电动机

图 4-10　YBCS 系列采煤机专用隔爆电动机

YBCS 系列采煤机专用隔爆电动机根据采煤机的特殊要求，采用多项特殊设计，具有损耗小、效率高、过载能力强等特点，能非常好地满足采煤机的工况要求。

电动机壳体均为钢板焊接，绝缘等级为 H 级，采用低损耗、高磁导率的优质硅钢片。定子绕组采用真空压力浸渍工艺，转子采用中频焊接、热套工艺。电动机还可根据各种环境要求设置各种温度监控方式。

采煤机专用隔爆电动机的主要技术特征：

（1）电压等级：380 V、660 V、1 140 V、3 300 V。

（2）功率范围：11～1 250 kW。

（3）冷却方式：IC3W7。

4. 掘进机专用隔爆电动机

掘进机专用隔爆电动机如图 4-11 所示。

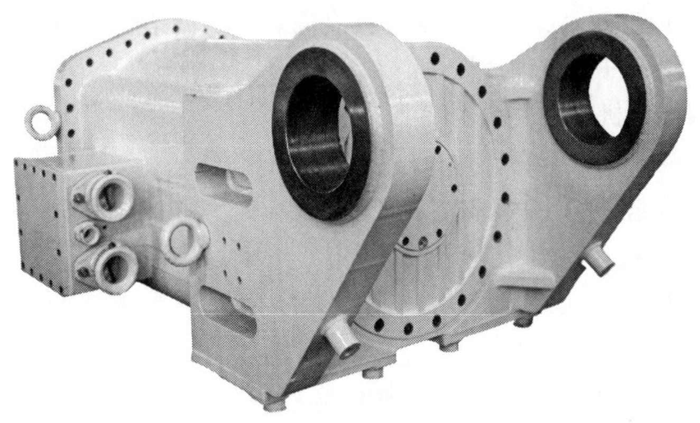

图 4-11　掘进机专用隔爆电动机

YBU、YBUS、YBUD 系列电动机是煤矿井下掘进机专用隔爆电动机。YBU、YBUS 为单速电动机，YBUD 为 4/8 极双速电动机；YBU 为风冷型，YBUS、YBUD 为水冷型。这些电动机根据掘进机的结构特点，通过巧妙的设计，在完成驱动功能的同时，还可作为掘进机的重要结构件，从而简化掘进机的结构。YBU、YBUS、YBUD 系列电动机具有过载能力强、效率高、噪声低、振动小和温升裕度大等优点。

掘进机专用隔爆电动机的主要技术特征：

（1）电压等级：380 V、660 V、380/660 V、1 140 V、660/1 140 V、3 300 V。

（2）功率范围：单速 30～400 kW，双速 65/48 kW～400/260 kW。

（3）冷却方式：IC411、IC3W7。

5. 输送机专用隔爆电动机

输送机专用隔爆电动机如图 4－12 所示。该系列电动机为刮板输送机、皮带输送机用电动机，YBS（YBY、JDSB）系列为风冷型，YBSS、YBSS2 系列为水冷型，YBSD、YBSD2 系列为水冷型双速电动机。

图 4－12　输送机专用隔爆电动机

以上系列电动机全部采用钢板焊接机座，坚固、美观、冷却效果好。由于技术上采用特殊设计，电动机启动转矩大，过载能力强，具有高效率、高堵转转矩、高可靠性、低堵转电流等特点，特别适合驱动井下各种输送机。

输送机专用隔爆电动机的主要技术特征：

（1）电压等级：660 V、1 140 V、660/1 140 V、3 300 V。

（2）功率范围：单速 4～1 000 kW，双速 110/55 kW～1 000/500 kW。

（3）绝缘等级：F 级、H 级。

（4）冷却方式：IC411、IC3W7。

第二节　煤矿防爆电气设备的完好标准

防爆电气设备之所以能够隔爆，关键是它有一个特制的“隔爆外壳”。这种隔爆外壳既能承受其内部爆炸性气体混合物引爆产生的爆炸压力，又能防止爆炸产物穿出隔爆间隙而点燃外壳周围的爆炸性混合物。正因为防爆电气设备的隔爆外壳具有耐爆性和隔爆性，所以防爆电气设备被广泛用于有瓦斯、煤尘爆炸危险的场所。

一、隔爆外壳类完好标准

隔爆外壳必须有清晰的防爆标志、煤矿矿用产品安全标志。

隔爆外壳有下列情形之一的，为失爆：

（1）外壳有裂纹、开焊、严重变形（变形长度超过 50 mm，且凸凹深度超过 5 mm）；

（2）外壳内外有锈皮脱落（锈皮厚度达 0.2 mm 及以上）；

（3）隔爆室（腔）观察孔（窗）的透明板松动、破裂或使用普通玻璃；

（4）隔爆设备的隔爆腔之间直接贯通，去掉设备接线盒内隔爆绝缘座；

（5）闭锁装置不全、变形、损坏而起不到闭锁作用。

二、隔爆接合面类完好标准

隔爆接合面应保持光洁、完整，须有防锈措施。

（1）电气设备静止部分隔爆接合面、操纵杆传动系统接合面、带轴承的转轴防爆接合面与相应外壳容积对应的最大间隙必须符合国家有关的规定，否则为失爆。

（2）隔爆外壳接合面的表面粗糙度应不大于 6.3 μm，操纵杆的表面粗糙度应不大于 3.2 μm，否则为失爆。

（3）隔爆接合面应无锈蚀［用棉纱擦拭后，仍留有锈蚀斑痕者为锈蚀，只留“云影”（青褐色氧化铁云状痕迹，用手摸无感觉）不算锈蚀］，否则为失爆。

（4）用螺栓紧固的隔爆接合面不符合以下规定的为失爆：

①螺栓、弹簧垫圈必须齐全、紧固（紧固程度以将垫圈压平为合格）。

②弹簧垫圈的规格须与螺栓相适应（偶尔出现个别弹簧垫圈断裂或失去弹性时，检查该处隔爆间隙，若不超限，更换合格弹簧垫圈不为失爆）。

③螺栓和螺孔不能滑扣。

④对于螺栓和不通螺孔的配合，紧固后螺栓和螺孔上剩余螺纹轴向长度应大于弹簧垫圈厚度的 1.5 倍；螺孔周围及底部厚度应大于 3 mm。

⑤同一部位螺栓、螺母规格应一致，钢紧固螺栓拧入螺母的深度不能小于螺栓直径。

⑥沉孔钢紧固螺栓深入螺孔长度应大于该螺栓的直径，铸铁、铜、铝件不小于螺栓直径的 1.5 倍，如果螺孔深度不够则必须上满孔。

⑦电动机接线盒盖不得上反。

（5）隔爆接合面上，在规定长度及螺孔边缘至隔爆接合面边缘的最短有效长度范围内的缺陷不能超过以下规定，否则为失爆：

①对局部出现的直径不大于 1 mm、深度不大于 2 mm 的砂眼，在 40 mm、25 mm、15 mm 的隔爆接合面上每平方厘米不超过 5 个，10 mm 的隔爆接合面每平方厘米不超过 2 个；

②偶尔出现的机械伤痕，其宽度与深度均不大于 0.5 mm，剩余无伤隔爆接合面有效长度不小于规定长度的 2/3。

（6）凡是转轴穿过隔爆外壳壁的地方，应有防爆轴承盖，否则为失爆。

三、电缆类完好标准

（1）橡套电缆的护套应伸入接线腔器壁内 5～15 mm，小于 5 mm 为失爆，大于 15 mm 为不完好。当粗电缆穿不进接线嘴时，可将伸入器壁部分的护套适当锉细，但护套与密封圈接合部位不得锉细，否则为失爆。

（2）电缆的连接有下列情况之一的，为失爆：

①电缆的连接不采用硫化热补或同等效能冷补的；

②电缆（包括通信、照明、信号、控制电缆）若用接线盒接线，非本质安全型设备不采用隔爆型电缆接线盒的（属于本质安全型的控制通信电缆，应使用本质安全型接线盒）；

③铠装电缆的连接不采用接线盒，中间接线盒不灌注绝缘充填物或充填不严密露出芯线接头的；

④电缆的末端不接防爆电气设备或防爆元件的；

⑤橡套、交联聚乙烯电缆护套损坏露出芯线的（屏蔽电缆露出屏蔽层或本质安全型设备连接电缆露出导体除外，但应及时进行修补）。

四、电缆引入装置完好标准

电缆引入装置应完整、齐全、紧固、密封良好，有下列情况之一者，为失爆：

（1）接线装置内径与密封圈外径的差超过表 4-3 规定值的。

表 4-3　　接线装置内径与密封圈外径差标准

密封圈外径 D/mm	接线装置内径与密封圈外径差 D_0–D/mm
$D \leqslant 20$	$\leqslant 1$
$20<D \leqslant 60$	$\leqslant 1.5$
$D>60$	$\leqslant 2$

注：D 表示密封圈外径，D_0 表示接线装置内径。

（2）密封圈内径大于电缆外径且超过 1 mm 的。

（3）密封圈宽度小于电缆外径的 7/10，或密封圈最小宽度小于 10 mm 的。

（4）密封圈厚度小于电缆外径的 3/10（70 mm^2 及以上电缆除外），或密封圈最小厚度小于 4 mm 的。

（5）密封圈的单孔内穿进多根电缆的。

（6）将密封圈割开套在电缆上的。

（7）密封圈硬度不满足邵氏硬度 45HA～55HA，老化（龟裂、发黏、硬化、软化、粉化、变色等现象）失去弹性，永久变形，有效尺寸配合间隙达不到要求，起不到密封作用的。

（8）密封圈没有完全套在电缆护套（或铠装电缆铅皮）上的。

（9）密封圈与电缆护套（或铠装电缆铅皮）之间有其他包扎物，或密封圈和进线嘴之间有充填物的。

（10）一个进线嘴内用多个密封圈的。

（11）带螺纹的电缆引入装置，螺纹啮合小于5扣，螺纹部分的长度小于8 mm且少于6扣螺纹的。

（12）螺纹精度低于3级，螺距小于0.7 mm的。

（13）不用的进线嘴缺密封圈或挡板；或挡板放在密封圈内；或挡板直径比进线嘴内径小2 mm以上，挡板厚度小于2 mm或挡板直径在110 mm及以上时厚度小于3 mm的（所有挡板应镀锌）。

（14）在用的螺旋式进线嘴缺金属圈，或金属圈与进线嘴不匹配的（闲置的进线嘴可不用金属圈）。

（15）进线嘴压紧后，没有余量或进线嘴内缘压不紧密封圈；或密封圈端面与器壁接触不严；或密封圈能活动的。

（16）压盘式进线嘴缺压紧螺栓或压紧螺栓未上紧，用一只手能使进线嘴明显晃动的。

（17）螺母式进线嘴因乱扣、锈蚀等紧固不到位，或用一只手的拇指、食指、中指能使压紧螺母向旋进方向前进超过半圈的。

（18）在进线嘴处，顺着电缆进线方向用一只手能将电缆推动的。

（19）高压铠装电缆接线盒使用绝缘胶时，绝缘胶没有灌到三叉口以上，或绝缘胶有裂纹能相对活动的。

第三节　矿用隔爆型真空电磁起动器

按照《煤矿安全规程》的规定，井下40 kW以上的电动机，应当采用真空电磁起动器控制。矿用隔爆型真空电磁起动器是一种组合电器，它由隔离开关、真空接触器、按钮和保护装置等构成，装在隔爆外壳中，用于煤矿井下控制和保护电动机。它控制方便、保护完善，所以在煤矿井下被广泛使用。

一、QBZ-120ND矿用隔爆型可逆真空电磁起动器

工作面中的某些机械设备经常需要正反转，如上山绞车、调度绞车等，QBZ-120ND矿用隔爆型可逆真空电磁起动器（见图4-13）可以直接或远距离控制矿用隔爆型三相笼型异步电动机的启动、停止和正反转。QBZ-120ND矿用隔爆型可逆真空电磁起动器具有过载、短路、失压和漏电闭锁等保护功能。

图 4-13　QBZ-120ND 矿用隔爆型可逆真空电磁起动器

1. 型号及含义

QBZ-120ND 矿用隔爆型可逆真空电磁起动器的型号及含义如下：

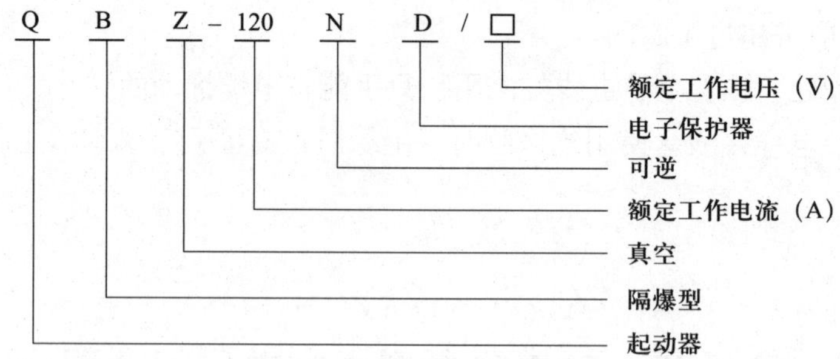

2. 主要结构

QBZ-120ND 矿用隔爆型可逆真空电磁起动器由隔爆外壳及装于壳内的交流真空接触器、隔离开关、控制按钮、控制变压器、JDB 系列电动机综合保护器、阻容吸收保护装置等元器件组成。

QBZ-120ND 矿用隔爆型可逆真空电磁起动器外壳为圆筒形，具有凸出的底和盖。壳盖与壳体采用转盖式止口结构。外壳上部有一接线箱用于引入和引出电缆。外壳右侧装有操作隔离开关的手柄和就地停止按钮，并设有可靠的机械联锁装置。该联锁装置能保证当隔离开关闭合时，壳盖打不开；只有按下停止按钮、分断主电路、将隔离开关手柄扳到“分”的位置时，才能用专用工具退出联锁杆，打开壳盖。

主腔内两接触器之间设置有可靠的电气联锁，保证两台接触器不能同时吸合。

3. 工作原理

在交流 50 Hz、电压 1 140 V（或 660 V）的供电系统中，QBZ-120ND 矿用隔爆型可逆真空电磁起动器配用隔爆按钮后可控制经常正反转的三相笼型异步电动机，其主要电气元件见

表 4-4，电路图如图 4-14 所示。

表 4-4　　　　QBZ-120ND 矿用隔爆型可逆真空电磁起动器主要电气元件

代号	元件
QS	隔离开关
KM1、KM2	真空接触器
JDB	JDB 系列电动机综合保护器
TC	控制变压器
ARC	阻容吸收装置
FU	熔断器
SB、SB3	停止按钮
SB1、SB2	启动按钮

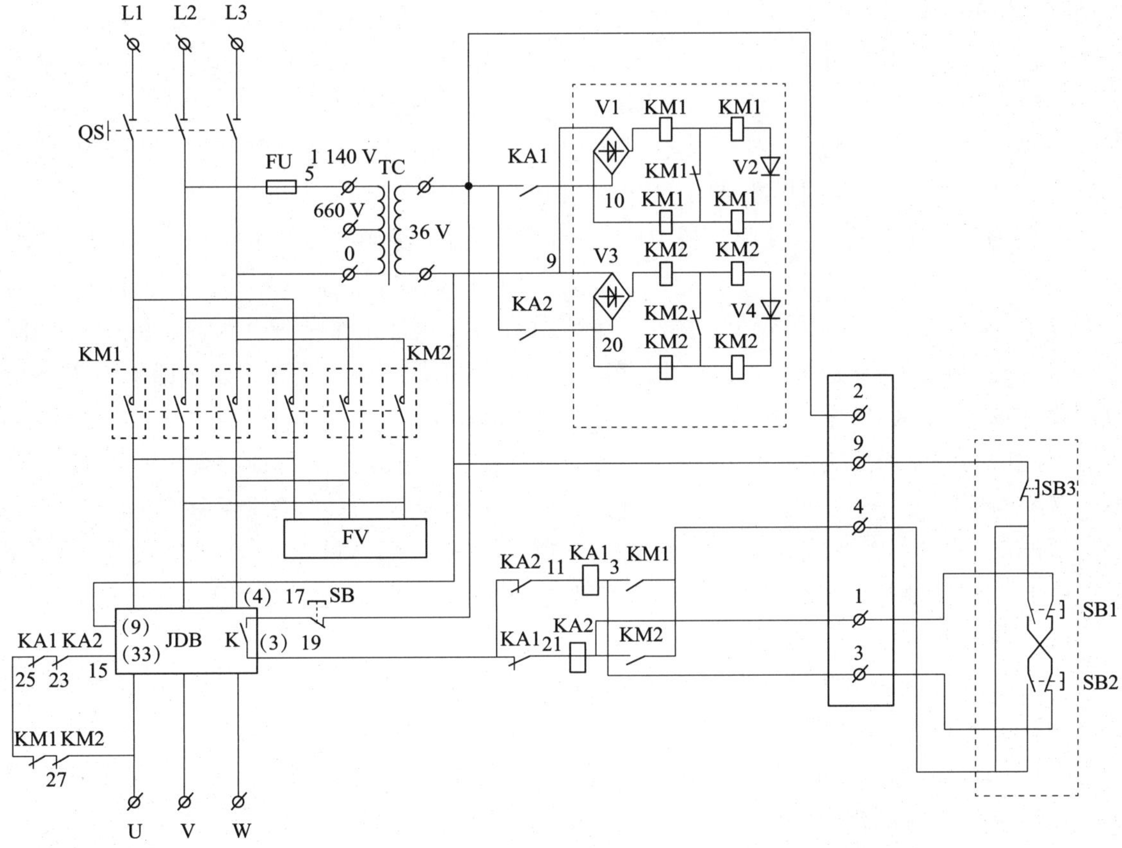

图 4-14　QBZ-120ND 矿用隔爆型可逆真空电磁起动器电路图

（1）主回路。主回路：三相 1 140 V（或 660 V）交流电源—隔离开关 QS—真空接触器 KM1 真空管进线端—真空接触器 KM1 真空管出线端—电动机综合保护器 JDB—JDB 出线端 U、V、W 直接接三相异步电动机。电动机的正反转控制是通过主回路中两套交流真空接触器主触点换相实现的。阻容吸收装置 ARC 能有效地吸收操作过电压，电动机综合保护器 JDB 对运行中的电动机进行过载反时限保护、断相不平衡保护、短路速断保护以及漏电闭锁保护等。

（2）控制回路。控制回路由控制变压器 TC 供电。改变其一次绕组接线或更换控制变压器可使该起动器用于 1 140 V、660 V 或 380 V 线路，TC 的二次电压为 36 V。熔断器 FU 实现对控制回路的短路保护。

真空接触器 KM1、KM2 均为四线圈结构，分别由其常闭触点和一个二极管实现大电流吸合、小电流维持。两接触器线圈分别由整流桥 V1、V3 提供直流电源，真空接触器本身具有失压和欠压保护功能。整流桥的交流电源分别由中间继电器 KA1、KA2 的常开触点控制。

JDB 的端子 ⑨ 接 36 V 电源，端子 ④ 则通过起动器的停止按钮 SB 接 36 V 电源，端子 ③、④ 接 JDB 内部执行继电器常开触点 K，当检测电路绝缘状态正常时 K 闭合。JDB 的漏电检测端子 ㉝ 串接有 KA1、KA2、KM1、KM2 常闭触点。

QBZ－120ND 矿用隔爆型可逆真空电磁起动器本身只有一个停止按钮 SB，没有启动按钮，使用时必须另外配备隔爆按钮。图 4－14 中右下角虚线框内为外接控制按钮 SB1～SB3。

①正转启动。按下正转启动按钮 SB1，电流通路为 TC（接线板 ⑨ 脚）→接线腔端子 ⑨ → SB3 → SB1 → SB2 →接线腔端子 ③ → KA1 线圈→ KA2 常闭触点→ JDB 触点 K（③、④）→ SB → TC（接线板 ② 脚），KA1 线圈通电吸合，常闭触点 KA1 断开，切断 KA2 线圈通路，实现闭锁；另一路则切断 JDB 漏电检测回路。

KA1 的常开触点闭合，使整流桥 V1 获得 36 V 交流电源而有直流电输出，实现 KM1 两个子线圈高电压吸合（另外两个子线圈被短接）。KM1 吸合后，KM1 常闭触点随即断开，使得 KM1 的 4 个线圈通过二极管 V2 串联，实现 KM1 在低电压下维持吸合状态。在 KM1 线圈通电吸合的同时，其常开触点 KM1 闭合实现自保；另一常闭触点断开，以确保 JDB 漏电检测回路可靠断开；KM1 主触点闭合，电动机正向启动运转。

启动后的电流通路为 TC（接线板 ⑨ 脚）→ SB3 →端子 ④ → KM1 自保触点→ KA1 线圈→ KA2 常闭触点→ JDB 触点 K（③、④）→停止按钮 SB → TC（接线板 ② 脚）。

②停止。按下 SB3（或 SB），KA1 线圈失电释放，KA1 常开触点断开，KM1 线圈失电释放，KM1 主触点断开，切断主电路。各个元件均返回启动前的状态。

反转启动和停止可自行分析。

（3）保护回路。当电路一相对地绝缘电阻值低于 40 kΩ（1 140 V）或 22 kΩ（660 V）或 7 kΩ（380 V）时，JDB 内部的执行继电器线圈释放，其常开触点 K（③、④）不动作，则起动器无法启动，从而实现漏电闭锁。只有当主电路绝缘电阻高于其动作值时，JDB 内部的执行继电器线圈得电吸合，其常开触点 K 闭合，才允许起动器启动。启动后，当电路发生过载、断相及短路故障时，JDB 内部的执行继电器线圈失电释放，其常开触点 K（③、④）断开，切断起动器控制回路，起动器跳闸，主回路断开，从而实现过载、断相及短路保护。

4. 常见故障及处理

QBZ－120ND 矿用隔爆型可逆真空电磁起动器的常见故障及处理方法见表 4－5。

表 4－5　　QBZ－120ND 矿用隔爆型可逆真空电磁起动器的常见故障及处理方法

故障现象	可能的故障原因	处理方法
为起动器送电后，正反转均不能启动	QS 接触不好或电源无电压	测量电压；检查 QS，若损坏则更换
	FU 熔断	查清 FU 熔断原因，处理好后更换 FU
	TC 损坏或触点接触不良	检查 TC 一次绕组和二次绕组，检查熔断器的熔丝管、触点接触状况并作出处理
	JDB 漏电闭锁动作或损坏	找出故障原因，若故障出在线路或电动机上，则进行相应处理；若故障出在 JDB 上，则更换 JDB
	SB（或 SB3）接触不好或与端子 ⑨ 的连线断开	检查 SB、SB3，若损坏则更换；测端子 ⑨ 与端子 ① 或端子 ③ 之间有无 36 V 电压，判断与端子 ⑨ 的连线是否断开，并作出相应处理
只能正转而不能反转	SB2 按下后，不能接通 KA2 线圈回路	检查 SB2，若损坏则更换
	SB1 常闭触点接触不良	检查 SB1，若损坏则更换
	KA2 线圈烧断或机械动作机构卡住、触点接触不良	检查 KA2，若损坏则更换
	KM2 线圈开路，整流桥损坏	检查 KM2、整流桥，若损坏则更换
只能反转而不能正转	SB1 按下后，不能接通 KA1 线圈回路	检查 SB1，若损坏则更换
	SB2 常闭触点接触不良	检查 SB2，若损坏则更换
	KA1 线圈烧断或机械动作机构卡住、触点接触不良	检查 KA1，若损坏则更换
	KM1 线圈开路，整流桥损坏	检查 KM1、整流桥，若损坏则更换
不自保	自锁触点 KM1、KM2 接触不良	模拟接触器的吸合状态，使自锁触点闭合后进行检查，如接触不好，则修复或更换
	自锁触点相关连线开路或接触不良	检查相关连线与接头，并作出相应处理
电动机启动时就跳闸	JDB 整定值太小或损坏	重新整定，如损坏则更换
	电源缺相	查出缺相原因并进行处理
	负荷太大或机械卡死	减轻负荷，找出卡死原因，并作出相应处理

二、QJZ 系列隔爆真空电磁起动器

QJZ 系列矿用隔爆型真空电磁起动器适用于煤矿井下交流 50 Hz、电压 660 V 或 1 140 V 的三相笼型异步电动机直接启动、停止控制，采用微机智能保护，具有过载、断相、短路、漏电闭锁及过电压保护功能，可实现单机远控、近控、双机联锁控制以及多台起动器的顺序启动等。

1. 用途及型号、含义

QJZ－300/1140 矿用隔爆型真空电磁起动器适用于含有爆炸性气体（甲烷）和煤尘的矿井中，且周围介质中不得含有破坏金属和绝缘的活动性化学物质。

该起动器的主要作用是直接启动 / 停止或远距离启动 / 停止额定电压为 1 140 V、频率为 50 Hz、额定容量为 15～440 kW 的矿用隔爆型三相笼型异步电动机，并可在停止时进行换向。

例如，该起动器可用于对井下小型绞车、水泵、局部通风机等设备的控制。

QJZ－300/1140 矿用隔爆型真空电磁起动器的型号及含义如下：

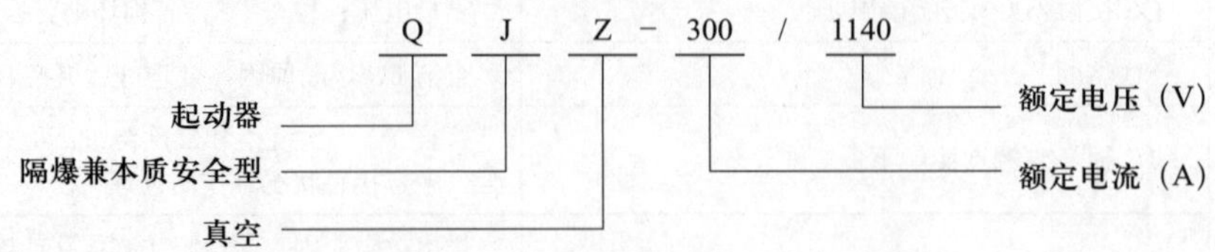

2. 技术特征

QJZ－300/1140 矿用隔爆型真空电磁起动器技术规格见表 4－6。

表 4－6　QJZ－300/1140 矿用隔爆型真空电磁起动器技术规格

型号	额定电压 /V	额定电流 /A	当 $\eta\cos\varphi$=0.75 时，控制笼型异步电动机功率 /kW		引入电缆外径 /mm		质量 /kg
QJZ－300/1140	1 140/660	300	1 140	660	动力电缆	控制电缆	380
			15～440	9～250	32.0～71.0	14.5～21.0	380

（1）该起动器具有失压、短路、过载、漏电闭锁、断相、过电压保护，以及接触器真空触点漏气闭锁保护功能；在远方控制时，具有防止控制回路短路后自启动的保护功能。

（2）该起动器具有过流、过载、断相、漏电闭锁、漏气显示功能，以及电源显示和运行显示功能。

（3）该起动器设有试验开关，当试验开关拨至相应试验位置时，可方便地检查控制线路和保护装置。

（4）起动器整定电流范围：粗调开关 K1 分 5 挡，即 10～20 A、21～40 A、41～80 A、81～160 A、161～320 A；细调采用时钟式电位器，无级调整。

（5）在额定电压下，断路器的分断能力为 2 400 A/25 次，极限分断能力为 4 500 A/3 次。

（6）隔离换向开关分断能力为 2 400 A/3 次。

（7）主回路熔断器型号为 NGT3 型，560 A/1 000 V，极限分断能力为 10 kA。

（8）起动器在系统电压不低于额定电压值的 75%、不高于额定电压值的 110% 范围内，能可靠吸合。

（9）起动器的控制方式分为就地控制、远方控制、程序控制和反向联锁控制。

3. 主要结构

QJZ－300/1140 矿用隔爆型真空电磁起动器（见图 4－15）由底架及其上的方形隔爆外壳组成，外壳分成接线空腔和主腔两个独立的隔爆部分。其中，主腔内有千伏级元件和折页式控制线路组件等。前门为平面止口式结构。开门时，需先按下外壳右侧的停止按钮顶杆，转动隔离换向开关至停止位置，提起起动器左侧固定于铰链上的操作手把，将前门向上抬起约 30 mm（不要抬得过高），前门即可打开。关门时，用手平提铰链上的操作手把，转动前门即可关闭（转动前门时，注意操作手把抬起的高度，避免操作手把上部的凸轮与铰链碰撞）。

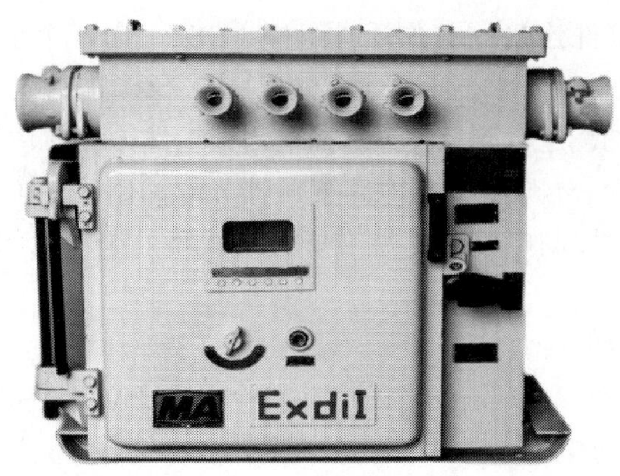

图 4-15　QJZ-300/1140 矿用隔爆型真空电磁起动器

打开前门后，逆时针旋转折页式芯子右侧的锁紧螺栓，将挂钩与芯子脱开，折页式芯子将以折页轴为圆心转动，使整个芯子伸出壳外，以便维修。折页式芯子与其他部件通过插接件连接，必要时，将插接件拔掉，并将折页式芯子上的紧固螺钉拧下，即可抽出整个芯子。芯子装入壳内的操作顺序与伸出壳外的操作顺序相反。

起动器控制线路使用的导线：千伏级为红色，本质安全回路为蓝色，接地线为黑色，其他为白色或别的颜色。每根千伏级导线均套有耐热塑料软管，所有导线两端均套有标注线号的异形套管。

（1）起动器外壳上的元器件如下：

① HGZ-300/1140 型真空隔离换向开关具有“正”“停”“反”3 个位置，可在电动机停止运行时隔离电源和换向，并允许在接触器处于事故状态下分断负载。只有按下停止按钮，才能操作真空隔离换向开关。

②真空隔离换向开关下装有电流互感器组，可以在完成电流信号取样后将其送至信号整定组件。

③ ZR-1 型阻容吸收装置可以有效地吸收操作过电压。

（2）固定式芯板上的元器件如下：

① CJZ-300/1140 型真空交流接触器用于接通或分断主电路和控制电路。拆去导线，取下控制线，旋松紧固螺钉，向右推动，即可取出接触器。

②控制变压器向控制电路提供不同的控制电压，控制变压器的一次侧、二次侧均接入熔断器。

③千伏级熔断器可实现对高压电路的短路保护。

（3）折页式芯板上的元器件如下：

①继电器组包括直流继电器和中间继电器，可按顺序动作，完成启动过程。

②熔断器及给接触器吸力线圈供电的整流桥组件，可提供直流电压及实现对控制电路的短路保护。

③过流保护装置的粗调开关。

④ 5 块组件通过插接件连接。电源延时组件（DSZ）向各个组件提供工作电源，并在不同情况下满足不同的延时需求。信号整定组件（XZZ）进行动作值的整定。保护组件（BHZ）完成对电缆线路的漏电检测及闭锁。漏电闭锁组件（LDZ）完成对起动器的短路、过载、断相、漏气闭锁保护。本质安全型电路变压器先导回路组件（XDZ），在正常启动情况下，先导回路先工作，为控制电路工作做准备；当线路处于漏电闭锁状态时，先导回路被切断。

（4）前门上的元器件如下：

①启动按钮和复位按钮，实现起动器的启动和检修后复位（试验后也需要复位）；

②试验开关，可进行过电流—运行—漏电试验；

③信号显示板组件，可显示运行情况、电源的工作状态及漏电、漏气、断相、短路、过载等故障信息，可通过试验开关进行过载、断相、漏电闭锁等模拟试验。

（5）外壳接线空腔的元器件如下：

①主回路进出线接线柱，用于连接电源和负载（进线 3 个接线柱，出线 3 个接线柱）。

②控制电路进出线接线端子和接线端子排。其中，K1～K7 为本质安全型回路出线端子，K2、K3、K4 接远方控制按钮，K1、K5、K6、K7、K8、K9、K14 供程序控制接线用，K0 连接接地线，K10、K11 为接触器对外提供的常开触点，K12、K13、K15 为接触器对外提供的常开、常闭接点，如图 4－16 所示。

4. 工作原理

QJZ－300/1140 矿用隔爆型真空电磁起动器电路图如图 4－16 所示。

该电路主要由主回路、控制回路、保护回路及试验显示回路组成。

主回路：由真空隔离开关 1QS、千伏级熔断器 1FU、真空接触器 KM 主触点、ARC 阻容吸收装置组成。1 140 V（或 660 V）三相交流电经 1QS、1FU 进入 KM 主触点，通过 KM 主触点的断开或闭合，完成主回路的停送电。

控制回路：由控制变压器 1TC、本质安全型变压器 2TC、中间继电器 1KA～3KA、直流继电器 1K～5K，真空接触器 KM 线圈回路、本质安全型电路变压器先导组件 XDZ 及按钮组成。1TC 二次侧输出 42 V、24 V 和 36 V 电压。

保护回路：主要由电流互感器 1TA～3TA 和电子保护系统组成。电子保护系统由 4 块组件组成，它们分别是电源延时组件 DSZ、保护组件 BHZ、信号整定组件 XZZ 和漏电闭锁组件 LDZ。

试验显示回路：由试验检查开关 2QS 和故障指示发光管等组成，用于判断和检查起动器保护系统是否正常。

（1）启动前的准备（以远方控制为例）。

①本质安全型电路变压器先导组件 XDZ 上的“远 / 近”控制按钮开关置于“远”位置。

②将“遥控 / 程控”开关 S 置于“遥控”位置。

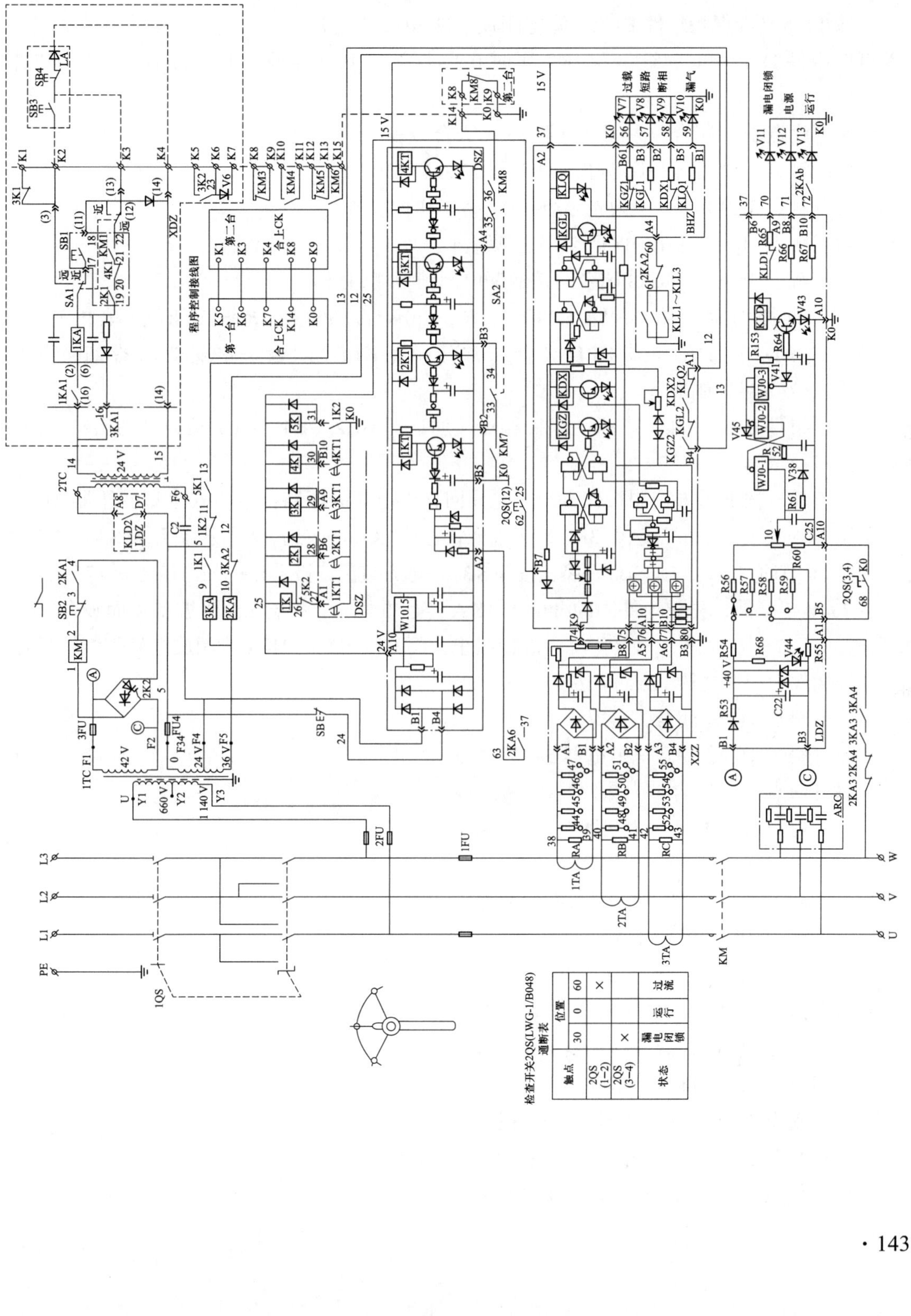

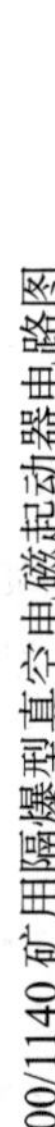

图4-16　QJZ-300/1140矿用隔爆型真空电磁起动器电路图

③将隔离换向开关 1QS 置于“正”或“反”位置→控制变压器 1TC 得电，1 140 V/42 V、36 V、24 V →电源延时组件 DSZ 有电→

→ 输出 24 V →为继电器 1K～5K 得电做准备；
输出 15 V →保护组件 BHZ、漏电闭锁组件 LDZ 得电；

电源延时组件 DSZ 中时间继电器 1KT 延时 0.2 s 吸合→其常开触点 1KT 闭合→中间继电器 1K 吸合→

→ 常开触点 1K1 闭合→中间继电器 3KA 吸合→
常闭触点 1K2 打开→保证中间继电器 2KA 释放；

→ 常开触点 3KA1 闭合→为先导组件 XDZ 工作做准备；
常闭触点 3KA2 打开→保证 2KA 不吸合；
常闭触点 3KA3、3KA4 闭合→接通漏电闭锁检测回路。

④动力回路对地绝缘电阻，1 140 V，$R > 40\ k\Omega$；660 V，$R > 22\ k\Omega$（单相）→漏电闭锁组件 LDZ 中的继电器 KLD 吸合→常开触点 KLD2 闭合→本安变压器 2TC 得电，24 V/17 V →为先导控制准备。

⑤保护组件 BHZ 中 4 个串联的保护触点接通，即 BHZ（B4、A1）接通，为启动控制做准备。

（2）启动。按下远方控制按钮 SB3，先导回路中电流的通路：本质安全型变压器 2TC 二次侧电压 17 V（上）→常开触点 3KA1 →先导继电器 1KA →“远 / 近”控制开关 SA1 的“远”方→K2 端子→远方启动按钮 SB3 →停止按钮 SB4 →远方整流二极管 LA →K4 端子→17 V（下）。

在 17 V 正半波，先导组件中的继电器 1KA 经远方整流二极管 LA 半波整流而吸合，C1、C2 充电；在 17 V 负半波，远方整流二极管截止，而 C1、C2 向 1KA 线圈放电使其维持吸合。

先导插件中间继电器 1KA 得电吸合→

→ 常开触点 1KA1 闭合，自保；
常开触点 1KA2 闭合→继电器 5K 吸合→

→ 常开触点 5K1 闭合→为 2KA 通电做准备；
常闭触点 5K2 断开→中间继电器 1K 释放→

→ 常开触点 1K1 断开→ 3KA 释放→
常闭触点 1K2 闭合→为 2KA 吸合做准备；

→ 常开触点 3KA1 断开（先导回路中）；
常闭触点 3KA2 闭合→ 2KA 吸合→
常开触点 3KA3、3KA4 断开→解除漏电闭锁；

→ 常开触点 2KA1 闭合→接触器 KM 得电吸合→
常闭触点 2KA2 断开→解除漏气闭锁；
常闭触点 2KA3、2KA4 断开→解除漏电闭锁；
常开触点 2KA5 闭合→运行灯亮；
常开触点 2KA6 闭合→保证 DSZ 中 1KT 释放；

→ 主触点 KM 闭合→电动机启动；
辅助触点 KM1 闭合→为先导回路继电器 1KA 自保做准备；
辅助触点 KM2 闭合→为程控做准备；
辅助触点 KM3 断开→为反向联锁控制做准备；
辅助触点 KM4 闭合→对外提供辅助常开触点；
辅助触点 KM5、KM6 对外提供辅助常开、常闭触点；
辅助触点 KM8 闭合，为反向联锁控制做准备；
辅助触点 KM7 闭合→ DSZ 中时间继电器 2KT 延时 0.12~0.15 s 吸合→其常开触点 2KT1 闭合→中间继电器 2K 吸合→

→ 常开触点 2K1 闭合→ XDZ 中间继电器 1KA 自保；
常闭触点 2K2 断开→接触器 KM 线圈交流 36 V 维持吸合。

远方控制整流二极管 LA 必须安装在远方控制按钮盒内，其目的是防止控制线短路时，开关自启动；远方整流二极管不能接反，接反后开关不能启动。

（3）停止。

①远控停止：按下远方停止按钮 SB4 →本质安全型电路变压器先导组件 XDZ 中 1KA 断电释放→常开触点 1KA2 打开→继电器 5K 释放→其常开触点 5K1 打开→中间继电器 2KA 释放→常开触点 2KA1 打开→接触器 KM 释放→主触点打开，电动机断电停止。

②紧急停止：按下起动器上的紧急停止按钮 SB2 → KM 断电释放，电动机断电停止。

（4）就地控制。本质安全型电路变压器先导组件 XDZ 中“远 / 近”控制开关 SA1 置于“近”位置。按下就地控制启动按钮 SB1，17 V 电流的通路：17 V（上）→ 14 号线→ 3KA1（已闭合）→ 1KA 线圈→控制开关 SA1 置于“近”位置→启动按钮 SB3 →整流二极管 LA → 17 V（下）→继电器 1 KA 吸合。其后的动作过程同远方控制过程。

5. 故障保护

（1）漏电闭锁保护。在启动前，3KA 吸合后，当主回路负荷端对地绝缘电阻小于整定值时，漏电检测电路动作，KLD 释放，2TC 不得电，起动器无法启动，同时 V11 亮。绝缘恢复正常后，KLD 自动吸合，故障显示 V11 灭，起动器可以启动，进入运行状态，主回路漏电保护由检漏继电器执行。

（2）漏气闭锁保护。启动前真空灭弧室出现漏气，则继电器触点立即闭合，KLQ 吸合，切断 2KA 回路，KM 不能吸合，同时漏气显示 V10 亮。

（3）过载保护。运行中过载时，过载电流信号由 1TA～3TA 取出，再经 XZZ 组件变为直流电压信号，送入 BHZ 的 A9 端，经延时，电路翻转并记忆，KGZ 立即释放，KGZ2 断开，2K2 立即释放，KM 释放，切断故障电源；KGZ1 闭合，V7 亮，表明存在过载故障。起动器跳闸后开关闭锁，不能启动，需按下复位按钮，V7 熄灭，才可重新启动。

（4）短路保护。当主回路出现大于 $8I_N$ 的电流时，BHZ 中的短路保护电路动作，KGL 吸合，记忆故障信息；KGL2 断开，2KA 释放，KM 释放；KGL1 闭合，V8 亮，表明存在短路故障。运行显示 V13 灭，电路记忆，复位后可重新启动。

（5）断相保护。运行中主回路或取样电路缺相会造成 BHZ 中的断相保护电路延时 8～20 s 后动作，KDX 释放，电路翻转并记忆；KDX2 断开，2KA 释放，KM 释放；KDX1 闭合，V13 灭，V9 亮，表明存在断相故障。对此，需复位后才能重新启动。

（6）防止先导回路短路自启动保护。在启动前一旦先导回路控制电缆出现短路，此时远方控制按钮中的整流二极管也被短接，回路中流过的是交流电流，1KA 无法吸合，从而有效地防止起动器误启动或自启动。

（7）过电压保护。起动器通常采用阻容吸收装置进行过电压保护，它利用电容器两端电压不能突变和频率越高其容抗越小的原理，可有效地吸收过电压。

6. 日常维护、保养方法及注意事项

（1）日常维护、保养方法如下：

①定期清除外壳上的煤尘等污垢。

②定期检查外壳有无损坏，紧固件是否松动。

③定期检查电缆引入装置是否完好，电缆是否松动。

④检查设备内部元器件和保护装置是否完好无损、动作灵敏可靠，是否整定正确。

⑤每隔一周左右，用干净的棉丝或泡沫塑料清除隔爆接合面上的煤尘、岩粉。擦拭时，要注意防止铁屑、砂粒等刮伤隔爆接合面。擦净后，薄薄地涂上一层防锈油或凡士林。

（2）注意事项如下：

①打开外壳检修时，不能用锤子、铁棍敲打转盖，也不能用旋具、扁铲等工具插入隔爆接合面撑撬，工作中要特别注意防止碰伤隔爆接合面。

②安装、检修完毕后，要注意保持隔爆接合面清洁，防止粉尘、砂粒或铁屑等进入隔爆接合面。用塞尺检查隔爆接合面间隙，应符合要求。

③在运输过程中，不得碰撞、翻滚起动器，并且应有防止雨雪侵蚀的措施。

7. 电磁起动器的选用

（1）电磁起动器的选用主要考虑额定电流的选择和整定电流的调节，即电磁起动器的额定电流（也是接触器的额定电流）和整定电流应略大于电动机的额定电流。

（2）电磁起动器的额定电压应等于或大于工作电压。

（3）工作电压下所控制的电动机最大功率应大于或等于实际安装的电动机功率。

8. 常见故障及处理

QJZ－300/1140 矿用隔爆型真空电磁起动器常见故障及处理方法见表 4－7。

表 4－7　QJZ－300/1140 矿用隔爆型真空电磁起动器常见故障及处理方法

故障现象	可能的故障原因	处理方法
电源指示灯不亮， 起动器不吸合	① 2FU 熔断，无 24 V 电压 ② DSZ 损坏，无 15 V 电压 ③主控制变压器 1TC 损坏	更换损坏的元器件

续表

故障现象	可能的故障原因	处理方法
电源指示灯亮， 起动器不吸合	①组件 LDZ 损坏，KLD2 不闭合，2TC 无输出 ②组件 XDZ 损坏 ③组件 BHZ 损坏，向外引出插头回路接触不良 ④接触器回路有问题 ⑤中间继电器 2KA、3KA、4KA 有问题	检查相关电路或元器件，更换损坏的元器件
启动后不能自保	①先导组件自保回路不通 ②中间继电器 2KA 故障 ③时间组件 DSZ 故障，2KT 不动作 ④远 / 近控制开关故障	检测控制线路，正确连线或更换相关组件
过流保护不动作或误动作，断相保护、漏气闭锁误动作	①组件 BHZ 损坏，向外引出插头回路接触不良 ②组件 XZZ 损坏 ③拉力继电器故障	检测 2KA 线圈回路，更换损坏的组件
漏电检测保护不动作	组件 LDZ 损坏	更换组件
漏电闭锁不动作	①无 15 V 或 36 V 电压 ②组件 LDZ 损坏	检查连接线，更换损坏的组件

第四节　采煤机电控系统

一、采煤机简介

采煤机是综采工作面的主要设备，它是从截煤机发展演变而来的，是集机械、电气、控制和通信于一体的大型机电设备。井下工作环境复杂，一旦出现故障，将会影响整个矿井生产，因此作业人员必须了解采煤机的组成，熟悉采煤机的基本电气控制原理，能正常维护采煤机，准确地判断采煤机的故障。

随着我国煤矿综合机械化采煤设备技术日趋成熟，国内设计制造的煤矿机电装备已成为我国煤矿生产装备的主体。目前，高产高效矿井广泛使用的是双电动机截割、双电动机牵引工作方式的采煤机，即双滚筒电牵引采煤机，如图 4－17 所示。电牵引是指采煤机的牵引速度通过直接改变电动机的转速来实现，而不是通过调节液压系统的参量（压力或流量）来实现。电牵引采煤机中电动机速度的改变既可用变频调速的方法，也可用晶闸管可控整流的方法。

双滚筒电牵引采煤机具备高截割性、高耐磨性、高适应性、高可靠性、易维护性和智能化等优点。其截割电动机单机功率可达 650/750 kW，牵引电动机单机功率可达 110 kW，油泵电动机功率可达 40 kW，动力储备充足。

智能采煤机具备学习型记忆截割、自适应截割、摇臂故障预测性维护、采煤机健康诊断模型、数据云端储存等智能化功能，广泛应用于智能化矿井，适用于少人化工作面。

图 4-17　双滚筒电牵引采煤机

二、采煤机电动机

1. 采煤机电动机的特点

采煤机电动机为矿用隔爆型交流异步笼型电动机，机壳由钢板焊接而成，具有高效率、高堵转转矩、高可靠性、低堵转电流、强过载能力等特点，可作为采煤机驱动截割部和行走部的主电动机。采煤电动机通常采用外壳水冷的方式，机壳内设有专门的冷却水道，机座外壳上设有冷却水的清理孔，供电动机水路堵塞时疏通之用。

2. 常见故障及处理

采煤机电动机常见故障及处理方法见表 4-8。

表 4-8　　采煤机电动机常见故障及处理方法

故障现象	可能的故障原因	处理方法
电动机通电后不能启动	电缆芯线与接线柱连接不好	找出电缆连接故障点，重新连接
	电动机定子绕组烧损	修复电动机绕组
	电动机缺相	修理缺相
	定子绕组相间短路或转子断条	找出断路、短路部件并进行修复，若因漏水、漏油导致绝缘损坏，应及时更换油封
	负载过大	减轻负载
电动机温升过高	断水	修复或疏通水道
	过载	减轻负载
	单相运行	检查熔断器熔芯，修复断路处
	电源电压偏低	检查并调整电源电压
	笼条断条	更换笼条
	定子、转子相碰	检查轴承是否损坏，转子装配是否良好，及时修复故障点

三、采煤机的电气系统

双滚筒电牵引采煤机的整机功率在 500 kW 以上，通常采用 1 140 V 或 3 300 V 供电电压，并采用工业控制机控制，因而具有供电系统简单、工作可靠和安全等特点。

双滚筒电牵引采煤机（以 MGTY 250/700 为例）电气原理图如图 4－18 所示，除主回路外，它由变频装置、监控装置和控制电源等部分组成。

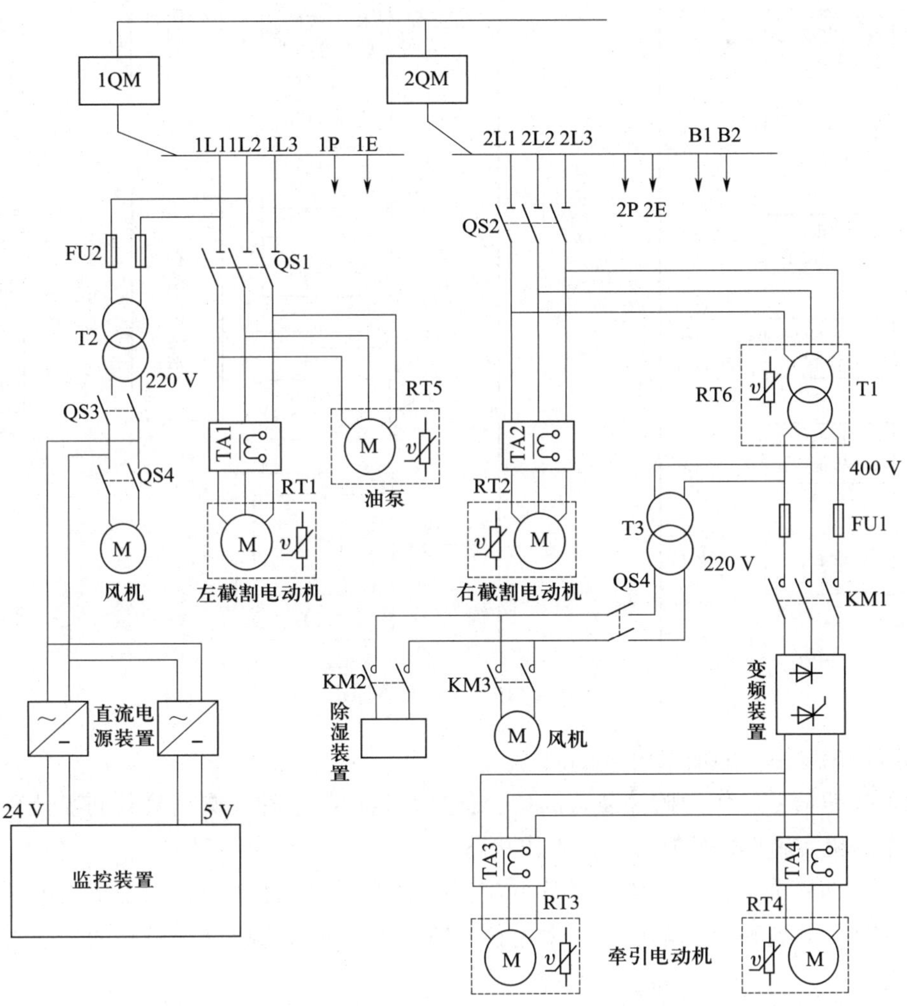

图 4－18　双滚筒电牵引采煤机（以 MGTY 250/700 为例）电气原理图

1. 变频装置

牵引变压器 T1 输出 400 V、50 Hz 电压，经变频装置后变为 3～6 Hz 的正弦电压，用于牵引电动机调速。

2. 监控装置

监控装置由工业控制机（计算机及可编程控制器）及外围设备、辅助设备等部分组成，其原理如图 4－19 所示。

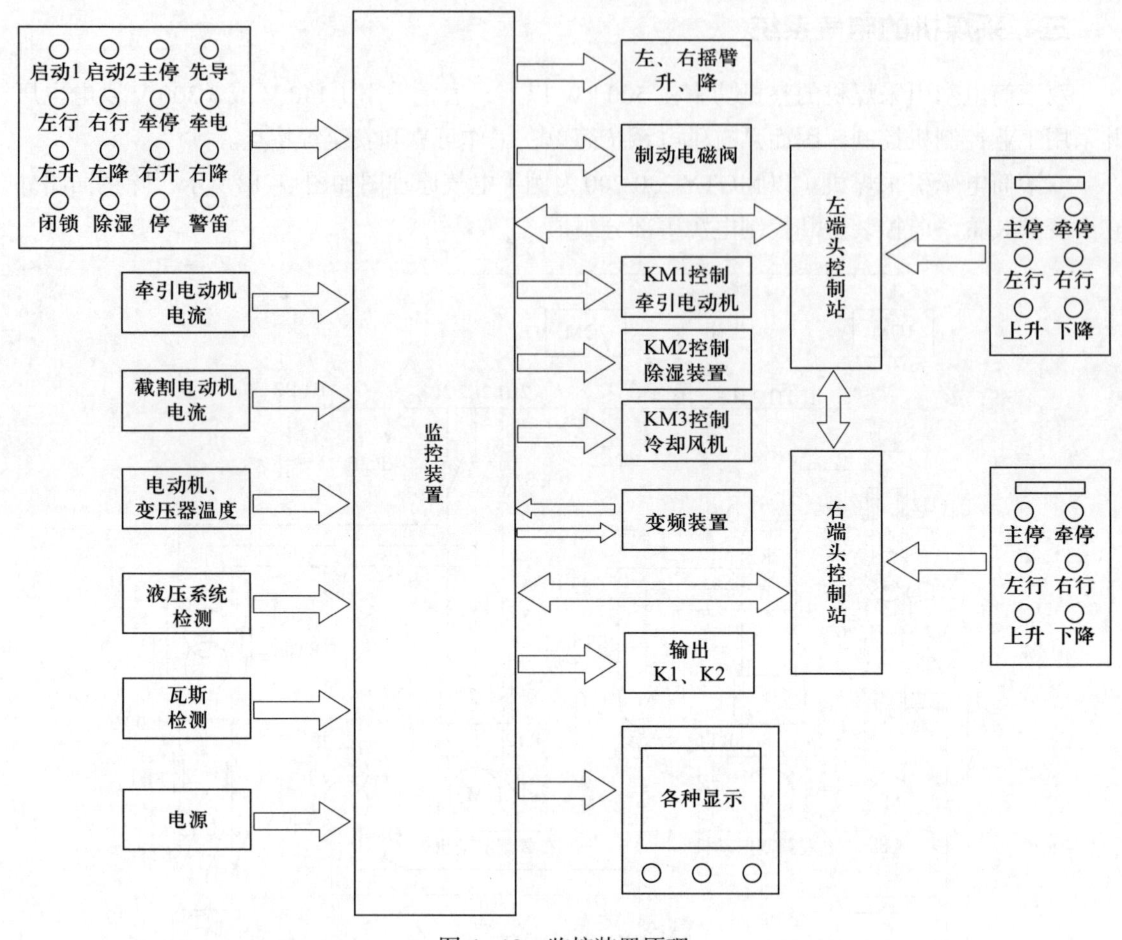

图 4-19　监控装置原理

（1）监控装置主要的输入信号。

①各种按钮信号。作为监控装置的指令信号，它们与各种检测信号共同经计算机分析运算后，对采煤机实施操作控制并显示工作状态。

②牵引电动机电流信号。该信号从电流互感器 TA3、TA4 取得，用于牵引电动机的电流保护，并对变频装置输出的电压、频率进行调节，以便使采煤机获得较高的牵引力矩和平稳的牵引速度。

③截割电动机电流信号。该信号从电流互感器 TA1、TA2 取得，经与电动机额定负载比较后，使牵引速度自动跟踪截割电动机的负载变化，以便使采煤机实现恒功率调节。

④温度信号。该信号取自各电动机和牵引变压器，通过热敏电阻 RT 将信号送入监控装置，以便对采煤机相应设备进行温度调节和保护。

⑤左端头控制站和右端头控制站输入、输出信号。该信号取自端头控制站的按钮信号。该信号经监控装置变换、处理后控制采煤机执行相应指令，同时将采煤机的工作状态传回端头控制站，以便进行状态显示。

⑥液压系统检测信号。监控装置根据该信号判断液压系统工作是否正常，同时发送相应信号或停机。

⑦瓦斯检测信号。监控装置根据该信号对采煤机周围的瓦斯进行不间断监控，当瓦斯浓度超限时，发出警报并自动停车。

⑧变频装置信号。变频装置的各种信号如电路保护信号、电子开关控制信号，以及左牵引、右牵引和增速、减速信号等，经计算机处理后进行相互传递，以保证牵引系统工作在最优状态，并及时对变频装置的故障发出警报或停机。

（2）监控装置输出部分。

①输出触点 K1、K2。输出触点 K1、K2 是先导回路的自保触点。另外，当采煤机在运行过程中出现故障时，监控装置发出停车信号，并通过该触点使采煤机断电。

②输出信号控制采煤机左摇臂和右摇臂的升和降。监控系统根据端头控制站或主控箱发出的指令信号，分别使内部触点闭合，通过相应的电磁阀控制左摇臂和右摇臂的升降。

③输出信号控制制动电磁阀。当监控装置接到制动指令或采煤机发生故障停车时，通过内部触点使电磁阀断电，制动器制动。

④接触器 KM1。接触器 KM1 为牵引装置电源控制接触器。监控装置根据输入指令和采煤机运行情况，通过内部触点的通断，控制变频装置的工作状态。

⑤接触器 KM2、KM3。主控箱设有恒温控制环节，当箱内温度过高时，控制系统自动发出指令使接触器 KM3 吸合，启动冷却风机降温；当采煤机在运行过程中主控箱内产生潮气、凝露时，控制系统发出指令使接触器 KM2 吸合，启动除湿装置，为主控箱除湿。

⑥参数显示器。参数显示器即液晶图像显示屏。监控装置将采煤机运行过程中的各种状态、参数以图像、曲线的形式通过显示屏显示出来。

⑦功能显示器。功能显示器以发光二极管的状态反映采煤机的工作情况。

3. 端头控制站

端头控制站分左、右两个。左端头控制站或右端头控制站只能控制本端摇臂的升降，但它们都能对采煤机进行主停、牵引停、左行、右行的控制。

4. 电源装置

变压器 T1 作为电牵引控制系统的电源变压器，将 1 140 V 电压变为 400 V 电压向变频装置供电。另外，T1 还向辅助变压器 T3 供电。T3 为单相变压器，它将 400 V 电压变为 220 V 电压，向主控箱的冷却风机和除湿装置供电，并向接触器 KM1、KM2、KM3 提供电能。

变压器 T2 将 1 140 V 电压变为 220 V 电压向高压箱冷却风机供电，同时向直流电源装置提供电能。两个直流电源装置分别输出 24 V 和 5 V 电压，向监控装置和有关电路供电。

5. 采煤机工作过程

采煤机采用双电缆供电，所以电气原理图中的 1L1～1L3、1P、1E、2L1～2L3、2P、2E、B1、B2 分别引至设置在配电点的真空电磁起动器 1QM、2QM 上。其中，1L1～1L3、2L1～2L3 为 1 140 V 主电路，1P、1E 及 2P、2E 分别为两台电磁起动器的先导回路，B1、B2 为刮板输送机的闭锁回路。

（1）采煤机启动。首先闭合隔离开关 QS1～QS3，按下“启动 1”按钮，电磁起动器 1QM 有电吸合，左截割电动机、油泵电动机及控制电路有电，并通过监控装置内部触点 K1 自保；按下“启动 2”按钮，电磁起动器 2QM 有电吸合，右截割电动机、牵引变压器有电，并通过内部触点 K1 和 K2 自保。3 台电动机分两次启动，可避免较大的启动电流对电网的冲击。

启动采煤机时，为了使液压系统及时建立液压动力，一般情况下应先启动油泵电动机，因此将 1QM 作为主起动器首先启动。在 1QM 未启动时，由于触点 K1 未闭合，起动器 2QM 不能自保。若起动器 1QM、2QM 能顺序延时启动，则可由 1 个启动按钮完成启动过程。

（2）采煤机的停止。采煤机停车时，有 3 处可以操作：按动主控箱上的“主停”按钮；按动左端头控制站和右端头控制站上的“主停”按钮；在故障状态下，监控装置可通过内部自保触点 K1、K2 停车。

（3）先导回路试验。当按下“先导”按钮时，可检测先导回路 1P、1E 和 2P、2E 是否正常。当功能显示器上相应的绿色指示灯亮时，说明先导回路正常，采煤机可以启动；否则，采煤机无法启动。

（4）输送机闭锁停止操作。当按下采煤机上的“闭锁”按钮时，刮板输送机停车并被闭锁。

（5）摇臂升降。摇臂的升降可分别用主控箱和左端头控制站及右端头控制站上相应的按钮操作。当按下按钮时，摇臂开始做相应的升降运动；松开按钮时，摇臂在此高度工作。

（6）采煤机的牵引。当采煤机送电后，按下“牵电”按钮，监控装置使接触器 KM1 吸合，变频装置有电。牵引操作时，可通过主控箱或左端头控制站及右端头控制站上相应的按钮进行。

左牵引操作：按下“左行”按钮不放，采煤机开始左牵引并加速；当松开“左行”按钮时，采煤机在此速度下左行。若需要采煤机减速时，可按下“右行”按钮，采煤机开始减速；松开“右行”按钮时，减速停止。若按住“右行”按钮不放，左牵引速度将降为零。

当采煤机需要改变牵引方向时，必须先按下“牵停”按钮，然后再按方向按钮，采煤机才能改变牵引方向。

当变频装置需要断电时，应先按下“牵停”按钮不放，再按下“牵电”按钮，此时接触器 KM1 断电释放，变频装置失电。

6. 采煤机电气系统维护

采煤机电气系统日常维护检查主要分为班检、周检、季检和大修。

（1）班检。

①检查外壳（包括插头和插座）是否损坏，若损坏，将影响电动机箱体的密封和防爆效果。

②检查拖曳电缆和采煤机外部电缆的损坏情况，应特别注意电缆插头及电缆压盖的夹紧程度。

③检查紧急停止开关和隔离开关位置是否正确。

（2）周检。当重新安装电动机的防爆开关箱盖以后，环绕盖板四周间隙不得超过0.5 mm，所有紧固螺钉必须正确拧紧。

①检查隔离开关触点有无电弧烧伤痕迹，固定处是否松动。小量的烧伤痕迹对采煤机不会有损害，但是可以说明对采煤机的控制不正常。所有组件都应通过控制回路来控制。停止电动机时，应通过控制回路使顺槽开关箱接触器断开主回路。如果采煤机的主回路由隔离开关断开，说明顺槽开关箱工作不正常，或采煤机司机操作顺序不正确。只有在顺槽开关箱发生故障的紧急情况下，隔离开关才能带负荷断开主回路，但此后必须检查隔离开关的触点有无明显的磨损，以免引起接触不良而烧伤触点。

②检查所有的线路绝缘有无损伤、漏电等痕迹。

③检查开关箱内的力矩电动机是否转动灵活，并及时调整。

④依次检查控制线路中所有有接触点的零件，包括隔离开关的辅助触点、自保继电器触点、延时继电器触点、联锁继电器触点、紧急停止开关、启动开关、液压温度开关和压力开关等。

⑤检查所有接线是否可靠。

⑥检查包括电动机绕组在内的主要线路的绝缘电阻。

⑦检查各插头和插座是否损坏和老化。

（3）季检。除周检内容外，季检应对周检处理不了的问题进行处理，并对采煤机司机的日检、周检进行检查，并做好季检记录。

（4）大修。采煤机在采完一个工作面后应升井大修。大修要求对采煤机进行解体清洗检查，更换损坏的零件，测量齿轮啮合间隙，按要求维护和试验液压元件。检修和更换电气元件时，应做电气试验。机器大修后，主要零部件应做性能试验、整机空转试验，并检测有关参数，符合大修要求后方可下井。

四、采煤机常见电气故障及处理

采煤机常见的电气故障及处理方法见表4–9。

表4–9　　采煤机常见的电气故障及处理方法

故障现象	可能的故障原因	处理方法
变频装置过温	变频装置内部过温，过温点整定在125 ℃	①检查控制箱内环境条件 ②检查冷却水压力和流量是否正常 ③检查底板水套是否被堵 ④检查控制箱内水套与变频装置底板是否紧密结合
变频装置输出过电流	变频装置输出过电流或软件过电流触发，触发极限为 $3.5I_N$	①检查电动机负载 ②检查加速时间 ③检查电动机和电动机电缆有无短路的地方 ④检查采煤机的机械行走部件 ⑤让采煤机空运行，看是否过电流

续表

故障现象	可能的故障原因	处理方法
变频装置过电流	变频装置输出过电流	①检查电动机和电动机电缆 ②检查采煤机的机械行走部件和滑靴
变频装置直流母线过电压	变频装置内部中间电路直流电压过大。直流过电压触发为 $1.3U_{max}$=1.3×415 V≈540 V，对应的直流电压为 728 V	①检查过压控制器设置软件是否启动 ②检查牵引变压器输出有无波动或静态过压 ③检查减速时间
变频装置直流电压振动	主电路缺相	检查供电电源是否平衡
	快速熔断器被烧断	检查牵电装置上的快速熔断器 FU1、FU2、FU3 是否熔断
	整流桥内部故障	更换整流桥
变频装置中间直流回路欠压	主电源缺相	检查牵引变压器是否正常工作
	快速熔断器被烧断	检查和修复快速熔断器
	整流桥内部故障	检查和修复整流桥内部故障
变频装置输出侧接地故障	电动机绝缘损坏	检查和修复电动机
	电动机电缆损坏	检查电动机电缆是否漏电
	变频装置内部故障	检查和修复变频装置故障
变频装置控制板故障	变频装置内部输入输出（I/O）控制板故障	检查 I/O 控制板
变频装置控制系统过温	变频装置内部 I/O 控制板的温度超过允许值，低于 -5 ℃或高于 82 ℃	检查冷却风机的运行状态
电动机堵转故障	机械故障	检查采煤机牵引部和滑靴
	过载	检查电动机的负载
电动机缺相故障	电动机故障	检查和修复电动机故障
	电动机电缆损坏	检查和修复电动机电缆
	变频装置内部损坏	检查变频装置输出是否缺相

注：U_{max} 指变频装置承受的最大电压。

第五节　掘进机电控系统

一、掘进机简介

掘进机（见图 4-20）是掘进工作面的主要设备。我国从 20 世纪末开始进行重型掘进机的研发，进入 21 世纪后取得了丰硕的研发成果。掘进机是一种能够同时完成煤岩破碎、装载与转载、运输、喷雾除尘和行走的联合机组，主要由截割部分、装载运输部分和行走部分等组成。

图 4-20　掘进机

掘进机具有掘进速度快，掘进巷道稳定，能够有效减少岩石冒落与瓦斯突出，减少巷道的超挖量和支护作业的充填量，改善劳动条件，减轻劳动强度等优点。掘进机功率较大，故可采用 1 140 V 或 660 V 电网供电。目前正在推广使用的智能化掘进机具有超远控制、高度智能、高可靠性、故障预警和高安全性等优点，广泛应用于智能化矿井中。

二、掘进机主电路

掘进机各台电动机的作用见表 4-10，主电路如图 4-21 所示。

表 4-10　　掘进机各台电动机的作用

<table>
<tr><th>代码</th><th>额定功率 /kW</th><th>作用</th></tr>
<tr><td>1M</td><td>100</td><td>截割电动机</td></tr>
<tr><td>2M</td><td>11</td><td>液压泵电动机</td></tr>
<tr><td>3M</td><td>11</td><td>转载电动机</td></tr>
<tr><td>4M</td><td rowspan="2">11</td><td rowspan="2">刮板输送机电动机</td></tr>
<tr><td>5M</td></tr>
<tr><td>6M</td><td rowspan="2">15</td><td rowspan="2">左行走电动机和右行走电动机</td></tr>
<tr><td>7M</td></tr>
<tr><td>8M</td><td>11</td><td>喷雾电动机</td></tr>
</table>

图 4-21 中，各台电动机均由接触器控制。主电路的各种控制元器件都装在掘进机的隔爆控制箱内。

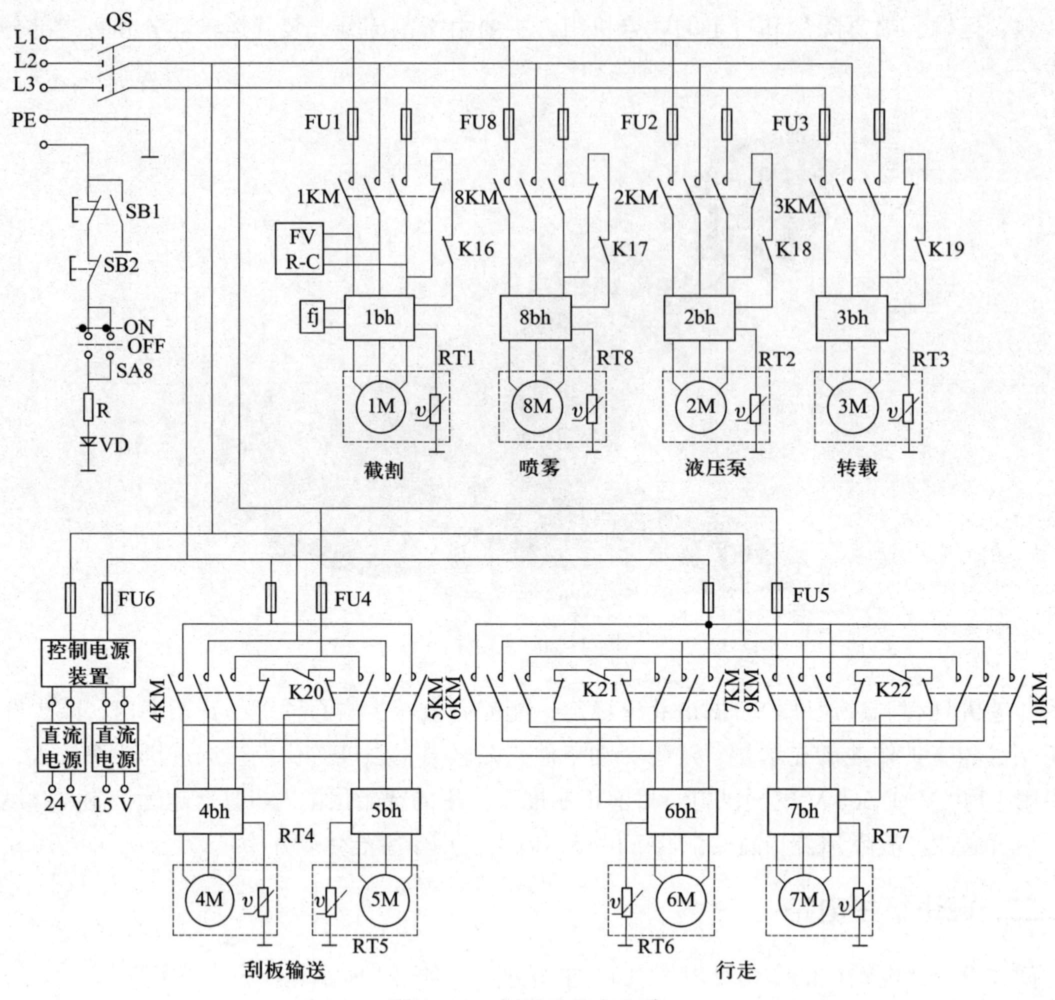

图 4－21　掘进机的主电路

三、掘进机主电路的保护装置

掘进机的各台电动机都设有电动机综合保护及显示装置 1bh～8bh，以便对电动机进行过载、短路、过热、断相及漏电等保护。电动机综合保护及显示装置中的漏电信号分别由各台电动机接触器的辅助触点和继电器触点 K16～K22 取得，过热信号由设置在各台电动机内部的热敏电阻 RT1～RT8 取得。

由于截割电动机功率较大，1KM 采用真空接触器控制，因而主电路中设置了阻容吸收电路FV；电路中的 fj 为负荷检测和显示装置，用以记录截割电动机的有效工作时间和显示负荷。

1. 电动机综合保护及显示装置

各电动机回路中综合保护及显示装置为电子集成电路，其外部接线如图 4－22 所示。它由电流互感器 TA、电流变换器 UR、电动机综合保护器 MP、译码器 UC 和发光二极管显示电路等组成。

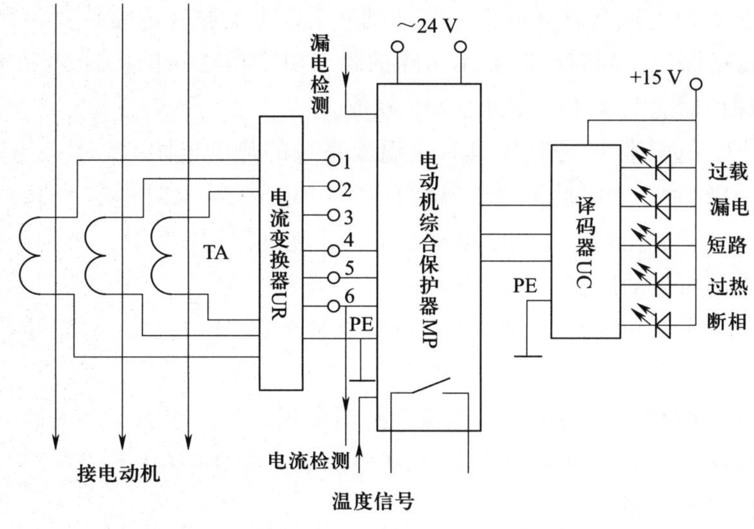

图 4－22　电动机综合保护及显示装置外部接线

电流变换器 UR 将三相电流互感器二次侧的交流电流信号转变为直流电压信号，其输出的两组接线端子 1、2、3 和 4、5、6 分别用于 660 V 电网及 1 140 V 电网。

电动机综合保护器 MP 的 5 个输入端分别为 3 个负载信号输入端子、1 个漏电检测信号输入端子和 1 个温度信号输入端子，5 个输出端分别为 3 个信号显示输出端子和 2 个继电器触点输出端子。电动机综合保护器还有 1 个接地端 PE 和 2 个电源输入端子，并由 24 V 交流电压供电。

译码器根据电动机综合保护器 MP 的 3 个输出端不同的状态组合，显示出相应的故障。为了显示不同的故障，译码显示电路可用不同颜色的发光二极管组成。

（1）漏电保护。漏电信号在电动机启动前经常闭触点 KM 和 K16～K22 取得。当主回路绝缘电阻值高于规定值时，保护器触点 MP 闭合，通过控制电路允许电动机启动；否则，触点 MP 断开，电动机不能送电，从而实现漏电闭锁保护。同时，译码显示电路中相应的发光二极管亮，指示漏电故障。当漏电故障排除后，主回路绝缘电阻值恢复到规定值以上，漏电保护电路将自动解锁，触点 MP 闭合。

当电动机启动时，漏电保护回路中的触点 KM 和 K16～K22 将提前断开，以防止主回路中的高压串入保护装置。

（2）过载保护。过载信号取自电流互感器 TA。当电动机实际电流达到整定电流值的 1.3～1.5 倍时，保护器触点 MP 将在规定时间内（如过载 1.5 倍，保护器延时 1～3 min；如过载 6 倍，保护器在电动机的初始状态为冷态时，延时 8～16 s）断开，并通过控制电路断开电动机电源，从而实现过载保护；同时，过载故障经译码器后通过相应的发光二极管显示出来。

过载保护动作后，经过一段时间，保护电路可自动恢复，MP 触点闭合，电动机可重新启动。

（3）短路保护。当电流互感器输出电流达到 9 倍以上的整定电流值时，保护电路使触点 MP 断开，实现短路保护，同时电路显示短路故障。由于短路保护具有自锁特性，故障排除后，必须重新给保护器送电，才能使触点 MP 复位。

（4）过热保护。过热保护是利用具有正温度系数的热敏电阻 RT 作为传感元件实现的。RT 装设在电动机绕组中，当电动机绕组温度升高到 130～135 ℃时，RT 阻值剧增，从而使保护器触点 MP 断开，通过控制电路切断电动机电源，起到保护作用，同时电路显示过热故障。该故障消失后，电路可自动恢复。

当热敏电阻回路发生故障时，保护电路同样会使触点 MP 动作，从而导致接触器跳闸或电动机不能启动。

（5）断相保护。断相保护利用三相电流互感器实现。当三相电流不平衡时（如有一相电路中的电流为其他两相电流的 30% 以下），保护电路动作，触点 MP 断开，实现断相保护，同时相应的断相故障指示灯亮。

断相保护具有自锁特性，故障消失后，要重新给保护装置送电，才能使触点 MP 复位。

2. 负荷检测和显示电路

负荷检测和显示电路主要由电流检测单元 KI 和发光二极管显示电路组成，其接线如图 4－23 所示。

电流检测单元 KI 的输入信号取自截割电动机电流互感器 TA 中的一相经电流变换后的信号。其输出为两路：一路输出与发光二极管显示电路配合，显示电动机的负荷率；另一路为继电器触点 KI，当电动机工作电流达到其额定值的 65% 时，触点 KI 闭合，以便使计时器工作。

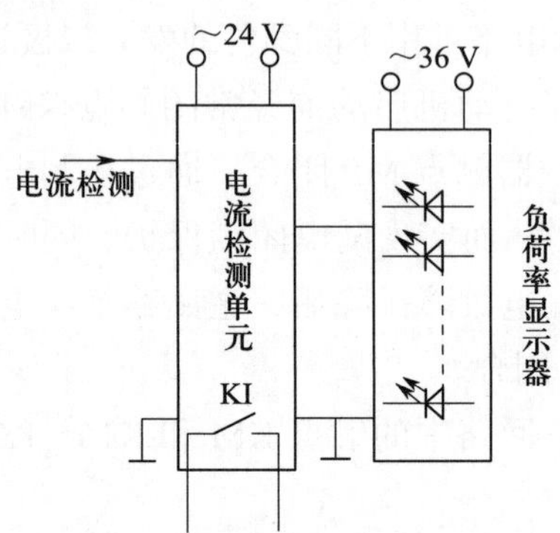

图 4－23　负荷检测和显示电路接线

四、掘进机的电气控制

1. 掘进机对电气控制系统的要求

（1）漏电闭锁检测功能。启动各设备和电动机前，系统先从整体上对截割电动机（高速和低速）、液压泵电动机、转载电动机等进行漏电闭锁检测。如漏电，对各个电动机进行检测，确定漏电电动机并显示出来。

（2）保护功能。应对各个电动机进行过温、过载、断相和短路保护。首先必须启动液压泵电动机使油路先工作，然后方可启动截割电动机，截割电动机的高速和低速之间应能实现互锁。

（3）紧急停止功能。掘进机必须设有紧急停止按钮，一旦掘进机启动和运行时发生意外，可紧急停机。

2. 掘进机控制电路

掘进机控制电路如图 4–24 所示，主要由可编程序控制器（PLC）电路和接触器控制电路组成。

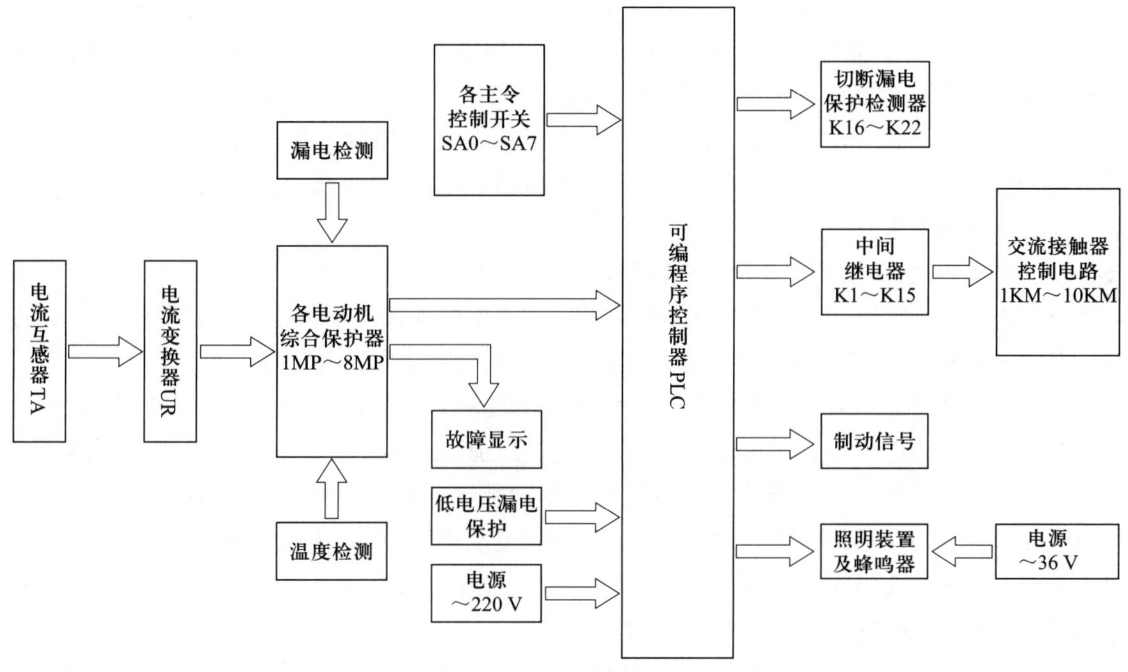

图 4–24　掘进机控制电路

掘进机采用 3 级控制：由主令控制开关 SA 和按钮 SB 控制 PLC，再由 PLC 控制其输出端的中间继电器，最后由中间继电器控制接触器，从而控制各台电动机。另外，各种保护元件如电动机综合保护器 MP、低电压漏电保护装置等的输出触点，串接在 PLC 的输入回路，对各台电动机进行控制和保护，以保证掘进机的正常工作。

（1）控制电路电源。控制电路的电源由控制变压器 TC 提供。其一次侧取自 1 140 V 或 660 V 动力线，其输出交流控制电压分别为 220 V、36 V 和 24 V，并经两组整流装置整流、滤波、稳压后输出 24 V 和 15 V 直流电压，向相应的电路提供电源。

（2）PLC。如图 4–24 所示，PLC 由 220 V 交流电压供电。左边为输入端，其输入信号为各类控制开关或继电器触点的状态。右边为输出端，实质为一对继电器触点，即当输入信号满足一定要求（逻辑关系）时，输出端触点闭合，使相应的继电器动作或信号灯亮。

（3）低电压漏电保护单元。低电压漏电保护单元作为交流 220 V、36 V 回路的绝缘监测和漏电保护装置，当某一回路的绝缘水平下降到规定值时，该装置的输出触点断开，通过PLC使外接继电器释放，其触点切断供电电源，实现漏电保护；同时，该装置上的指示灯给出相应的故障显示。当故障消失后，保护装置可自动复位。

3. 掘进机的控制

掘进机启动前闭合隔离开关QS，变压器TC有电，控制电路有电，PLC电源指示灯亮。若主电路、控制电路正常，则掘进机上的照明灯亮，且各种保护装置有电，相应的触点闭合，为掘进机启动做好准备。

（1）液压泵电动机2M的控制。掘进机启动前应先启动液压泵电动机。若液压泵电动机保护指示均正常，可将控制开关SA2旋至启动位置ST，经PLC控制，使继电器K2、接触器2KM相继有电吸合，液压泵电动机启动；同时，其他电动机在PLC控制下处于待机状态。停机时，将SA2旋至停止位置STP，液压泵电动机及其他电动机都将停车。

（2）转载电动机3M的控制。液压泵电动机启动后，将控制开关SA3旋至启动位置ST，即可启动转载电动机。停机时，将SA3旋至停止位置STP，也可按动停止按钮停机，以满足巷道掘进作业的要求。

（3）刮板输送机电动机4M和5M的控制。刮板输送机为双电动机拖动，为了避免转载电动机3M过负荷启动，要求转载电动机启动后才能用控制开关SA4启动刮板输送机电动机。控制开关SA5用于输送机的反向运行，以满足掘进机检修等其他用途的需要。

（4）行走电动机6M和7M的控制。由控制开关SA6和SA7分别控制左行电动机6M和右行电动机7M的正反转，以实现掘进机的前进、后退、左转、右转等工作要求。2台电动机各设1个电磁制动闸，以便准确控制掘进机。制动闸具有通电松闸、断电抱闸的特性，故在控制电路中设置与制动闸联动的微动开关。当行走电动机启动时，操作控制开关SA6和SA7，PLC将先使制动闸通电；松闸后通过微动开关的状态转换，PLC使相应的输出继电器动作，通过接触器6KM和7KM实现掘进机的行走。

（5）截割电动机1M和喷雾电动机8M的控制。为保障掘进机工作安全，在截割电动机1M启动前必须鸣笛示意（警）。启动操作时，要双手同时扳动控制开关SA0和SA1至启动位置ST，PLC将自动接通蜂鸣器电路，鸣笛示意掘进机将启动截割机头；5～6 s后，PLC又自动接通相应的继电器电路，使接触器10KM有电吸合，则喷雾电动机启动；又经2～3 s，蜂鸣器断电结束报警，此时在PLC的控制下，接触器1KM有电吸合，截割电动机启动运转，完成启动过程。停机时，将任一手柄旋至停止位置即可停车。

在截割电动机启动过程中，只要松开SA0和SA1中的任一手柄，启动过程都将中断；若要再次启动，需重新开始。

掘进机的主电路（见图4-21）中的终端元件R、VD和控制开关SA8及按钮SB1、SB2组成屏蔽电缆的绝缘监视保护电路。当电缆中的屏蔽层与地线之间绝缘正常时，通过保护装置才允许上一级开关送电。在该电路中，若将控制开关SA8旋至断开位置“OFF”，则绝缘监视保护电路断开，不能使上一级开关合闸送电。只有当SA8旋至“ON”位置，才能接通绝缘监视保护电路。按钮SB1和SB2可作为掘进机的紧急停止按钮。按下SB1时，断开绝缘监视

保护电路，同时将屏蔽层接地，导致上一级开关跳闸。

当掘进机不采用屏蔽电缆时，紧急停止按钮应串接在液压泵电动机控制回路，如串接在PLC 输入端的 2MP 回路。

五、掘进机电气系统日常维护和常见故障及处理

1. 掘进机电气系统日常维护

（1）检查拖拽电缆有无损伤、擦伤或扭曲现象，确保其能在机器后自由拖动，不刮不抻。

（2）应经常清除电动机、电控箱、电缆等上的尘土和煤泥，便于检查。

（3）定期检查各导线、电气元件的连接螺钉有无松动现象，若松动，应及时紧固。

（4）检查并确定过载继电器调整正确。

（5）检查各电动机轴承有无缺油及异常情况。

2. 掘进机电气系统常见故障及处理

掘进机电气系统常见故障及处理方法见表 4－11。

表 4－11　　掘进机电气系统常见故障及处理方法

故障现象	可能的故障原因	处理方法
显示器显示超载跳闸	负载太重及电压太低	测试负载电流，检测电源电压及电压降
	单相运行	测试各相负载电流
显示器显示热敏电阻跳闸	堵转，或冷却不良，或电压太高，或其他可能的原因	排除电动机过热，清洁冷却散热片，检查冷却水系统，电压波动不应超过 15%
电动机运转不正常	机架或联轴器连接不当	紧固松动的螺栓
电动机不启动	开关装置有故障，或馈电线断路，或熔断器熔体烧断	修理、检查接线柱及线路，更换熔断器熔体
电动机启动不顺利	绕组中有短路现象	排除短路现象或重绕线圈
电动机发热快	绕组中有短路现象	排除短路现象或重绕线圈
开关接通后烧断熔断器熔体	线路或绕组中有短路现象	拆下电动机上的电缆，查出有故障的地方

第六节　输送机电控系统

输送机是煤矿生产的主要运输设备，也是煤矿最理想的高效连续运输设备，与其他运输设备（如机车类）相比，具有输送距离长、运量大、连续输送等优点，而且运行安全、可靠，易于实现自动化和集中化控制。随着我国采煤技术的迅速发展，我国煤炭产量不断提高，对连续、高强度和大运输量的输送机需求量不断增加。煤矿常用的输送机如图 4－25 所示。

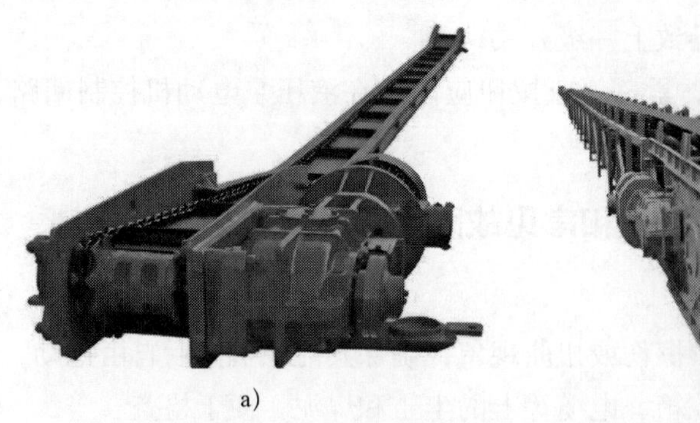

a)　　b)

图 4-25　煤矿常用的输送机

a）刮板输送机　b）带式输送机

一、输送机电气控制方式

刮板输送机和带式输送机是井下采区主要的运输机械，且都可连续工作。一个采区内的输送机往往可达十几台，这些输送机既可以单独控制，也可以集中控制。采用单独控制的控制方式将占用大量的劳动力，而且启动时间较长，如果工作配合得不好，还容易发生事故。因此，输送机最好采用集中控制的方式。

输送机的集中控制是将多台电磁起动器按程控方式连接在一起，使多台输送机按一定的顺序和要求启动、停车。

输送机采用集中控制方式时的要求如下：

（1）运输系统中所有输送机应逆煤流方向顺序启动，顺煤流方向停止，以防出现机头煤堆积和堵塞现象；

（2）各台输送机启动时，相互之间要有一定的延时，避免多台电动机同时启动时产生较大的尖峰电流而冲击电网；

（3）集中控制和分台单独控制两种方式应能较方便地转换，以便于检修和故障处理；

（4）输送机沿线应设多个事故停车点，以便在发生事故时能及时停车；

（5）应有较完善的信号系统，以便运输线各点间的联络和设备维修；

（6）设置必要的保护装置，如断链保护、堵转保护、输送带打滑和跑偏保护，确保出现事故时能自动停车；

（7）控制系统应简单、设备少、操作方便、易维修。

二、输送机电气控制系统

1. 输送机的电气控制设备

输送机通常采用矿用隔爆型电磁起动器控制。这种电磁起动器是一种低压组合电器，采用先进的微处理器、高精度的数据处理及先进的保护算法，保护精度高，反应速度快，能完成漏电闭锁、欠压、过压、三相不平衡、过载、短路、风电闭锁、瓦斯闭锁等多种保护功能。

2. 输送机的保护装置

为了避免输送机发生断链、断带现象而造成较大事故，输送机必须设有保护装置。输送机的保护装置一般由传感机构和控制电路组成。

传感机构用以反映输送机的工作状态。输送机正常工作时，传感器输出一种信号；故障时，传感器输出另外一种信号。输送机常用的传感机构有触点式、磁感应式和接近开关式。

根据不同的保护功能，可采用不同的传感机构及相应的控制电路。无论控制电路如何设计，对外部电路而言，最终输出均为一对触点。输送机正常运行时，触点处于闭合状态；一旦发生故障，触点则立即断开。

3. 输送机信号装置

输送机信号装置电路为本质安全型，其原理如图 4-26 所示。

输送机信号装置电路由电源部分和晶体管放大电路部分组成。交流电经二极管半波整流、电容及电阻滤波后，向放大电路提供较稳定的直流电源。当按下按钮时，放大电路中的晶体管饱和导通，继电器通电吸合，其触点动作，根据实际情况发出声光信号。

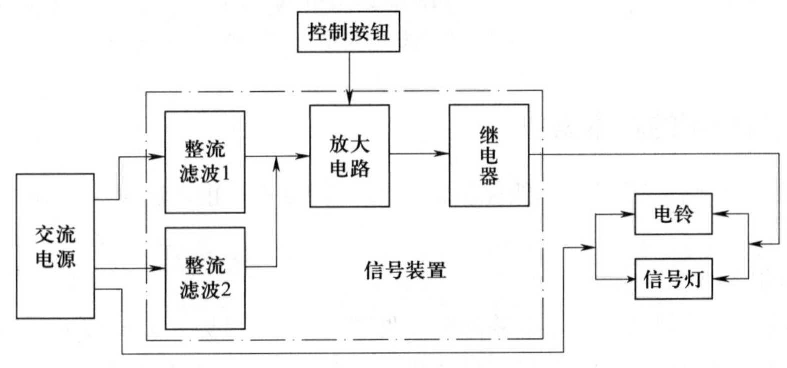

图 4-26　输送机信号装置电路原理

因为晶体管基极电流比集电极电流小，故将按钮回路设计在晶体管基极回路达到本质安全电路要求的范围之内。

电路经整流滤波后，向晶体管提供反偏电压，以便在松开按钮时，晶体管能可靠关断，从而保证信号的准确性。

4. 输送机的集中控制原理

输送机的集中控制原理如图 4-27 所示。其由电磁起动器、保护装置和信号装置等部分组成。控制电路采用延时保护装置，使输送机按逆煤流方向延时顺序启动，并可实现断链、错环、闷车等保护。每台输送机都可设置信号按钮和电铃信号，以便各台之间相互联络。在实际工作中，可根据保护装置和信号装置体积的大小，将其安装在本台输送机的电磁起动器隔爆外壳内，也可安装在具有隔爆外壳的四通箱内。保护装置和信号装置的电源取自电磁起动器中的控制变压器 T。根据保护装置的工作过程及各触点之间的动作关系，将首台电磁起动器中接触器的辅助触点 KM 接在保护装置相应的位置；在电磁起动器的自保回路中串接保护装置继电器一个触点，另一个触点接在下一台输送机保护装置相应位置上；中间各台保护装置的接线均相同；最后一台输送机保护装置的第二个触点空置不用。

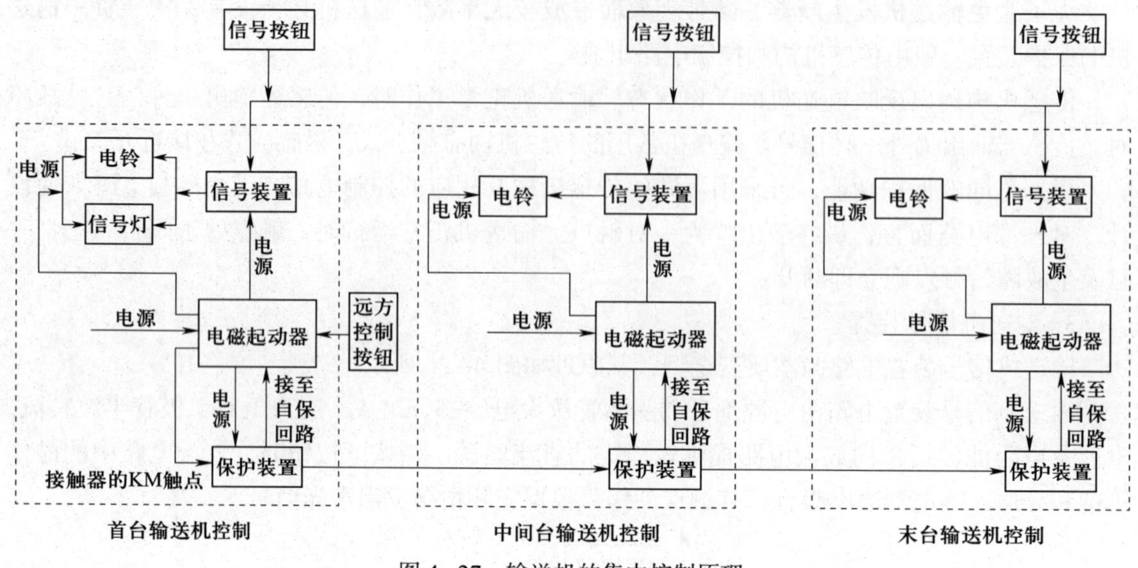

图 4-27　输送机的集中控制原理

三、输送机控制的基本操作

通过电磁起动器的按钮即可单独控制输送机的启动和停止，这里主要介绍输送机集中控制的基本操作。

1. 输送机的启动操作

由输送机的集中控制原理信号电路部分（见图 4-27）可见，只要按下任何一台输送机的信号按钮，均可发出相应的声光信号。输送机启动时，首先进行信号联系。得到回铃信号后，首台输送机操作人员可按下启动按钮，接通电磁起动器控制回路，首台输送机启动运行。同时，辅助触点 KM 闭合，在输送机运转正常的情况下，保护装置中的两个输出触点闭合，第一个触点接通电磁起动器自保回路。故启动首台输送机时，应按下启动按钮 3～4 s，待保护装置触点闭合后再松开，否则不能接通自保回路。

在保护装置动作的同时，另一个触点闭合，接通下一台保护装置电路；经 3～4 s 延时，下一台保护装置动作，其触点闭合，接通本台电磁起动器控制回路，接触器有电吸合，输送机启动运行，保护装置触点闭合的同时，接通下一台保护装置电路。经上述相同过程，各台输送机按顺序延时启动。

2. 输送机的停止操作

正常停车时，按下首台电磁起动器停止按钮，首台电磁起动器断电，触点 KM 断开。在首台输送机停车后，保护装置输出触点断开，又使第二台保护装置断电，其触点断开第二台电磁起动器控制回路而使输送机停车。同样，保护装置触点断开又使下一台电磁起动器断电。以此类推，各台输送机停车。

当输送机发生断链等故障时，通过保护装置即可使本台输送机停车，并通过保护装置触点使以后各台输送机也停车。但故障点之前的输送机不会自动停车，可人为按下输送机停车按钮。

当输送机检修需要单独运行时，除第一台外，其他各台输送机均可通过操作本台电磁起动器上的按钮来启动本台输送机，这时其他输送机将不会启动。对于第一台输送机，可将保护装置上的KM触点人为断开，即可单独对其操作。

四、输送机电气系统日常维护和常见电气故障及处理

1. 输送机电气系统的日常维护

为保证输送机设备各部件正常工作，必须严格对输送机电气系统进行维护。检查工作分为班检、日检、周检、月检和季检5类。应按照规定的检查内容进行检查，发现问题应及时处理。

2. 输送机电气系统常见故障及处理

输送机电气系统常见故障及处理方法见表4-12。

表4-12　输送机电气系统常见故障及处理方法

故障现象	可能的故障原因	处理方法
电动机不能启动	供电电压太低	提高供电电压
	负荷太重	减轻负荷
	变电站容量不足，启动电压压降太大	加大变电站容量
	开关工作不正常	检修调试开关
	机头、机尾电动机的延时太长，造成单机拖动	缩短延时时间
	回采工作面不直、凹凸严重	调整、修平工作面，使其尽量平直
	运行部件有严重卡阻	检查并排除卡阻部件
	电动机本身存在故障	检查绝缘电阻、三相电流、轴承等是否正常
电动机过热	启动过于频繁，启动电流大，熔断体熔断电流范围选用过大	减少启动次数，待各部分故障全部消除后再一次性启动
	超负荷运转时间太长	减轻负荷，缩短超负荷运转时间
	电动机散热状况不好	及时更换被打断的风叶，清除电动机上的浮煤和杂物
	轴承缺油或损坏	给轴承加油或更换新轴承，重新调整装配
电动机响声异常	单相运转	检查供电是否断相
	接线有错误或断路	检查接线是否正确，有无断路
	三相电流不平衡	检查三相电流是否平衡
	负荷太重	检查三相电流是否大于额定电流
	电动机轴承损坏	检查电动机轴承是否损坏，造成电动机转子扫膛
	输送机被压住	如因片帮、冒顶而使输送机被压住，应人工清除后再运行

思考练习题

1. 煤矿常用防爆电动机有哪几种类型？各有什么特点？

2. 隔爆外壳类完好标准是什么？

3. QBZ－120ND 矿用隔爆型可逆真空电磁起动器只能正转而不能反转的可能故障原因是什么？

4. QJZ－300/1140 矿用隔爆型真空电磁起动器可能出现的电气故障有哪些？可能的故障原因及处理方法分别是什么？

5. 采煤机电控系统可能出现的故障有哪些？可能的故障原因及处理方法分别是什么？

6. 掘进机有哪些保护装置？简述其工作过程。

7. 掘进机电控系统可能出现的故障有哪些？可能的故障原因及处理方法分别是什么？

8. 输送机电控系统可能出现的故障有哪些？可能的故障原因及处理方法分别是什么？

技能实训五　矿用电缆与防爆电气设备的连接

一、实训目标

1. 熟悉矿用电缆与防爆电气设备的连接标准。

2. 掌握矿用电缆与防爆电气设备的连接技能。

二、任务描述

在实习指导教师的指导和监护下，学生以组为单位，完成矿用电缆与防爆电气设备的连接。

三、任务准备

1. 工具：电工常用工具一套，木锉、剪刀、钢板尺各一把等。

2. 器材：隔爆型真空电磁起动器一台，矿用电缆若干，防锈油等。

3. 工作服、绝缘鞋等劳动防护用品。

四、知识要点

煤矿防爆电气设备的完好标准。

五、实训过程

1. 准备好所需工具、器材、仪表及设备，并检查其性能。检查作业地点甲烷含量并全程监视。用兆欧表检查电缆绝缘性能是否完好。

2. 松开压盘式进线嘴压线板和紧固螺钉，取出金属环与密封圈。

3. 松开隔爆开关接线腔盖板，查看接线柱的位置，并根据接线柱的位置确定橡套电缆的切削长度。电缆护套伸入接线腔内壁的长度一般为 5～15 mm，如果电缆较粗穿不进，可将穿入部分锉细，但护套与密封圈接合部位不得锉细。切割电缆护套时应切成整齐的一圈，不得划破线芯绝缘层，且应将线芯绝缘层外的布带及芯垫割除。

4. 根据橡套电缆外径和进线装置的内径选择密封圈。合格的密封圈其内径应不大于电缆外径 1 mm；其外径与进线装置内径的差应不大于 2 mm；宽度不小于电缆外径的 70%，但必须大于 10 mm；厚度不小于电缆外径的 30%，但必须大于 4 mm。

5. 分别把进线嘴、金属环、密封圈依次套在切割好的橡套电缆上，并装入进线装置内。电缆与密封圈之间不准包扎其他物品，并且一个接线嘴只允许连接一条电缆。

6. 紧固进线嘴。接线后的进线嘴紧固程度要求如下：压盘式进线嘴以抽拉电缆不窜动为合格，螺旋式进线嘴以单手的 3 个手指使压紧螺母旋进不超过半圈为合格。从压盘式进线嘴引入的电缆必须用压盘压紧，不得松动，其压盘对电缆的压缩量要求不超过电缆直径的 10%。如电缆直径较小，不能被压板压紧时，可在压板下垫以适当厚度的橡胶垫。

7. 按要求剥除电缆护套层并将线芯截成适当长度后，进行剖削。剖削好的动力电缆线芯分别接到接线柱 U、V、W 和 L1、L2、L3 上。控制电缆线芯则分别接在接线柱 B、A、C、D 上。接线应整齐、无毛刺、质量高，接地线芯略长于导线线芯，卡爪既不得压绝缘胶层或其他绝缘物，也不得压住或接触屏蔽层。

8. 动力电缆线芯与接线柱连接时，其地线和相线的长度要配合适当。当电缆向外拉出或导电线芯被拉脱接线柱时，接地线芯仍应保持连接。导电线芯的裸露长度保持在 3～5 mm。电缆线芯与接线柱的连接如图 4－28 所示。

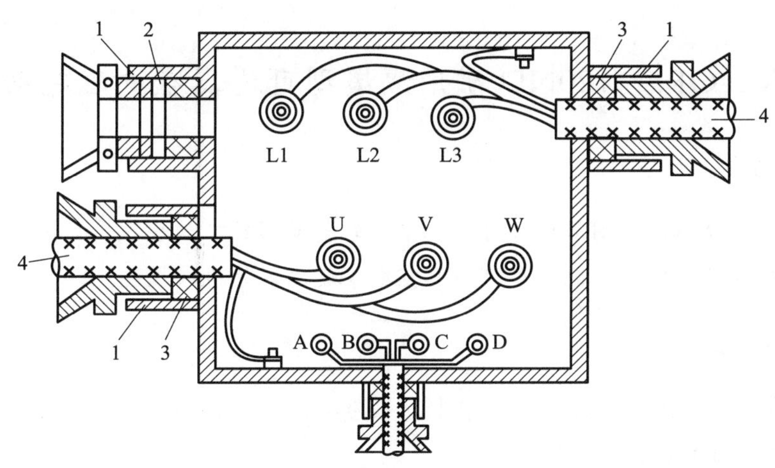

图 4－28　电缆线芯与接线柱的连接

1—金属垫圈　2—挡板　3—橡胶圈　4—电缆

9. 接线腔内的线芯布置要整齐，不得相互交叉。其裸露导体间的电气间隙应符合有关标准的规定：36 V 时不小于 4 mm，660 V 时不小于 10 mm，1 140 V 时不小于 18 mm。

10. 不用的进线嘴要用胶圈和挡板堵死。其放置顺序是胶圈、挡板、金属垫圈，并用压紧装置将其压紧，以达到封堵的目的。

11. 接线工作完毕，要仔细清扫接线腔内的铜丝、绝缘层碎屑等杂物，使其保持清洁，无杂物；经检查无误后，在隔爆接合面上涂抹凡士林，用六角头螺栓按对方、对角顺序依次拧紧；检查工具、仪表及设备，按车间管理要求对操作现场进行整理，并请实习指导教师验收。

六、注意事项

1. 实习指导教师、学生按要求穿戴好劳动防护用品。

2. 技能训练过程中注意不得损坏仪表、元器件。

3. 检查电缆时必须使用与电缆电压等级相匹配的兆欧表。

4. 井下通电运行的千伏级及以下橡套电缆线路，其绝缘电阻标准值为 ≥ 1 kΩ/V。例如，1 140 V 系统的电缆，绝缘电阻不得低于 1.14 MΩ（1 kΩ/V × 1 140 V）。

5. 在井下使用兆欧表测量前，必须先切断待测线路上所有电气设备的电源开关，并悬挂“有人工作，严禁送电”的标志牌。用甲烷检测仪测量工作地点甲烷浓度，作业地点 20 m 范围内的甲烷浓度必须在 1% 以下才能进行验电。确认无电后，方可进行导体对地放电，放电后再进行测量。在测量过程中，要实时监测使用环境的甲烷浓度。测量结束后，必须将被测电缆对地放电，以防电击伤人。

七、总结与思考

1. 进行矿用电缆与防爆电气设备的连接时，接地线为什么要略长？

2. 接线腔接线完毕后，如何固定隔爆接合面？

技能实训六　QBZ-120ND 矿用隔爆型可逆真空电磁起动器的检修

一、实训目标

1. 熟悉 QBZ-120ND 矿用隔爆型可逆真空电磁起动器的工作原理。

2. 掌握 QBZ-120ND 矿用隔爆型可逆真空电磁起动器的检修技能。

二、任务描述

在实习指导教师的指导和监护下，学生以组为单位，完成 QBZ-120ND 矿用隔爆型可逆真空电磁起动器常见故障分析和排除。

三、任务准备

1. 工具：电工常用工具一套。

2. 仪表：万用表、钳形电流表各一块。

3. 器材：QBZ－120ND 矿用隔爆型可逆真空电磁起动器一台，电路图一套，电动机一台，三联防爆按钮一台，绝缘胶布，胶质线，2.5 mm^2 控制电缆、橡套电缆等。

4. 工作服、绝缘鞋等劳动防护用品。

四、知识要点

1. QBZ－120ND 矿用隔爆型可逆真空电磁起动器的工作原理。

2. 电气故障检修步骤与方法。

五、实训过程

1. 开关门操作

（1）明确机械闭锁关系。由学生说明该起动器中的机械闭锁存在于哪些电气元件之间或哪些部分之间。

（2）指出机械闭锁的具体情况。由学生针对具体的起动器说明其机械闭锁的详细情况及操作的注意事项和要求。

（3）完成开关门操作。由学生按照要求和正确的步骤打开 QBZ－120ND 矿用隔爆型可逆真空电磁起动器的门盖。

2. 故障设置

实习指导教师在通电试车正常的起动器控制线路中，人为设置 1～2 处隐蔽故障。

3. 故障信息收集

（1）询问发生故障后现场人员能否听到或看到有关的异常现象，如异常声响、火花等。

（2）详细查看故障设备外围和内部有无烧焦、脱落、裂痕、缺陷等异常。

（3）在实习指导教师的许可和监护下送电，进一步查看故障现象及收集相关信息。

（4）将收集到的故障信息进行分类，并详细记录。

4. 故障分析

在实习指导教师的指导下，学生根据工作原理及故障现象，结合电路图对故障进行分析和排查。

（1）针对所出故障的各种现象和信息进行原因分析，明确造成该故障的各种可能情况，并一一列出来。

（2）先在电路图中标出故障范围，对照实物，列出可能的故障元件或故障部位。

（3）根据该起动器的情况、故障出现的频率及查找的难易程度，明确查找故障元件或故障部位可能的次序。

5. 确定故障点，排除故障

经实习指导教师检查同意后，学生根据自己对故障原因的分析，进行故障排除。

（1）选用正确的仪表、工具按次序逐一排查，直到检查出故障元件或故障部位为止。

（2）若带电进行检查、测量操作，必须在实习指导教师的许可和监护下按照操作规程进行。

（3）选用正确的方法及合适的仪器、仪表、工具进行电气元件更换或修复等操作，排除故障。

（4）在故障排除过程中，要规范操作，严禁扩大故障范围或产生新的故障。

6. 排除故障后通电试运行

故障排除后，要在实习指导教师的许可和监护下送电试运行，以观察该起动器的运行情况，确认故障已排除。

（1）送电。在实习指导教师的许可和监护下，按前级开关—起动器的隔离开关—远方控制按钮的顺序送电，使起动器启动。

（2）运行。起动器启动电动机后，观察运行状态，用仪表测量电流、电压值，并记录。

（3）断电。按远方控制按钮—起动器的隔离开关—前级开关的顺序断电。

7. 清理现场

操作完毕，在实习指导教师的监护下，关闭电源，拆线。收拾工具、器材、仪表及设备，按车间管理要求对操作现场进行整理，并请实习指导教师验收。

六、注意事项

1. 实习指导教师、学生按要求穿戴好劳动防护用品。

2. 技能训练过程中注意不得损坏设备、仪表、元器件。

3. 进行检修前，必须先切断起动器的电源开关，并进行验电、放电，确认无电后，悬挂“有人工作，严禁送电”的标志牌，方可进行操作。

4. 给电磁起动器送电、断电顺序要正确。

5. 在排除故障的过程中，分析思路和排除方法要正确。

6. 检修故障时不得随意更改线路或带电触摸元器件，更不得扩大故障范围。

7. 带电检修故障时，必须有实习指导教师在现场监护，确保用电安全。

七、总结与思考

1. 简述 QBZ－120ND 矿用隔爆型可逆真空电磁起动器的工作原理。

2. 分析 QBZ－120ND 矿用隔爆型可逆真空电磁起动器不自保的可能故障原因。

第五章

煤矿安全用电

学习目标

1. 熟悉触电的原因、形式及井下防止触电的措施。
2. 掌握触电的急救方法。
3. 掌握漏电保护、接地保护、过流保护装置的工作原理和使用方法。
4. 了解井下电气火灾产生的原因及预防方法。

学习导引

煤矿安全用电的意义就是消除各种不安全因素，确保供电安全，防止瓦斯、煤尘爆炸事故的发生，保障井下作业人员人身安全、设备安全以及矿井安全。学习煤矿安全用电知识，对提高井下作业人员安全用电意识和应对电气事故的能力具有重要意义。

第一节　触电及其急救常识

一、触电概述

1. 触电的原因

触电是指电流流经人体造成生理伤害的事故。

人体是导体。当人体接触线路或设备的带电部分并形成电流通路时，就会有电流流过人体，导致触电。

2. 触电对人体的伤害

触电对人体的伤害可以分为电击和电伤两种。

（1）电击。电击是指电流流过人体内部而引起的病理、生理效应。人体遭受电击后，可能出现心室颤动、呼吸困难或停止、心搏停止、肌肉痉挛、晕厥等现象，严重时会危及生命。

电击危害的程度与通过人体的电流强度、持续时间、电压、频率或通过人体的路径及人体的健康状况等因素有关。

大部分触电死亡事故是由电击造成的。研究表明，电击引起的心室颤动是致人死亡的主要原因。

（2）电伤。电伤是指当人体触电时，电流的热效应、化学效应或机械效应对人体外部造成的局部伤害，常与电击同时发生。常见的电伤有电灼伤、电烙印和皮肤金属化 3 种类型。

3. 触电对人体的影响

（1）电流对人体的影响。通过人体的电流越大，人体的感觉越强烈，引起心室颤动所需要的时间越短，危险程度就越高。

①相关定义。

感知电流是指使人体有感知的最小电流。试验表明，成年男性的平均感知电流为 1.1 mA（工频），成年女性的平均感知电流约为 0.7 mA（工频）；对直流而言，感知电流约为 5 mA。

摆脱电流是指人体触电后能自主摆脱电源的最大电流。试验表明，成年男性平均摆脱电流约为 16 mA（工频），成年女性平均摆脱电流约为 10 mA（工频）；对直流而言，摆脱电流约为 50 mA。儿童的摆脱电流较成人小。

室颤电流是指在较短时间内，引起心室颤动的最小电流。电流引起心室颤动而造成血液循环停止，是电击致死的主要原因。因此，通常把室颤电流作为致命电流界限。

②电流的持续时间对人体的影响。电流对人体的伤害与电流通过人体时间的长短有关。由于人体发热出汗和电流对人体组织的电解作用，电流通过人体的时间越长，人体电阻降得越低，在电源电压一定的情况下，会使通过的电流增大，因而对人体组织的破坏更加剧烈，后果更为严重。

③电流通过人体路径的影响。电流通过心脏会引起心室颤动，致使血液循环停止从而致死；电流通过人体的头部会使人昏迷；电流通过脊髓可能导致肢体瘫痪；电流通过中枢神经或有关部位，会引起中枢神经系统强烈失调。电流通过心脏、呼吸系统和中枢神经时，危险性更大。

试验证明，从左手到脚是最危险的电流路径。因为在这种情况下，心脏直接处在电流通路中，电流通过心脏、肺部、脊髓等部位。

（2）电压对人体的影响。实际上，当人体电阻一定时，通过人体的电流与作用于人体上的电压成正比，电压越高，通过人体的电流越大。随着作用于人体电压的升高，人体电阻急剧下降，致使电流迅速增加，对人体的伤害更为严重。

（3）电源频率对人体的影响。交流电频率不同，对人体伤害的程度也不同。试验证明，

50～60 Hz 频率的电流对人体的伤害程度最严重。在直流和高频的情况下，人体可以承受更大的电流值。

（4）人体电阻的影响。人体的电阻主要包括人体内部电阻和皮肤电阻。人体内部电阻约为 500 Ω，它与接触电压和外部条件无关；皮肤电阻一般是指手和脚的表面电阻，它随皮肤的清洁、干燥程度及接触电压而变化。人体电阻在不同条件下的变化见表 5-1。

表 5-1　人体电阻在不同条件下的变化

接触电压 /V（50 Hz 交流有效值）	人体电阻 /Ω			
	皮肤干燥	皮肤潮湿	皮肤湿润	皮肤浸入水中
10	7 000	3 500	1 200	600
25	5 000	2 500	1 000	500
50	4 000	2 000	875	440
100	3 000	1 500	770	375
250	1 500	1 000	650	325

（5）人体个体差异的影响。不同的个体在同样条件下触电可能出现不同的后果。一般而言，女性对电流的敏感度比男性高，儿童比成人易受伤害。体质弱的人比健康的人易受伤害。特别是患有心脏病、结核病、内分泌系统疾病或醉酒的人，触电的后果更为严重。

二、触电形式

1. 直接接触触电

电气设备正常运行时，人体与带电部分接触造成的触电事故称为直接接触触电，这种触电形式是相当危险的。直接接触触电一般有单相触电和两相触电两种情况。

（1）单相触电。当人站在地面，碰触带电设备的某一相线时，电流通过人体流入大地，这种触电情形称为单相触电。低压电网中，变压器的低压侧通常采用中性点直接接地或中性点不接地两种接线方式。

①在低压中性点直接接地系统中，当人体触及一相带电体时，该相电流通过人体经大地回到中性点形成回路。由于人体电阻比中性点直接接地的电阻大得多，相电压几乎全部加在人体上而造成触电，如图 5-1 所示。

②在中性点不接地的低压配电系统中，电气设备对地有相当大的绝缘电阻，在该系统中，若发生单相触电，通过人体的电流很小，一般不会对人体造成伤害。当电气设备、导线绝缘电阻损坏或老化，其对地绝缘电阻降低时，这种低压系统同样会引发单相触电事故。

在高压中性点不接地的配电系统中，特别是在较长的电力系统中，当发生单相触电时，另两相对地电流较大，触电的危险性也较大，如图 5-2 所示。

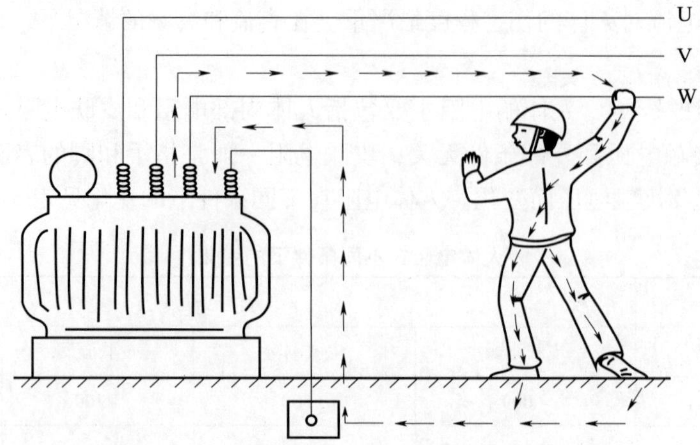

图 5-1　低压中性点直接接地系统的单相触电

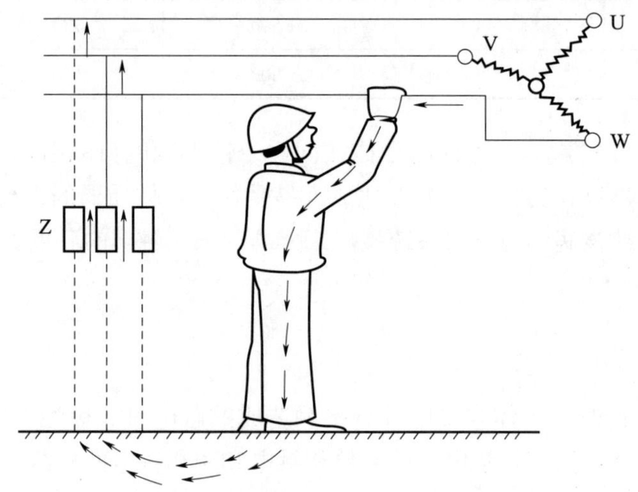

图 5-2　高压中性点不接地系统的单相触电

（2）两相触电。人体同时接触带电设备或带电线路的两根相线时，称为两相触电，如图 5-3 所示。两相触电后加在人体上的电压为线电压，触电后的危险性更大。

2. 间接接触触电

间接接触触电可分为接触电压触电、跨步电压触电、感应电压触电和剩余电荷触电等几种形式。

（1）接触电压触电。运行中的电气设备因绝缘损坏等，可造成接地短路故障。若有人用手触及漏电设备外壳，将有电压加在人的手和脚之间，称接触电压。触电者穿的靴、鞋有一定的电阻，可减小人体所承受的接触电压。因此，严禁裸臂、赤脚操作电气设备。在操作电气设备时，应穿长袖工作服，使用安全用具，并在专人监护下进行。

（2）跨步电压触电。当电气设备发生接地故障时，接地电流通过接地体向大地散流，并以接地体为圆心，形成分布电位。如果有人在接地故障点周围走过，其两脚之间（人的跨步

图 5－3 两相触电

距离按 0.8 m 计算）的电位差称为跨步电压，如图 5－4 所示。由跨步电压造成的触电称为跨步电压触电。触电者先感到两脚麻木，然后跌倒。人跌倒后，头与脚之间的距离加大，电流将通过人体重要脏器，就可能有生命危险。跨步电压的高低取决于人体与接地故障点的距离，距故障点越近，跨步电压越高，触电的危险性也越大。

图 5－4 跨步电压触电

（3）感应电压触电。大气变化（如雷电活动）会产生感应电荷，一些未挂临时接地线的设备和线路在停电后可能产生感应电压。人触及带有感应电压的设备和线路时会造成触电，称为感应电压触电。

因此，在停电线路上工作，遇到危及人员人身安全的天气变化（如雷雨、闪电）时，全体工作人员应离开工作现场；对于停电后可能产生感应电压的设备和线路，应悬挂临时接地线，避免发生触电事故。

（4）剩余电荷触电。检修人员在检修中，用兆欧表测量停电后的并联电容器、电力电缆、电力变压器及大容量电动机等的绝缘电阻之后，如果没有对其充分放电，其导体上将留有一定数量的剩余电荷；另外，并联电容器因其放电电路故障而不能及时放电，电容器退出运行后又未进行人工放电，则电容器的极板上将带有大量的剩余电荷。如果触及带有剩余电荷的设备和线路，这些设备和线路将通过人体放电，造成触电事故。这种触电事故称为剩余电荷触电。为了防止这类触电事故的发生，对停电后的并联电容器、电力电缆、电力变压器及大容量的交流电动机等应充分进行人工放电。

三、井下预防触电的措施

为了防止触电事故的发生，煤矿井下主要采取以下几种措施：

（1）应加强对低压配电系统电气设备的检修和维护，确保配电系统漏电保护装置灵敏、可靠；

（2）在正常工作中注意不带电作业，保持作业地点设备和电缆系统的接地装置处于完好状态；

（3）严格执行停送电作业制度，不采用约时送电等不合理的送电方式。

◎提示

《煤矿安全规程》对用电安全有如下规定：

（1）非专职人员或者非值班电气人员不得操作电气设备；

（2）操作高压电气设备主回路时，操作人员必须戴绝缘手套，并穿电工绝缘靴或者站在绝缘台上；

（3）手持式电气设备的操作手柄和工作中必须接触的部分必须有良好绝缘；

（4）井下不得带电检修电气设备。严禁带电搬迁非本质安全型电气设备、电缆，采用电缆供电的移动式用电设备不受此限。

四、触电急救

触电现场急救的原则是迅速、就地、准确、坚持。

迅速：争分夺秒使触电者迅速脱离电源。

就地：必须在现场附近就地抢救，从而挽救触电者的生命，减轻伤情，减少其痛苦。不要送往较远的医院抢救，以免耽误抢救时间。

准确：胸外心脏按压和人工呼吸的动作必须准确。

坚持：救治要坚持到医务人员赶到。只要有百分之一的希望，就要尽百分之百的努力去

抢救。在抢救过程中，要每隔数分钟判定一次触电者的呼吸和心搏情况。在医务人员接替抢救前，现场人员不得放弃现场抢救。

1. 使触电者脱离低压电源的操作方法

（1）拉。附近有电源开关或插座时，应立即拉下开关或拔掉电源插头。

（2）切。若一时找不到电源开关，应迅速用绝缘良好的钢丝钳或断线钳剪断电线。

（3）挑。当导线绝缘损坏造成触电时，急救人员可用绝缘工具、干燥的木棒等将电线挑开。

（4）拽。急救人员可戴上手套或在手上包缠干燥的衣服等绝缘物品拖拽触电者，也可站在干燥的木板、橡胶垫等绝缘物品上用一只手将触电者拖拽开。

2. 使触电者脱离高压电源的操作方法

（1）立即通知上级供电部门拉闸停电。

（2）穿戴好绝缘靴、绝缘手套等防护用品，迅速拉开高压断路器或用绝缘操作杆拉开高压跌落熔断器。

3. 触电急救技术

（1）触电急救的基本流程：迅速脱离电源，确认现场环境安全→简单诊断（判断触电者有无意识、呼吸、心搏）→启动急救系统（拨打急救电话）→心肺复苏，现场如果有自动体外除颤仪（automated external defibrillator，简称 AED，见图 5－5），要立即使用。

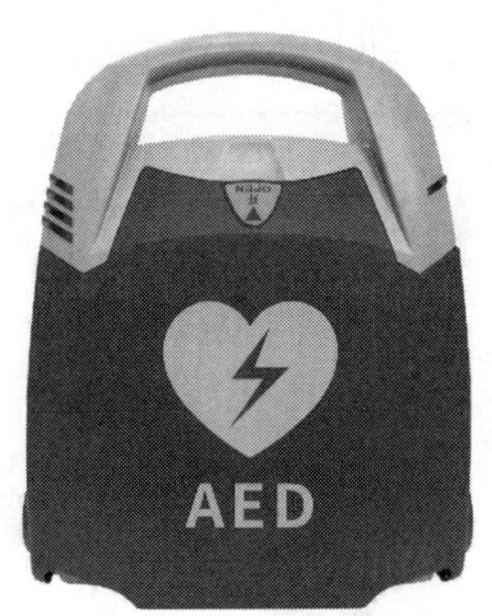

图 5－5　自动体外除颤仪

简单诊断的方法："轻拍重唤"，即轻轻拍打触电者的双肩，大声呼唤；判断触电者有无反应。观察触电者胸廓有无起伏，判断有无呼吸。食指、中指并拢检查触电者颈动脉有无搏动，判断触电者有无心搏。

（2）心肺复苏。如果触电者虽有呼吸但心搏停止，应立即采用胸外心脏按压法进行抢救。如果触电者呼吸停止但心搏未停止，应立即采用口对口人工呼吸法进行抢救。如果触电者呼吸、心搏停止，要立即采用心肺复苏，即胸外心脏按压和口对口（鼻）人工呼吸。

心肺复苏的程序：胸外心脏按压（C）→保持气道通畅（A）→人工呼吸（B）。现场如果有 AED，要立即使用。

有 AED，要立即使用。

①胸外心脏按压的操作要领：正确的按压部位、正确的按压姿势、正确的按压深度和正确的按压频率。

• 正确的按压位置。使触电者处于仰卧位，松开其上衣和裤带。两乳头连线的中点即按压位置，如图 5-6 所示。

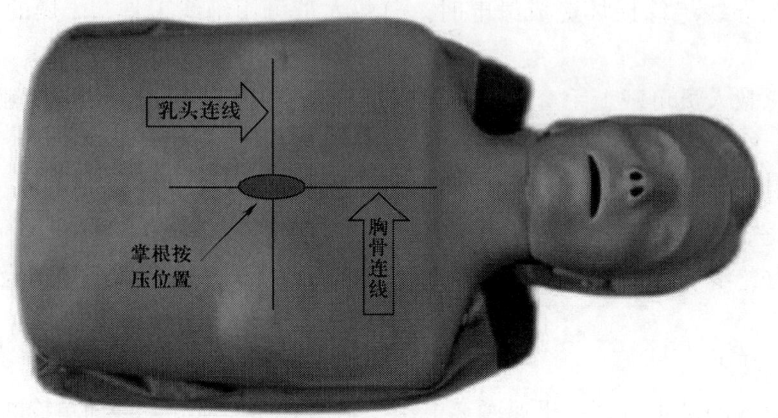

图 5-6　按压位置

• 正确的按压姿势。急救人员跪立在触电者一侧，双肘关节伸直，双肩在触电者胸骨上方正中，肩手保持垂直用力向下按压，如图 5-7 所示。

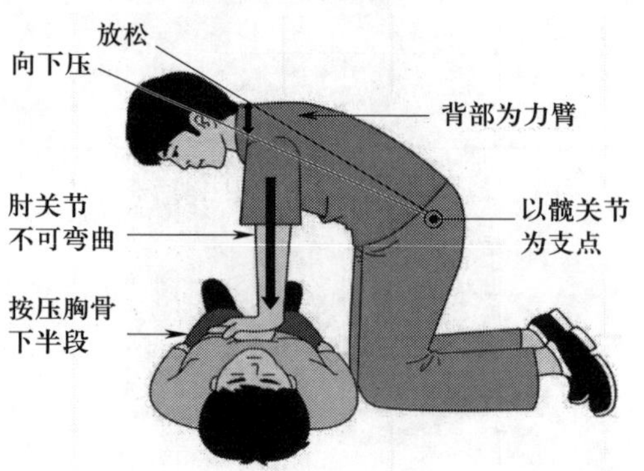

图 5-7　正确的按压姿势

• 正确的按压深度。对于成人，按压深度为 5～6 cm。

• 正确的按压频率。对于成人，按压频率为 100～120 次 /min。

②口对口（鼻）人工呼吸。开放气道（昏迷的触电者舌根可能后坠，进而堵住气道）有助于成功给气，常用的手法是仰头提颌法。将一手置于触电者前额，用力使其头部后仰，另一手向上抬颌，使触电者处于“鼻孔朝天头后仰”的状态。捏住触电者的鼻子，用自己的嘴完全包住触电者的嘴吹气，松开触电者的鼻子；换气，再重复吹气一次。口对口人工呼吸如图 5-8 所示。

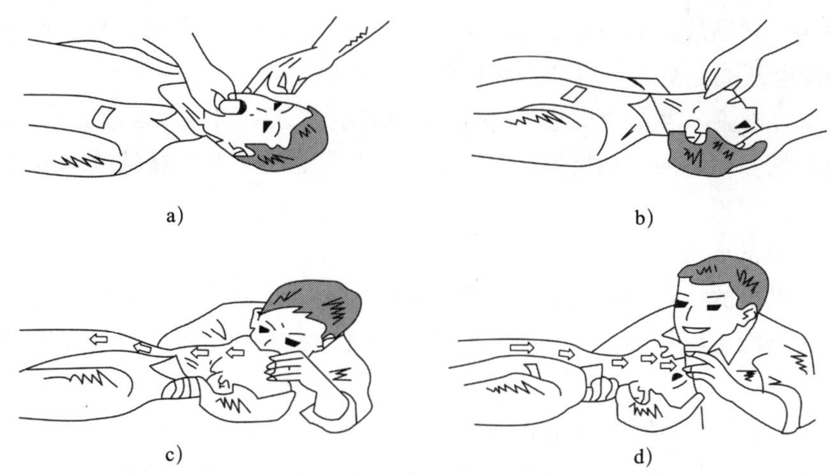

图 5-8 口对口人工呼吸

a）开放气道 b）仰头提颌 c）贴嘴吹气 d）放开嘴、鼻，换气

可单人操作或者双人操作，急救人员均应以胸外心脏按压 30 次、人工呼吸 2 次为一组，交替进行施救，连续做 5 组，即一个循环，然后快速诊断。如果没有效果，继续下一个循环。抢救期间如果拿到 AED，要立即使用，不得擅自停止抢救，直到触电者恢复呼吸、心搏或出现肢体活动，或者医务人员到来接替为止。

第二节 漏电保护

若煤矿井下供电电网发生漏电，不仅会引起人身触电，而且可能导致瓦斯、煤尘爆炸，甚至使电雷管提前引爆。此外，大量的漏电电流还可能使绝缘材料发热着火，造成火灾及其他更严重的事故。因此，研究漏电原因，掌握人身触电电流的计算方法，采取切实可行的漏电保护措施，对于井下安全供电具有重要意义。

一、漏电保护的作用和要求

1. 漏电保护的作用

漏电是指在中性点绝缘的低压供电系统中，发生对地绝缘电阻下降到危险值的电气故障。当人触及漏电设备时，会发生触电事故。如果漏电产生电火花，还会引起瓦斯或煤尘爆炸。长期漏电可能引发短路事故。所以，发生漏电后，应及时对漏电设备进行处理，避免事故扩大。为监视电网的绝缘状态，必须加装漏电保护装置。漏电保护装置应具备以下功能：

（1）漏电监视。在漏电保护装置的检测回路中一般接入欧姆表，用以对电路中的绝缘电阻进行监视。

（2）漏电保护。当电网对地绝缘电阻下降到危险值或发生接地漏电故障时，漏电保护装置能使开关跳闸，切断故障电路并发出指示信号。电网合闸前如果发生漏电故障，漏电保护装置能够闭锁漏电开关，使之不能对已漏电的设备和线路送电。

（3）补偿电容电流。当人触及电网一相时，漏电保护装置可以补偿通过人体的电容电流，降低触电的危险性。当电网一相接地时，漏电保护装置也可以减少接地故障电流，防止瓦斯或煤尘爆炸。

2. 对漏电保护的要求

从矿井安全供电的运行经验来看，一个完善的漏电保护系统绝不是用一台总的漏电继电器对整个电网进行漏电保护的，而是由不同保护原理的检漏继电器各自发挥优势，共同完成漏电保护任务。

设计漏电保护系统应遵循以下几个条件：

（1）安全性。漏电保护的首要任务就是保障安全供电。因此，判断一个漏电保护系统是否合理，必须从安全角度出发。安全性包括人身安全、设备安全和矿井安全等，即消除人身触电危险、设备损坏危险以及矿井瓦斯、煤尘爆炸危险等。

（2）选择性。漏电保护系统的选择性包括横向选择性和纵向选择性。横向选择性是指漏电故障不在该保护器所保护的支路上，而是在电网的其他支路上，该保护器不应动作，否则称误动，将失去横向选择性。而当故障发生在该保护器所保护的支路上时，要求该保护器能可靠动作，否则称拒动。纵向选择性是指若故障点在下级电磁起动器的保护范围内，如电磁起动器已切除故障支路，则该保护器就不应再动作，否则称越级跳闸。

选择性漏电保护装置若与漏电闭锁装置配合使用，就能充分发挥安全作用，防止向故障线路和设备再次送电，以免事故进一步扩大。

（3）可靠性。漏电保护系统的可靠性主要包括两个方面的内容：一方面是不拒动，即要求漏电保护装置或漏电保护系统对各种漏电故障有足够的反应能力。对于故障反应能力一定的漏电保护装置，采用后备保护措施，可提高漏电保护系统的可靠性。另一方面是不误动，即在系统没有发生漏电或在自己的保护范围外发生漏电时，漏电保护装置不应动作。它依赖漏电保护装置本身的设计、制造质量，以及对它们的运行、维护和管理水平。除此之外，漏电保护装置和漏电保护系统应尽可能简单，以利于减少系统及装置的故障率，减少运行、维护的工作量。

二、漏电保护原理

1. 漏电保护方式

漏电保护的主要目的是在井下低压电网发生漏电时，通过漏电保护装置切断电源回路，防止人身触电和引起瓦斯、煤尘爆炸以及电雷管的提前引爆。对于我国煤矿井下采用的中性点绝缘的供电系统，漏电保护的方式主要如下：

（1）附加直流电源的漏电保护。电网若发生漏电故障，最容易检测到的是电网各相对地绝缘电阻的下降。可以设想，在三相电网附加一独立的直流电源，使之作用于三相电网与大地之间。这样，在三相对地绝缘电阻上将有一直流电流，该电流大小的变化就直接反映电网对地绝缘电阻的变化。有效地检测和运用该电流，就可以构成附加直流电源的漏电保护。

这种漏电保护的优缺点如下：

①保护全面，动作基本无死角，唯一不能保护的是由井下动力变压器低压侧至低压馈电开关的电缆；

②保护不受故障类型（对称或不对称）、发生地点和电网状态的影响，对整个供电单元具有电容电流补偿效果；

③动作值整定简单，数值固定，而且能直接反映电网对地绝缘情况；

④这种保护装置与井下供电单元的各分组馈电开关、电磁起动器中的漏电闭锁单元结合，可以构成简单易行、可靠性高、成本低廉且易于查找故障支路的漏电保护系统。

但是，附加直流电源的漏电保护无选择性，电容电流补偿具有静态性，保护装置动作时间长。

（2）无附加直流电源的漏电保护。无附加直流电源的漏电保护与附加直流电源的漏电保护基本原理一致。

这种漏电保护结构简单，不需要另设直流电源，即可获得附加直流电源漏电保护的保护特性，而且具有较高的直流电压，所以能够较真实地反映电网的绝缘水平。这种漏电保护的缺点是动作值受电源电压波动的影响较大，对整流管的反向电压要求较高，因此只适合在较低电压等级的电网中使用。

（3）零序电压式漏电保护。当电网非对称性漏电时，三相对地电压不平衡，会出现零序电压。零序电压可通过接于母线的电压互感器二次侧开口三角形绕组引出（或通过中性点接地变压器的中性点位移电压获取），其幅值可反映电网对地绝缘状态的变化。当检测到零序电压超过整定阈值时，保护装置将触发控制回路，使馈电开关跳闸以实施漏电保护。

零序电压式漏电保护能够检测电网漏电时的零序电压，不失为一种较好的漏电保护手段，但其具有以下缺点：保护无选择性，不能识别对称性漏电故障，动作电阻值不固定，只能用在变压器中性点非直接接地的电网中等。因此，该保护方式一般应用于 6 kV 及以上电压等级的电网绝缘监视保护中。

（4）零序电流式漏电保护。当电网发生非对称性漏电时，电网在产生零序电压的同时，回路中还会出现零序电流。通过零序电流互感器对该电流进行采样检测，并经信号处理后驱动继电器动作，即可实现漏电保护。零序电流式漏电保护支持放射状电网的横向选择性漏电保护，可应用于中性点接地系统及中性点不接地系统中，但也具有动作电阻值不固定、不能应对对称性漏电故障，以及不能补偿电容电流等缺点。

（5）零序功率方向式漏电保护。当电网发生非对称性漏电时，由取样电路分别从电网中取出零序电压和各支路的零序电流信号，经放大整形后，由相位比较电路来判断故障支路，最后启动执行电路，切断故障支路的电源，实现有选择性的漏电保护。

零序功率方向式漏电保护具有很强的横向选择性，但也具有动作电阻值不固定、不保护对称性漏电、不能补偿电容电流等缺点。

（6）旁路接地式漏电保护。当电网发生单相接地故障或人身触及一相线时，由故障选相装置确认故障相，控制快速接地开关将故障相经低阻通道转移至专用接地装置。该保护装置可实现故障电流分流，将人身触电电流限制在安全范围内，使系统维持非故障相持续供电，待上级保护完成故障区段隔离后，接地装置复位。

旁路接地式漏电保护安全性较高，能有效地削弱断电后电动机反电势和电网电容储能，对矿井的安全生产和人身安全有较好的保障。但其只能对单相漏电或触电进行保护，且电路较为复杂，对装置本身可靠性要求高。而且，为了避免两相或三相误接地，电路中还必须设置电气闭锁。

2. 漏电保护方式的特点及应用要求

漏电保护方式的特点及应用要求见表 5–2。

表 5–2　漏电保护方式的特点及应用要求

<table>
<tr><th>保护方式</th><th>全面性</th><th>选择性</th><th>动作值</th><th>应用</th></tr>
<tr><td>附加直流电源</td><td rowspan="2">可检测供电单元内任意地点、任意类型的漏电故障</td><td rowspan="2">无选择性</td><td>固定</td><td>低压供电单元后备保护</td></tr>
<tr><td>无附加直流电源（用三个整流管）</td><td>固定</td><td>127 V 照明信号综合保护器</td></tr>
<tr><td>零序电压式</td><td rowspan="2">只能检测非对称性漏电（单相、两相漏电）故障，不能检测三相对称性漏电故障</td><td>无选择性</td><td rowspan="2">不固定</td><td>6 kV 中性点不直接接地系统</td></tr>
<tr><td>零序电流式 / 零序功率方向式</td><td>有横向选择性</td><td>中性点接地、不接地或不直接接地系统</td></tr>
<tr><td>旁路接地式</td><td>只能检测单相漏电故障</td><td>可检测故障相</td><td>不固定</td><td>低压供电单元漏电保护系统</td></tr>
</table>

三、预防漏电故障的措施

（1）严禁电气设备及电缆长期过负荷运行。

（2）导线连接要牢固，无毛刺，防松装置好，接线方式正确。

（3）要按规程维修电气设备，严禁将工具和材料等导体遗留在电气设备中。

（4）避免电缆、电气设备浸泡在水中，防止电缆受挤压、碰撞、过度弯曲，避免划伤、刺伤等机械损伤。

（5）不在电气设备中增加额外部件，必须设置时，必须符合有关规定的要求。

（6）设置保护接地装置。

（7）设置漏电保护装置。

◎提示

《煤矿安全规程》规定：

（1）井下高压电动机、动力变压器的高压控制设备，应当具有短路、过负荷、接地和欠压释放保护。井下由采区变电所、移动变电站或者配电点引出的馈电线上，必须具有短路、过负荷和漏电保护。低压电动机的控制设备，必须具备短路、过负荷、单相断线、漏电闭锁保护及远程控制功能。

（2）井下照明和信号的配电装置，应当具有短路、过负荷和漏电保护的照明信号综合保护功能。

（3）高压配电线路应当装设过负荷、短路、漏电保护；低压配电线路应当装设过负荷、短路和单相接地（漏电）保护；高压电动机应当装设短路、过负荷、漏电和欠压释放保护；低压电动机应当装设过流、短路保护和接地故障的保护；中性点接地的变压器必须装设接地保护；低压电力系统的变压器中性点直接接地时，必须装设接地保护。

第三节　保护接地

漏电保护的侧重点是控制故障发生后的跳闸时间，一旦发生漏电或人身触电事故，应尽快切断电源，缩短故障存在的时间。井下保护接地的侧重点在于限制漏电故障电流和接触电流的大小。漏电保护与保护接地在井下电网中相辅相成、缺一不可，对于井下电网的安全运行有重要作用。

一、保护接地的作用及原理

1. 保护接地的作用

井下巷道狭窄，操作空间拥挤，人身接触电气设备外壳的机会较多。由于内部绝缘损坏等，运行中的井下电气设备（如电动机、开关、变压器等）金属外壳以及与电气设备所接触的其他金属物上可能出现危险的对地电压，人身接触后就有可能发生触电事故。在这种情况下，避免触电的最安全、最可靠的办法是构建保护接地系统。

所谓保护接地，就是用导体把电气设备中所有正常情况下不带电的外露金属部分（电动机、变压器、电器及测量仪表的外壳，配电装置的金属构件，电缆终端盒与接线盒外壳等）与埋在地下的接地极连接起来。保护接地系统可将电气设备金属外壳所带的对地电压降到安全数值，从而避免触电危险。

2. 保护接地的原理

（1）没有装设保护接地的电网。在井下电网中性点绝缘的系统中，如果不采取保护接地的措施，当人触及因绝缘损坏而带电的设备外壳时，其电路如图 5-9 所示。这时计算通过人体的电流：如果井下电网电压为 660 V，电网每相对地的电容为 0.5 μF，电网每相对地绝缘电阻为 35 000 Ω，人体电阻为 1 000 Ω，那么流经人体的触电电流为 154 mA。

显然，这个电流值远大于人身触电时的极限安全电流值（30 mA）。由此可见，在没有保护接地的情况下，人触电后将非常危险。同时，碰壳处出现的漏电电流还可能引起瓦斯、煤尘爆炸。

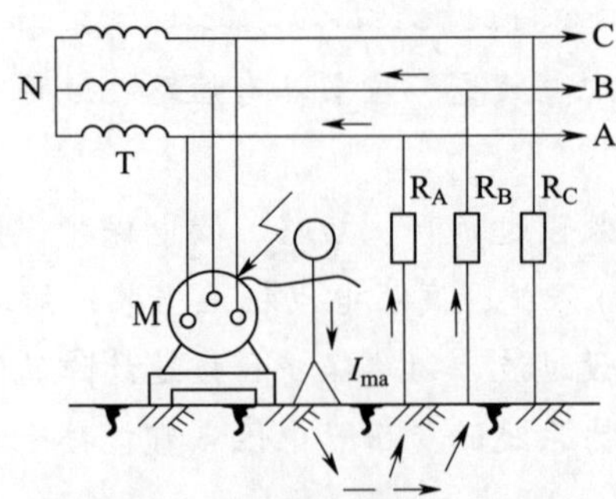

图 5-9　人触及因绝缘损坏而带电的设备外壳（没有保护接地）电路

（2）装设保护接地的电网。在井下电网中性点绝缘的系统中，如果将正常情况下不带电的电气设备外壳与接地极连接起来，则形成保护接地，如图 5-10 所示。此时，如果电气设备的绝缘损坏，一相带电体碰壳时，设备外壳将带电，形成单相接地故障。单相接地电流从电源绝缘损坏的相到外壳，然后又从外壳经接地极入地，最后从大地经绝缘电阻回到电源的另一相。当人未触及带电的外壳时，单相接地电流 I_E 全部流经接地极入大地。由于接地极的接地电阻 $R_E \leqslant 2\ \Omega$（该值远小于人体电阻），如果装设保护接地前后的电网条件相同，则用 $R_E=2\ \Omega$ 代表接地电阻，可求得单相接地电流的近似值为 182 mA。

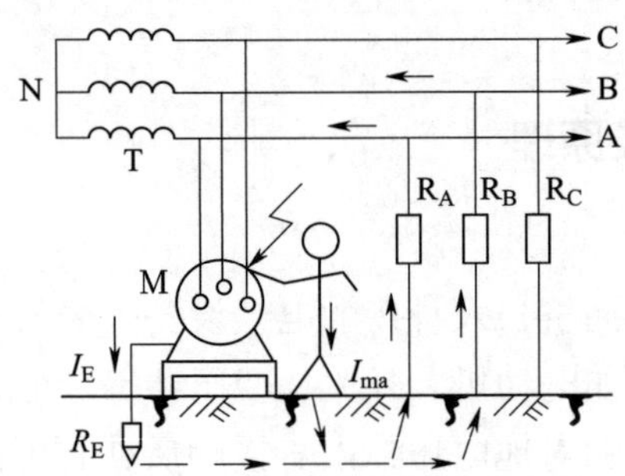

图 5-10　装设保护接地的井下电网

当人体接触外壳时，电流将通过人体电阻与接地装置的接地电阻并联入地，再通过其他两相对地绝缘电阻回到电源。由于接地装置的分流作用，接触电流大大减少。接触电流（I_{ma}）与接地电流（I_E）有以下关系：

$$\frac{I_E}{I_{ma}} = \frac{R_{ma}}{R_E}$$

所以，接触电流为

$$I_{ma} = \frac{I_E R_E}{R_{ma}}$$

这样就可求出有保护接地时的接触电流为

$$I_{ma} = \frac{182\ \text{mA} \times 2\ \Omega}{1\,000\ \Omega} = 0.364\ \text{mA}$$

因此，在有保护接地的情况下，即使人身触及带电外壳，接触电流比没有保护接地时

要小得多（0.364 mA 远小于 154 mA），同时触电的危险性也就小得多（0.364 mA 远小于 30 mA）。所以，井下电网中装设保护接地装置具有重大的安全意义。

二、井下保护接地系统

为了提高保护接地的安全性和可靠性，通常利用高低压供电电缆的接地线，把井下所有电气设备的金属外壳连接起来，构成井下保护接地系统，这个系统称为接地网。

1. 设立井下接地网的原因

保护接地对一相碰壳故障有保护作用，但当不同的电气设备与不同相发生碰壳时，保护接地就起不到保护作用。只有设立保护接地网，才能真正起到保护作用。下面对单独接地系统与接地网接地系统的工作状态进行对比。当 M1 与 U 相碰壳，M2 与 V 相碰壳时，对于单独接地系统，设备外壳还存在 1/2 的线电压，此电压值远远大于人体能够承受的安全电压，所以当人触及设备外壳时，仍有触电的危险。但在接地网接地系统中，接地线把 U、V 两相短路，短路电流将使短路保护装置动作，从而切断电源，所以接地网接地系统在发生不同相碰壳时是安全的。单独接地系统与接地网接地系统比较见表 5－3。

表 5－3　　　单独接地系统与接地网接地系统比较

<table>
<tr><th colspan="2">比较项目</th><th>单独接地系统</th><th>接地网接地系统</th></tr>
<tr><td colspan="2">电路</td><td>U V W M1 M2 R1 R2</td><td>U V W PE M1 M2 R1 R2</td></tr>
<tr><td colspan="2">接地电阻</td><td>每台设备具有相同的接地电阻</td><td>每台设备的接地电阻并联，总阻值减小，有利于安全工作</td></tr>
<tr><td rowspan="3">两相接地短路（假设为 U、V 两相）</td><td>电流回路</td><td>U相→M1→R1→大地→R2→M2→V相</td><td>U相→M1→（→R1→大地→R2 / →接地线）→M2→V相</td></tr>
<tr><td>电流大小</td><td>由于大地电阻的作用，电流小于短路电流</td><td>由于接地线的短接作用，U、V 两相被短路，回路中存在短路电流</td></tr>
<tr><td>结果</td><td>短路保护装置不动作，电动机外壳存在 1/2 的线电压，人触及设备外壳时会发生危险</td><td>短路保护装置动作，切断电源，保障人员的安全</td></tr>
</table>

2. 井下接地网的组成

为了进一步提高保护接地的安全性和可靠性，通常利用供电的高低压铠装电缆的金属外皮和橡套（或塑料）电缆的接地芯线或屏蔽护套，把分布在井底车场、运输大巷、采区变电所以及工作面配电点的电气设备金属外壳在电气上连接起来，这样就使各处埋设的接地极（或称局部接地极）也并联起来，形成井下接地网（或称保护接地系统）。井下接地网不仅可降低接地电阻，而且可防止不同电气设备碰壳接地所带来的危险。此时两相短路电流主要通过接地网流通，从而提高两相短路电流的数值，保证过流保护装置可靠动作。井下接地网如

图 5-11 所示。由图可知，井下接地网由主接地极、局部接地极、接地母线和辅助接地母线等组成。

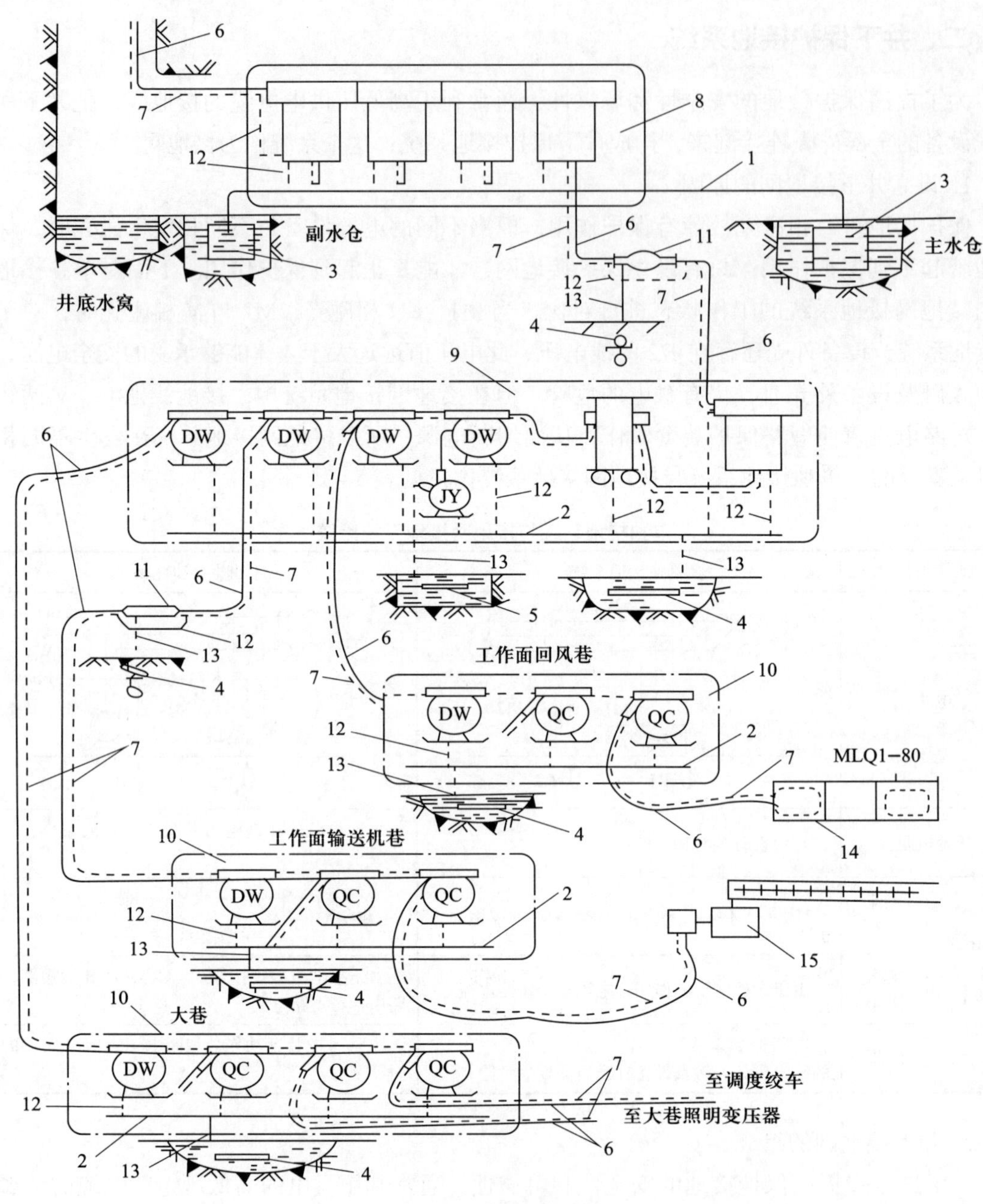

图 5-11　井下接地网

1—接地母线　2—辅助接地母线　3—主接地极　4—局部接地极　5—漏电保护辅助接地极　6—电缆　7—电缆接地层　8—中央变电所　9—采区变电所　10—配电点　11—电缆接线盒　12—连接导线　13—接地导线　14—采煤机组　15—输送机

（1）主接地极。根据《煤矿安全规程》的规定，应在主水仓、副水仓中各埋设一块主接

地极。主接地极应当用耐腐蚀的钢板制成，其面积不小于 0.75 mm^2，厚度不小于 5 mm。如矿井水呈酸性，应视其腐蚀性加大钢板厚度，或镀上耐酸的金属，或采用锅炉钢板及其他耐腐蚀的钢板。

主接地极的表面积大，而且矿井水的导电率高，使得主接地极接地电阻比其他接地极的接地电阻小，又因为主接地极位于井下接地网的中心，所以它在整个保护接地系统中起着非常重要的作用。当矿井有几个水平时，各个水平都应设立主接地极。如果该水平没有水仓，不能设立接地极，则该水平的接地网必须与其他水平的主接地极连接。

在钻孔中敷设的电缆和地面直接分区供电的电缆，不能与井下主接地极连接时，应当单独形成分区总接地网，其接地电阻值不得超过 2 Ω。

（2）局部接地极。为了加强接地系统的可靠性，在装有电气设备的地点独立埋设的接地极称为局部接地极。根据《煤矿安全规程》的规定，下列地点应当装设局部接地极：采区变电所（包括移动变电站和移动变压器），装有电气设备的硐室和单独装设的高压电气设备，低压配电点或装有 3 台以上电气设备的地点，无低压配电点的采煤工作面的运输巷、回风巷、带式输送机巷以及由变电所单独供电的掘进工作面，连接高压动力电缆的金属连接装置。

局部接地极可设置于巷道水沟内或其他就近的潮湿处。设置在水沟中的局部接地极应用面积不小于 0.6 mm^2、厚度不小于 3 mm 的钢板或具有同等有效面积的钢管制成，并应平放于水沟深处。设置在其他地点的局部接地极，可用直径不小于 35 mm、长度不小于 1.5 m 的钢管制成，管上应至少钻 20 个直径不小于 5 mm 的透孔，并全部垂直埋入底板；也可用直径不小于 22 mm、长度为 1 m 的 2 根钢管制成，每根管上应钻 10 个直径不小于 5 mm 的透孔，2 根钢管相距不得小于 5 m，并联后垂直埋入底板，垂直埋深不得小于 0.75 m。

（3）接地母线和辅助接地母线。连接井底主水仓、副水仓内主接地极的母线称为接地母线。井下各机电硐室、配电点、采区变电所内与局部接地极、电气设备外壳、电缆的接地部分连接的母线称为辅助接地母线。

接地母线应当采用截面面积不小于 50 mm^2 的铜线，或者截面面积不小于 100 mm^2 的耐腐蚀铁线，或者厚度不小于 4 mm、截面面积不小于 100 mm^2 的耐腐蚀扁钢。

电气设备的外壳与接地母线、辅助接地母线或者局部接地极的连接，以及电缆连接装置两端的铠装、铅皮的连接，应当采用截面面积不小于 25 mm^2 的铜线，或者截面面积不小于 50 mm^2 的耐腐蚀铁线，或者厚度不小于 4 mm、截面面积不小于 50 mm^2 的耐腐蚀扁钢。

3. 井下对接地电阻的要求

为了确保井下接地系统的可靠性，橡套电缆的接地芯线除用作监测接地回路外，不得兼作其他用途。对于接地系统的总接地电阻，一般不进行计算，但必须定期测定。接地网在任一保护接地点测得的接地电阻值不得超过 2 Ω，每一台移动式和手持式电气设备至局部接地极之间的保护接地用的电缆芯线和接地连接导线的电阻值都不得超过 1 Ω。

三、井下接地电阻的测量

井下总接地网接地电阻的测量，应由专人负责，每季度至少测量一次，并将测量结果记入记录簿内，以便查阅。对于新安装的接地装置，应在投入运行前，对其接地电阻进行测量。在有瓦斯及煤尘爆炸危险的矿井内进行接地电阻测量时，应采用本质安全型测量仪表。如采用普通型仪表，只准在瓦斯体积分数小于 1% 的地点使用，并采取一定的安全措施，报有关部门审批。

第四节 过流保护

过电流是指流过电气设备或线路的电流超过其额定值或允许值，简称过流。过流的原因有短路、过负荷、电动机单相运转（断相）等。由于煤矿井下作业环境恶劣，井下的电气设备及其供电线路极易发生过流故障。电气设备在过流状态下运行，将导致电气设备与电缆迅速损坏，甚至引发严重的安全事故。因此，煤矿井下供电系统必须装设过流保护装置。常用的过流保护装置有低压熔断器、过流继电器和智能型综合保护装置等。

一、过流故障的类型

常见的过流现象有短路、过负荷和断相等几种。

1. 短路

短路指供电线路的相与相之间经导线短接形成回路，此电流不流经负载。短路时流过供电线路的电流称为短路电流。在变压器中性点不接地系统中，仅有三相短路和两相短路两种。

短路故障的原因主要有绝缘破坏、误操作、机械损伤、带电检修、搬迁电气设备等。

短路的危害：短路电流大，短路点电弧温度高，在极短的时间即可烧毁线路或设备，甚至引起火灾或瓦斯、煤尘爆炸；使电网电压急剧下降，影响设备正常工作。

2. 过负荷

过负荷是指电气设备的实际工作电流不仅超过其额定电流值，而且过流时间超过允许的过载时间。长时间过负荷易造成电气设备绝缘老化，从而烧毁电气设备。

电动机过负荷的主要原因：电源电压低，频繁启动或启动时间长（绕线式电动机的启动电流为正常工作电流的 1.5～1.8 倍，而异步电动机则为 5～7 倍），机械卡堵，设备容量选择不当等。

3. 断相

三相电动机在运行中一相断线，电动机仍能运转，但转速变慢，“嗡嗡”声增大，温度上升，其工作电流比正常工作时的工作电流大，从而造成过电流。

断相的主要原因：熔断器一相熔断、电缆与电动机或开关的连接头一相脱落、电缆芯线一相断线等。

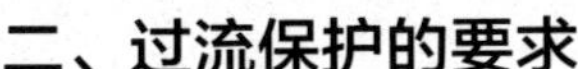

二、过流保护的要求

常用的过流保护主要有短路保护、过负荷保护和断相保护。在保护过程中，过流保护装置应满足以下基本要求：

1. 选择性

当电网某部分发生过流故障时，要求过流保护装置只切除故障设备或线路的电源，尽量缩小停电的范围，保证无故障设备的正常运行。

2. 可靠性

过流保护装置本身应具有较高的可靠性，不出问题，随时处于可靠的准备动作状态。此外，过流保护装置的保护性能应可靠：当保护范围内发生过流故障时，过流保护一定可靠动作（不拒动）；当保护范围外发生过流故障时，过流保护一定不动作（不误动作）。

3. 迅速性

电气设备发生过流故障后，在故障电流造成危害前，过流保护装置应将过流故障部分的电源切断，切除发生过流故障的电路。

4. 灵敏性

过流保护装置对保护范围内发生故障和不正常工作状态的反应能力，称为过流保护装置的灵敏性。

对于不同的保护装置和不同的保护对象，灵敏性的要求是不同的。越是重要或危险的场合，灵敏性要求越高。

三、过流保护装置的种类和作用

由于井下过电流发生的机会多，而且造成的危害巨大，对于电气设备和电缆都必须加以相应的过流保护。煤矿井下低压电网过流保护装置主要有低压熔断器、过流继电器、智能型综合保护装置等。

1. 低压熔断器

低压熔断器串接在被保护的电气设备主回路中，当电气设备发生短路时，熔断器熔断，将故障线路切除。常用的低压熔断器有瓷插入式熔断器（RC）、螺旋式熔断器（RL）、有填料式熔断器（RT）、无填料密封式熔断器（RM）、快速熔断器（RS）和自恢复熔断器（RZ）等。

2. 过流继电器

过流继电器分为感应电磁式和集成电路式，具有定时限、反时限的特性，应用于电动机、变压器等主设备以及输配电系统的继电保护回路中。当主设备或输配电系统出现过负荷及短路故障时，该继电器能按预定的时限可靠动作或发出信号，切除故障部分，保证主设备及输配电系统的安全。

3. 智能型综合保护装置

除了功能单一的保护装置，矿井供电系统中的高低压隔爆开关已普遍使用多种功能全面的智能型综合保护装置。

第五节　电气灾害预防

依据《煤矿安全规程》，入井（露天矿场）人员必须佩戴安全帽等个体防护用品，穿带有反光标识的工作服，严禁携带烟草和点火物品，入井（露天矿场）前严禁饮酒。入井人员必须随身携带自救器、标识卡和矿灯，严禁穿化纤衣服。煤矿必须掌握入井（露天矿场）人员数量和井下人员实时位置信息。

煤矿井下生产存在大量的瓦斯和煤尘，一定浓度范围内的瓦斯和煤尘如果遇到火源，就会引起爆炸。正常情况下，通过矿井通风来降低瓦斯和煤尘的浓度。所以，从安全的角度出发，严禁携带烟火物品下井；井下严禁穿化纤衣服，避免化纤衣服摩擦产生静电火花，引起爆炸。

一、杂散电流及其预防

1. 杂散电流的出现及危害

任何不按指定路径流动的电流，统称为杂散电流。杂散电流分为直流杂散电流和交流杂散电流两种。运输巷道以直流杂散电流为主，采区以交流杂散电流为主。

杂散电流过大的危害：一是在井下，杂散电流可能引起电雷管误爆炸；二是对井下金属管道和铠装电缆外皮造成腐蚀，缩短金属管道和铠装电缆的使用寿命；三是杂散电流可能产生电火花，引起瓦斯、煤尘爆炸，导致火灾；四是杂散电流可能使漏电保护、高压隔爆配电装置发生误动作。

2. 杂散电流的预防

（1）直流杂散电流的预防措施：一是增设回流点，二是缩短供电半径及增设变流所，三是降低牵引网络电压等级。

（2）交流杂散电流的预防措施：一是提高交流电网的绝缘水平，二是采用屏蔽电缆。

二、静电及其预防

1. 静电的产生

静电是一种常见的带电现象，人们熟知的静电产生方式是物质摩擦起电。事实上，摩擦不是静电产生的唯一方式，固体的接触、液体的流动、粉体的传输都可以产生静电。

2. 静电的危害

（1）火灾和爆炸。静电的电量虽然不大，但因其电压很高，很容易发生放电，出现静电火花，易引起火灾和爆炸。

（2）电击。当人体接近和接触带静电的物质，以及带静电荷的人体接近或接触接地体时，静电可能对人体造成电击。静电电击的严重程度与人体的电容大小、电压高低、对地电容、人的位置、人的姿势，以及鞋和地面的接触情况有关。生产工艺过程中产生的静电所引起的电击，能量较小，尚不会致命，但可能引起人员坠落、摔倒等间接事故。电击还可能导致人员精神紧张，从而妨碍工作。

（3）影响生产。在生产过程中，静电会妨碍正常生产或降低产品质量。

3. 静电的预防

消除静电危害的主要途径是限制静电的产生和积累，加强静电的泄漏和中和，控制工艺生产过程。具体的静电防护措施有静电接地、增湿、加抗静电添加剂、静电中和及工艺控制。

三、电气火灾及其预防

随着煤矿信息化和智能化程度的提高，电气火灾发生的比例也在升高。低压电缆着火、矿用变压器着火、架线式电车电弧引燃易燃物着火等电气火灾时有发生。一旦发生火灾，井下众多生产设备易被破坏，并引发一系列的矿井事故，具有很大的危害性。

1. 电气火灾的主要特征

（1）不易被发现。由于漏电与短路通常发生在电气设备内部及导线的连接部位，电气火灾的最初起火部位是不容易被看到的。

（2）变化性大。煤矿井下电气设备布置分散，发火的位置很难预测，难以确定起火时间。

（3）燃烧速度快。电缆着火时，由于电缆温度高，火焰沿着电缆燃烧的速度非常快，且巷道风流及其他助燃物质也会使燃烧速度加快。

2. 电气火灾的危害

（1）火灾可能烧毁设备，破坏现场工作条件，给矿井生产带来严重影响。

（2）火灾可能造成矿井电气设备、生产材料损失和破坏。

（3）火灾会改变通风机原来的工作状态，导致井下通风系统紊乱，火烟弥漫于井巷，还可能引起瓦斯或煤尘爆炸事故，造成更大的损失。

（4）火灾造成矿井内部环境污染。矿井电缆、电线及电气设备的绝缘材料大多数为易燃物，燃烧时会放出各种有毒有害气体，造成整个矿井内部或局部空气污染，人员若吸入有毒有害气体易中毒或窒息死亡。

3. 电气火灾的原因

（1）短路。导线短路时，大量的电流流过导线而使导线快速发热，在几秒内就可能燃烧并蔓延至与其连接或邻近的可燃物品，造成火灾。

（2）过负荷。当电气设备长时间超负荷工作时，设备温度将逐渐升高，失去绝缘性能，最终导致电气设备中线路短路而发生燃烧。

（3）接触不良。线路中个别部分的接触电阻增加是接触不良的结果。井下电缆或设备之间的连接部分（接头）做得不好，易导致火灾。

（4）漏电。漏电是引起电气火灾的主要原因。电缆绝缘材料性能不好、绝缘等级不够、电缆绝缘材料损坏而漏电，电缆两相短接时等，易引燃周围可燃物形成火灾。

4. 电气火灾的预防措施

（1）加强对电气设备的管理。确保“三大保护”完善可靠，严禁电气设备超负荷运行；定期检查电缆线路的绝缘情况及电气设备的运行完好情况，防止电气设备内部的故障等引起设备起火；防止人为造成电气设备及线路的机械损伤或漏电。

（2）加强矿井电气设备管理，提高防火意识。严格落实电气设备包保制度，建立健全电气设备操作规程，完善电气设备的检修、维护、保养等制度及电气设备事故调查和处理制度等。做好安全教育，提高人员的防火意识。经常组织井下消防和设备隐患排查，消除电气火灾事故隐患。建立矿井电气火灾应急预案，并进行应急演练，确保发生火灾时具有相应的扑救、避难、救援等能力。

（3）推广应用新技术、新设备、新材料，提高防灭火能力。积极开展对矿井电气火灾发生原因、发展机理和规律的研究。推广利用矿用火灾报警设备、灭火设备和逃生设备。《煤矿安全规程》规定，井下充电硐室、机电设备硐室和检修硐室必须备有灭火器材，其数量、规格和存放地点，应当在灾害预防和处理计划中确定。在矿井电气火灾的预防、监测、扑灭、救援等方面，应采取综合性防治措施。

四、电气灭火

发生电气火灾时，要坚持“先断电，后灭火”的原则，并及时拨打火警电话“119”。

1. 断电

当发生电气火灾时，应立即切断电源，然后进行扑救。切断电源时应具有选择性，尽量局部断电，同时应注意安全，防止触电。不得带负荷拉闸刀或隔离开关。拉闸或剪断导线时要使用绝缘工具，并防止断落的导线伤人或短路。

2. 灭火

切断电源后，要用提前准备好的灭火工具进行灭火。在井下应配备不导电的消防灭火器材，主要有干沙、干粉灭火器和1211灭火器等。常用灭火器材的使用方法见表5-4。

表5-4　常用灭火器材的使用方法

种类	使用方法
干沙	用铁锹将干沙覆盖在电气设备或线路等处的火焰根部
干粉灭火器	将灭火器提到起火地点，一只手握住喷嘴，另一只手向上提起提环，握住提柄，将喷嘴对准火焰根部。手拉起提环时，干粉在二氧化碳气体的压力作用下由喷嘴喷出，形成浓云般的粉雾，覆盖燃烧区域，将火熄灭。为了获得良好的效果，喷射干粉时要尽量从火焰根部快速、平稳、由近及远地向前推进
1211灭火器	首先拔掉安全销，一只手紧握压把，压杆即将封闭阀门开启，1211灭火剂在氮气压力作用下，通过虹吸管由喷嘴射出。当松开压把时，压杆在弹簧作用下恢复原位，封闭喷嘴，停止喷射。使用1211灭火器时应垂直操作，不可水平和颠倒使用，应对准火焰根部喷射，并左右晃动，快速向前推进

思考练习题

1. 触电急救的基本流程是什么?
2. 简述漏电保护方式的特点及应用要求。
3.《煤矿安全规程》规定煤矿井下哪些地点应装设局部接地极?
4. 过流故障的类型和危害有哪些?
5. 电气火灾的预防措施有哪些?